装备科技译著出版基金

基于几何扰动滤波的极化合成孔径雷达目标检测方法

A New Target Detector Based on Geometrical Perturbation
Filters for Polarimetric Synthetic Aperture Radar (POL－SAR)

［意］Armando Marino　著

万群　邹麟　陈慧　樊荣　译

殷吉昊　审校

U0313044

国防工业出版社

·北京·

著作权合同登记　图字:军-2013-057 号

图书在版编目(CIP)数据

基于几何扰动滤波的极化合成孔径雷达目标检测方法/
(意)马里诺(Marino,A.)著;万群等译. —北京:国防工业出版社,2014.7
(高新科技译丛)
书名原文:A new target detector based on geometrical perturbation
filters for polarimetric synthetic aperture radar(POL-SAR)
ISBN 978-7-118-09376-6

Ⅰ. ①基... Ⅱ. ①马... ②万... Ⅲ. ①合成孔径雷达—
雷达目标识别 Ⅳ. ①TN959.1

中国版本图书馆 CIP 数据核字(2014)第 098424 号

基于几何扰动滤波的极化合成孔径雷达目标检测方法
A New Targer Detector Based on Geometrical Perturbation Filters for Polarimetric Synthetic Aperture
Radar (POL-SAR)

※

国防工业出版社出版发行

(北京市海淀区紫竹院南路23号 邮政编码100048)
北京嘉恒彩色印刷有限责任公司
新华书店经售
*
开本 710×1000 1/16 插页 4 印张 14 字数 255 千字
2014 年 7 月第 1 版第 1 次印刷 印数 1—2000 册 定价 69.90 元

(本书如有印装错误,我社负责调换)

国防书店:(010)88540777　　发行邮购:(010)88540776
发行传真:(010)88540755　　发行业务:(010)88540717

本学位论文中的部分内容已经
发表于以下的期刊文章之中:

Horn R, Marino A, Nannini M, Walker N, Woodhouse I H. 2008. The SARTOM Project: Tomography for enhanced target detection for foliage penetrating airborne SAR, EMRS-DTC 2008, 5th Annual Technical Conference 24 – 25th June, Edinburgh, UK.

Marino A. Cloude S R, Woodhouse I H. 2009. Polarimetric target detector by the use of the polarisation fork, Proceedings on POLinSAR'09, Frascati, Roma, 2009.

Horn R, Marino A, Nannini M, Walker N, Woodhouse I H. 2009. The SARTOM Project, tomography and polarimetry for enhanced target detection for foliage penetrating airborne SAR, EMRS – DTC 2009, 6th Annual Technical Conference 7 – 8th, Edinburgh, UK, July 2009.

Marino A, Cloude S R, Woodhouse I H. 2009. Selectable target detector using the polarisation fork, Proceedings on IGARSS'09, Cape Town, South Africa, July 2009.

Marino A. Cloude S R, Woodhouse I H. 2010. A Polarimetric Target Detector Using the Huynen Fork, IEEE Transaction on Geoscience and Remote Sensing, 48, 2357 – 2366.

Marino A, Cloude S R. 2010. Detecting Depolarizing Targets using a New Geometrical Perturbation Filter, Proceedings on EUSAR'10, Aachen, Germany, June 2010.

Marino A, Cloude S R, Woodhouse I H. 2010. New classification technique based on depolarised target detection, Proceedings on EUSAR'10, Aachen, Germany, June 2010.

Walker N, Horn R, Marino A, Nannini M, & Woodhouse I H. 2010. The SARTOM Project: Tomography and polarimetry for enhanced target detection for foliage penetrating airborne P – band and L – band SAR, EMRS – DTC 2010, 6th Annual Technical Conference 13 – 14th, Edinburgh, UK, July 2010.

Marino A, Cloude S R, Woodhouse I H. 2010. Detecting Depolarizing Targets with Satellite Data: a New Geometrical Perturbation Filter, Proceedings on IGARSS' 10, Honolulu, Hawaii, July 2010.

Marino A, Cloude S R, Woodhouse I H. 2012. Detecting Depolarizing Targets using a New Geometrical Perturbation Filter, IEEE Transaction on Geosciences and Remote Sensing, accepted.

谨以此学位论文献给我的祖父，Armando Marino，

我和他分享的不仅是他的名字，也是

我们生活的美好时刻！

导 师 序 语

对于遥感探测来说,既能遥远地探测、又能识别各种目标,一直以来都是促进该领域研究工作的关键推手,这可以追溯到第一幅航空摄影图片的诞生之日。在已经过去的 20 世纪里,由雷达衍生出的相关技术和产业,为目标的识别,也就是利用极化无线电波(Polarimetric Radio Waves)对目标进行主动传感(Active Sensing of Objects),提供了一个可资利用的、全新的领域。到了 20 世纪 70 年代,这样的各种实际系统被送入地球轨道;从此,为我们人类世界进行更为可靠的测绘和监控,创造了新的可能性。本论文所关注的问题是极化 SAR(Synthetic Aperture Radar,合成孔径雷达)成像技术的微波观测。微波成像技术广为人知的优势在于:它能够在几乎任何天气条件下,以及夜间环境中,得到令人满意的图像;除此之外,如果波长足够长,微波成像技术还具有穿透叶簇的能力。

由于一个目标被极化电磁波照射后,通常会将入射的电磁辐射,以不同的(有时是唯一的)极化方式散射出去,因此,本学位论文中所描述的各种方法的焦点均是极化(Polarimetry)。这种特性使得极化成为一种非常宝贵的工具,借助它即可完成目标的检测、分类。在过去的十年中,学术界已经越来越意识到 SAR 极化特性的重要性,这也促使更多的卫星系统须具备获得这种类型数据的能力,其中包括 ALOS – PALSAR[①],RADARSAT – 2[②] 和 TerraSAR – X[③]。现行标准中极化模式(至少是双极化模式)的便利性,在未来大多数的雷达卫星的飞行任务中,将会得到更多的应用。

本学位论文提出了一套开创性的、可用于雷达目标检测的方法。文中所阐述的检测方法,即"扰动分析"(Perturbation Analysis),是一种全新的方法,其为解释

---

① 译者注:Advanced Land Observing Satellite – Phased Array L – band Synthetic Aperture Radar(ALOS – PALSAR):先进的对地观测卫星(即 ALOS)在日本于 2006 年 1 月 24 日成功发射。在所携带的三个传感器中,L 波段的相控阵合成孔径雷达(即 PALSAR)能够利用全极化的观测模式日夜对地球进行观测。

② 译者注:RADARSAT – 2 是一颗搭载 C 波段传感器的高分辨率商用雷达卫星,由加拿大太空总署与 MDA 公司合作,于 2007 年 12 月 14 日在哈萨克斯坦拜科努尔基地发射升空。

③ 译者注:TerraSAR – X 卫星雷达是由德国宇航中心与该国 ADS Astrium 公司所共同开发,于 2007 年 6 月 15 日在哈萨克斯坦拜科努尔顺利发射,2008 年 6 月开始业务服务。

极化数据提供了新的途径,带来了飞跃性的改变。扰动分析能够推动和改善现有各种算法的性能界限,允许检测小于分辨单元,且藏匿在高电平杂波中的目标。这套方法论本身极其灵活,可适用于另外两个应用领域:其一,是用于海事监控的船舰目标检测;其二,是用于土地改变分析的变化检测,各种动态生物系统的分类。本书是一件具有非常良好组织结构的作品,它涵盖了每一个细节和观点,以便从全面的视野来展示扰动分析可以大显身手的各种问题及其解决方案。在 Marino 博士的口试阶段,这套方法已见诸于两个期刊,逾 20 篇会议论文也已面世。此外,2011 年 9 月 14 日,在我国伯恩茅斯召开的遥感与摄影测量协会(Remote Sensing and Photogrammetry Society, RSPSoc)的年会上,该学位论文荣膺该协会所授予的"2011 年度最佳博士学位论文"("Best PhD Thesis 2011")。

Iain H. Woodhouse 教授

引　语

　　当我的学位论文行将出版之时,我一直在想如何才能完成一段最好的引言。我开始向那些身在出版界,且在该领域享有更加丰富经验的朋友们求助,请他们为我献言献策。于是,我收到了来自于他们的很多建议,在此,本人要向所有的朋友深表谢意。在这众多的建议之中,其中一条吸引了我很大一部分的注意力:"Armando,你应该以一种倾诉的方式开启你的引言,以一种幽默的形式告诉读者,你在攻读博士期间发生的,至今仍镌刻在记忆里的那些经历……这样,你一定能够吸引读者的注意力,以使其可以尽览前言中余下的部分。"我不得不承认,事实上我已经意识到这个建议极有可能来自一位爱开玩笑的损友,他只不过想要看我序言的笑话罢了。然而,紧接着我意识到,生活中你虽然犯了许多错误,但这些往往是吃一堑,长一智,从中你也有所悟。因此,我开始考虑:能否顺其意而为之,就写一些诙谐的东西以匹配这篇学位论文的前言。事实上,我确实是想不出什么好写的! 好吧,也许我能重新表述刚才那句话似乎会更好一些。我实在是想不出一个独特的、有意思的事件,因为有许多记忆的片段在我的脑海中被困住了,就像遇到了一个瓶颈似的。

　　我可以告诉各位朋友,在那段积极探索各种算法的时光里,我就像 Indiana Jones① 一样,但既不是前途未卜,也并不是像在难逃一劫的德国黑森林里(但愿我现在没有涉及侵犯版权的问题!)一样,而是搜寻可能存在的真正的目标:那些能使算法得出阳性检测的目标。或许,我也可以借用我的室友们的说法来进行描述:当他们发现我沉浸在前卫的摇滚音乐中而出神之时,我可能实际上在一边听一边工作。或许我可以谈谈我参加的第一次学术会议:那时候,我的朋友们将正在举例诠释"极化的方向性"的我,勾勒成一位"具有精神方面顽疾的、双手飞舞着的街头警察";然而,实际上,我只不过是在和那种尖叫着狂奔的感觉作斗争。事实是,我发现在所有的研究中所经历的过程,就是一个令人难以置信,但又让人神魂颠倒的游戏。有时候你赢了,仅仅是一位初出茅庐者就能胜任的糊里糊涂的计算,但感觉就像应被授予诺贝尔奖;有时候你输了,你却仍然不间断地盘算着下一场比赛,奇

---

　　① 译者注:Indiana Jones 是《夺宝奇兵》系列电影的主角,也能看做是这个系列的又一名称。

谋一计将使你反败为胜。对我而言,由于找到过去单一的一个片段几乎不太可能,我只能这样说,数学和各种仿真模拟实验是一个游戏的结果,无论是优是劣,我享受玩在其中的那些或好或坏的精彩瞬间,这一点我相信读者在后文中也会找到。我最大的希望是,读者会对论文的内容也同样喜欢。但现在,我已经迫不及待地想开始更多地谈及本论文的内容了!

合成孔径雷达(SAR)是一种能够获得含有所观察场景散射行为的,具有较高分辨率图像的主动式微波传感系统。在本学位论文中,阐明了 SAR 极化(POL-SAR)在目标探测和目标分类上的贡献;与以往的方法相比,其优势在于它提供了更为有价值的信息。本学位论文的前两章将致力于介绍 SAR 和极化的概念,为后续部分更为深入探讨的内容奠定了基础。

本学位论文的核心,是介绍一套新的目标探测/分类方法,也就是一种对目标散射场的极化信息加以新的利用的方法,文中将利用两章的篇幅介绍该内容。第 4 章包含了所有的数学证明,这旨在使读者将各种物理和代数的概念用于得到后面将使用的一个最终的公式。另一方面,第 5 章则重点关注检测器的统计描述,这是为了提供更多和检测器的理论性能相关的信息(特别是它的 ROC,即接收机工作特性曲线①)。

在向世界提出一个新算法的过程中,一个不可或缺的步骤就是其有效性的验证;在这篇论文中,将利用两章的篇幅来重点考察这一部分。第 6 章实现了一个基于从一部机载系统上所采集到的数据的验证,数据采自于参与一场战役的,旨在严密实施目标检测(包括使用伪装条件的情形)的 L 波段 E – SAR(German Aerospace Centre,DLR)。第 7 章主要关注的是本论文提出的方法在源于卫星所采集的数据上的验证,因为它代表了一类特别有意思的,实施目标检测的场景。该数据集包括 L 波段 ALOS – PALSAR(Japanese Aerospace Exploration Agency,JAXA),C 波段 RADARSAT – 2(Canadian Space Agency)和 X 波段 TerraSAR – X(DLR)。

最后,衷心希望你和我一样喜欢这篇学位论文!

---

① 原文此处为"Receiver Operating Characteristic, curve"。

致　谢

　　毫无疑问,攻读博士学位绝不是那种没有众人的帮助就可以完成的任务。恐怕只有一个和整个学位论文一样长的,涵盖我的所有生活的,并且包含过去4年的,像编年史一样的详细说明才能囊括。它可以从我的导师开始,直到怀揣Cameo小票的男孩。因此,鉴于我没有足够的时间来书写那些内容,而且读者对我的日记也没有兴趣,我认为有两种方式可以来解决这个问题:第一,完成一张尽可能短的清单,但这会遗漏掉许多人的名字;第二,根本不写! 考虑到忘恩负义并不在我最喜欢的罪孽之列,我将会试图采取第一种方法,并让那份清单尽可能简短。

　　首先,我要衷心感谢我的导师Iain H. Woodhouse博士,感谢他在寻求我的想法时那永无止境的鼓励和支持,即使初看起来这有些古怪,但也没有关系。其次,还有我在爱丁堡大学时的朋友们,他们帮助我和新的办公环境和谐相融,使我徜徉在众多的酒吧之间:Iain Cameron,Karen Viergever,Bronwen Whiteney,Mahmet Karatay,Rachel Gaulton。没有他们相伴,我可能还得与IT交战,很可能与"一品脱"的真实价值失之交臂。

　　许多人在我攻读博士学位,完成学位论文的过程中,对促成我取得实际的进展做出了贡献。其中,我愿将这份特殊的谢意赠予来自AEL咨询公司的Shane Cloude。没有他绵绵不断的建议和意见,所做的整个工作就不能像现在学位论文里所展现的那样呈现在世人面前。我要感谢所有让我集思广益,就我的研究工作与我进行头脑风暴般讨论的人:Marco Lavalle,Andreas Reigber,Eric Pottier,Maxim Neumann和Laurent Ferro – Famil。我还十分感谢Juan Manuel Sanchez Lopez和Rafael Schneider的帮助,他们放弃了自己宝贵的时间,帮助我完成了学位论文的校阅工作。

　　我非常感谢支持我攻读博士学位的提议者们,这当中包括很多人士。然而,简而言之,在这份清单中必须列出的有:来自eOsphere(股份)有限公司的Nick Walker,来自英国国防部国防科学技术实验室的Iain Anderson博士,来自电磁遥感国防科技中心的Tony Kinghorn和Neil Whitehall以及来自德国航空宇航中心(DLR)的Matteo Nannini。没有他们对我研究方向上的那些持续不断的调整建议,我绝不可能取得如今展现在论文中的结果。

我也要感谢在 DLR 工作的人们，正是他们在我的心中播下了这颗从事研究的种子（或许也是他们第一次浇灌了它）。没有他们，我肯定不会在爱丁堡开始我的博士生涯，或者在科学研究上培育出如此的激情。在此我只能列举其中一部分人的名字，如：Irena Hajnsek，Florian Kugler，Luca Marotti，Kostas Papathanassiou 和 Rafael Schneider。

我将最后这一段作为一份特殊的谢意，以此献给在我攻读博士学位期间，陪伴在我身边的每一个人，特别是在刚开始这段征程时，家对我来说看似那样遥远。在这些人当中有我的双亲：Franco 和 Anna，是二老接受了他们的儿子远离故土生活的想法，赐予我尝试实现自己人生抱负的机会。其中还包括我的朋友，Pasquale Bellotti，Giampaolo Cesareo，Vincenzo Costa 和 Giuliano Raimondo。最后，但同样重要的是，我要感谢那位始终不渝地支持着我做出所有决定（那些决定总是将我的宏愿置之首位）的人，我的女朋友 Greer Gardner。

目　录

首字母缩略词

EM	Electro magnetic field	电磁场
SAR	Synthetic aperture radar	合成孔径雷达
PF	Polarisation fork	极化叉
FOLPEN	Foliage penetration	叶簇穿透
POLSAR	Polarimetric SAR	极化合成孔径雷达
POLinSAR	Polarimetric SAR interferometry	极化合成孔径雷达干涉测量
X – pol	Cross – polarisation	交叉极化
Co – pol	Co – polarisation	共极化
CR	Corner reflector	角形反射器
RedR	Reduction Ratio	降低率
SCR	Signal to clutter ratio	信杂比
SNR	Signal to noise ratio	信噪比
CNR	Clutter to noise ratio	杂波噪声比
pdf	Probability density function	概率密度函数
CDF	Cumulative distribution function	累积分布函数
DF	Discrete probability function	离散型概率函数
ROC	Receiver operating characteristic	接收机工作特性
H	Horizontal	水平的
V	Vertical	垂直的
SLC	Single look complex image	单视复图像
DEM	Digital elevation model	数字高程模型
LOS	Line of sight	视线
RVoG	Random volume over ground	随机方向体积层

OVoG	Oriented volume over ground	取向方向体积层
RCS	Radar cross section	雷达散射截面积
STD	Single target detector	单目标检测器
PTD	Partial target detector	部分目标检测器
hfs	Historical fire scar	历史的火迹

符　号

X_1, X_2	交叉极化零空间
C_1, C_2	共极化零空间
S_1, S_2	交叉极化极大值点
γ	复极化相关系数
γ_d	检测器
$\underline{k}$	散射矢量
k_1, k_2, k_3	散射矢量 $\underline{k}$ 的各分量
$\underline{\omega}$	散射机制
$\underline{\omega}_T$	重要目标（散射机制）
$\underline{\omega}_P$	摄动目标（散射机制）
$i(\,\cdot\,)$	复图像
$[S]$	散射（辛克莱）矩阵
$[C]$	协方差矩阵
$[T]$	相干矩阵
$[U]$	酉旋转矩阵
$\langle\,\cdot\,\rangle$	有限平均
$E[\,\cdot\,]$	期望值（无限平均）
k^{T}	k 的转置
k^{*}	k 的复共轭
$\|\underline{k}\|$	$\underline{k}$ 的模

$\lvert \underline{k}_i \rvert$	分量 $\underline{k}_i$ 的幅度
$\left(\dfrac{b}{a}\right)^2 , \left(\dfrac{c}{a}\right)^2$	降低率 RedR
T	检测器的门限
P_T	目标成分的功率
P_C	杂波成分的功率
$[I]$	单位矩阵
$[A]$	加权矩阵
$N(\cdot)$	高斯（正态）分布
$\Gamma(\cdot)$	伽马（Gamma）分布
$\delta(\cdot)$	狄拉克（Dirac）函数
X_i	随机变量
x_i	随机变量的实现
P_D	检测概率
P_F	虚警概率
P_M	漏报概率

第1章　绪　论

监测是一种审视、控制人类活动(或其他正在发生变化的信息)的技术。它通常被用于军事活动、法律实施或其他与安全有关的事务之中。纵然,监测的主要功能很多是专门针对军事行动而设计的,但是在许多重要的民用领域(比如需要确保安全性的应用)中的应用实例也可以列举在案。显然,从军事的角度来看,洞悉敌人的位置信息是影响一场战斗结果相当重要的战术优势。由于执法和安全的重要性,为了防止罪案发生,对非法活动进行监测是必要的。比如,针对海岸线的监测(或者一般的水域监测),仍然是最复杂的热点问题之一。一些非法活动,例如:非法捕鱼(破坏海洋生态系统);违禁品的运输,山区、森林或沙漠地区常常成为违禁品的输入口;森林覆盖的地区为追捕罪犯或非法伐木提供了天然的庇护(Illegal‐Logging. info,Leipnik,Donald 2003)。为了紧跟现代科技的飞速发展,监控系统也需要与时俱进,对日新月异的方法加以利用。整篇学位论文基于这样的理念:开发一套新的履行监测任务的系统,使其可以利用最小的代价,针对大范围具有最佳的监测性能。

监测的首要挑战之一,是在短时间内实现大范围区域的覆盖。就此而论,能够实现远距离控制(也就是遥感)则构成了一个重大的战略优势(Campbel 2007)。在亲临现场实施连续监测的区域(如海洋、沙漠、森林等)举步维艰之时,远程控制的重要性也就日益凸显。在许多的情况下,只有飞行器能接近待监测的区域进行工作。此外,目视检测只有在太阳光照和天气条件有利的情况下才是可行的,因此大大降低了这种解决方案的可靠性。同时,一架执行检测任务的飞行器,它的覆盖范围是受到诸如太阳光线的照射是否充足、天气是否有利等因素的制约,这些因素也极大地降低了飞行器监测的可靠性。另外,一架飞行器的单次覆盖范围相对来说较小,要实现一次大面积区域的覆盖,需要多个飞行器对同一区域进行监测。另一方面,监测卫星将会很自然地、周期性地返回(这取决于它的运行轨道)至同一区域进行监测,单次采集的数据,它的覆盖区域呈现出很大的带状,其宽度从几十千米绵延至数百千米(长度可以更大)(Chuvieco2009 年和 Huete)。目前,单个卫星的监测周期(这里指的是其中的雷达,因为它将用于和本文有关的算法有效性的验证)对于某些实际应用依然过长;然而,如果能获得来自几个卫星平台(或使用不同的观测角)的数据,那么时间上的距离能够缩小到一天之内。近来,一些工程项目已涉及到雷达卫星星座的设计,该内容将在下文中进行说明。

　　通过以上的论述,我们可以得出这一结论:对于大范围区域覆盖的监测,遥感技术是不可或缺的。现在,我们将注意力放到最适合我们监测要求的系统(或者传感器)上。在这本学位论文中,我们决定使用合成孔径雷达(SAR)作为监测系统。SAR 是一种利用位于微波波段的电磁场(EM)进行工作的主动遥感系统(Rothwell,Cloud 2001;Richards 2009)。相对于不如它复杂的雷达传感器(比如散射计仪),SAR 的架构具有显著的优势:它能取得针对所观察场景的,具有很高分辨率的反射率图像。因而,它对落在不同像素目标之间的辨别能力得以强化。经过近30年持续不断的改进,SAR 目前已经广泛地应用于各种机载和卫星平台,这些平台供 SAR 传感器专用。特别是几十年以来,大量的雷达卫星一直在提供 SAR 图像(比如 ERS－1,ERS－2,ASAR－LANDSAT,RADARSAT,SIR－X,SIR－C 等)。随着硬件的升级,最新的各种卫星可以提供含有改进辐射特性的数据,完成极化信息的获取。这样的先例有 ALOS－PALSAR(来自日本航空研究开发机构,Japanese Space Exploration Agency,JAXA)(ALOS 2007),RADARSAT－2(来自加拿大太空总署,Canadian Space Agency)(Slade 2009),TerraSAR－X(来自德国宇航中心,DLR)(Fritz,Eineder 2009;Lee,Pottier 2009)。近来,一些卫星星座已经设计完成,已经发射或正在开发的有:由四个 X 波段卫星组成的 CosmoSkyMed 系统(意大利航天局,Agenzia Spaziale Italiana,2007),计划中的 Sentinel－1 系统(欧洲航天局,European Space Agency,ESA)(Attemaet et al. 2007)。考虑到构造一个卫星并将其发送到运行轨道所需的巨大成本,专门用于 SAR 的传感器的大量涌现均具有一个明确的指向,这一指向凸显了遥感技术中雷达所作出的重大贡献。

　　对于许多应用而言,SAR 的直接竞争对手就是光学传感器(Campbel 2007)。在基本原则上,虽然大多数的光学系统是被动的(即它们不发射而只接收电磁波),但这两种技术显露出一些相似之处:二者均是通过获取目标反射的电磁波来进行工作。除了被动的架构,二者之间主要的区别在于对不同频率(或波长)的电磁波的运用。被照射的目标产生的散射,根据入射电磁波波长的不同而表现得大相径庭(Cloude1995;Rothwell,Cloud 2001;Woodhouse 2006)。因此,这种多样性区分了这两种技术的适用范围,决定了不同的应用领域。为了更好地理解其中一个系统相对于另一个系统所具有的优势,必须理解电磁波与物质之间相互影响的机理。一般而言,电磁场可以和尺寸与其波长相近,或者大于其波长的物体发生相互作用(Stratton 1941;Rothwell,Cloud 2001;Cloude 1995;Woodhouse 2006)。所以,小物体相当于是透明的,电磁波可以无衰减地通过一些介质集群。例如,云层在微波当中可以合理地认为是透明的(特别是如果考虑到低频的情况)。因此,测量可以在几乎任何天气状况下进行(Richards 2009;Woodhouse 2006)。在某些情况下,最终用户会断定上述的特性就是 SAR 最为显著的好处。然而,还有许多其他的优势特性可以一一列举,这些优势特性具有可比的重要性。例如,一个林冠层可以建模为一个在某种程度上允许电磁波穿透的介质集群(特别是在波长大于约 20cm 的情况下)。电磁场通过数十米的传播,收集到森林层内部的信息。这使得 SAR 特别适合于针对植被的研究(Campbel 2007;Woodhouse 2006;Treuhaft,Siqueria 2000;Cloude et al. 2004)。

采用微波的另一个值得注意的优势是,它使测量 EM 场的相位成为可能(比如相干捕获)。为了解释相位信息的重要性,将列出雷达遥感领域中两套效力强大的方法:干涉和极化(Bamler,Hartl 1998;Cloude 2009;Papathanassiou,Cloude 2001)。请注意,各种光学系统可以是极化的,但是这些系统不能获得相位信息。然而,一般地,光学系统仅仅收集两种极化形式(共极化和交叉极化)。正如后文将会阐释的那样,在这种方式下,这些系统并不提取观察目标的所有极化信息。没有相位测量,通常就会使需要获取的,用以成就一幅包含完备极化特性的图片的信息变得太大,使得实际使用中的传感器的复杂性也会显著地增加(Cloude 2009)。

综上所述,我们认为 SAR 能够满足任何天气条件下,或者对树冠层下进行实时监测的可靠性要求。考虑到极化特性能够对多个目标加以辨别的这一其固有的能力,我们决定将该特性用于新的检测算法的开发之中。针对极化特性开展的研究,其现实对象就是电磁波在空间中传播的几何性质(Cloude 2009;Lee,Pottier 2009;Mott 2007;Ulaby,Elachi 1990;Zebker,Van Zyl 1991)。确切地说,它与电场在与其传播方向垂直的横向平面上所"绘制"的形状有关。有意思的是,当两个不同的目标被具有相同极化形式的电磁波照射之后,它们很有可能会散射出具有不同极化状态的波。因此,可以利用极化状态来对所观测的众多目标进行区分。例如,一根金属的导线会散射出与其放置方向相一致的场,在通常的情况下,如果两个目标的外形(考虑目标的尺寸和波长是可以进行相互比拟的,或者大于波长的那部分)和构成材料不同,人们期望的是它们具有不同的极化表现方式。最为直接的推论就是为利用极化表现方式对一个目标进行描述提供了可能性。利用定义在一个代数空间(Cloude 1995;Huynen 1970;Kennaugh,Sloan 1952)中的矢量,就可以用来实现实际应用与极化目标之间的对应关系。对一个极化目标进行完备的描述,需要至少获取四种信息(在一定的条件下可减少到三种,在对地观测中这些条件是普遍的)。这样的数据集被命名为"四极化"或者"全极化"。只有两种极化的数据集都能获取时,这些数据集才被视为"双极化"。仅仅获取两种极化数据集便进行工作的原因与较简单硬件的可用性(更低的成本),以及较高的分辨率要求,或者较小的数据存储(或传输)需要有关。如今,一些专门利用极化信息数据、并且已经成功实现了的实际应用业已表明:事实上,几乎所有的雷达传感器(包括卫星)都能够获得"四极化"的数据(Lee,Pottier 2009)。

总结起来,微波遥感与其他系统相比,具有几大优点。具体来说,它的穿透能力使得它非常适合任何气象条件下的天气测量(针对树冠层下的监测),相干捕获对极化信息的开发利用,对于具体目标的识别极具价值。基于上述原因,我们认为,SAR的极化特性使其可以无可争辩地用以实现本学位论文的目标:在任何天气条件下或者树冠覆盖下,实现以监视为目的的目标检测。

雷达极化特性因其明显的战略优势,促进了许多检测器和分类器的发展,在一般意义下,可以将这些器件分为:基于物理的或基于统计的(Chaney, et al. 1990;Novak, et al. 1993)两大类。这里,我们先暂且略提一下二者的主要区别,在后续的章节中还将会进行详细的阐述。基于物理的算法利用目标的特定极化签名实现检测。从狭义上讲,该签名与目标散射的电磁相关作用有关,并且允许物理参数的检索。而基于统计的技术使用了保留散射随机性的信息。基于统计的技术,其劣势是过程背后的物理特性往往是缺失的,统计开始时的参数检索尤其具有挑战性。

一种新算法的性能评价往往是复杂的,但是仍然有几个策略是可以遵循的。在本文的处理方式中,我们希望提出一系列简单的准则来实现这一过程。从根本上来说,它们基于以下两种可能性:

(1) 目标的低丢失率(也就是错过的检测率,低漏报率)。确切地说,如果两个目标的类型是异常相关的,针对二者的检测已被业界视为公认的难题:

① 植物覆盖下的目标 (Fleischman, et al. 1996)。有两个主要的原因使得这一情形值得注意:第一,森林是非法活动的栖身之所;第二,使用地面检查方法对森林地区进行巡逻是高度复杂的。针对这一点,我们还可以进行补充:利用光学传感器系统对场景进行监视是难以实施的,因为树冠会对直接的光学检测形成一道天然的屏障。

② 小目标。大多数检测器的检测原理是基于目标亮度(即后向散射的量)的,因此,小的,或者绝缘的目标在成像的过程中容易被忽略。本学位论文旨在开发一种能够检测此类型目标的算法,这种算法可以实现堪与高亮度或者大目标相比拟的检测效果。

(2) 在实际目标不存在的情况下,确定性检测的低概率(也就是虚警)。虚警因其在没有实际目标时仍触发警报信息,而尤为令人烦恼。这会造成昂贵的系统访问和对于系统的不信任。具体来说,我们希望满足以下两个要求:

① 统计稳定性。因为观测值一般都可以建模为随机变量(在下文中,这个概念将被更为详细地予以解释),所以任何基于真实数据的算法,可以被解释为一个统计的实体。因此,从统计的角度来看,算法必须是稳健的,理论上应使虚警概率保持在低位(Kay 1998)。

② 应对明亮的自然目标的鲁棒性。正如前面所提到的,大多数检测器是基于各目标点的亮度来进行工作的。然而,在一个SAR的工作场景中,很多明亮的目标是由几何效应(比如掩叠)所造成的,但是不构成可以信任的,真正的目

标(也就是全为虚警)。新的算法必须能够处理这种类型的点,以实现拒绝检测。

接下来,我们将对本学位论文其余各章节的主要内容进行简要的介绍:

(1)第 2 章将会介绍合成孔径雷达(SAR),提供后文针对检测器进行深入讨论所必需的基本工具和基础性知识。为了简洁起见,该部分的公式化推导将保持简明扼要,将仅限于介绍在针对本文检测器阐述中所直接使用到的那些概念。

(2)第 3 章专门为雷达极化引入了波与目标极化的概念。这一理论性章节对于本学位论文的目标特别重要。具体来说,可以得出单目标(确定性的或者一致的)和部分目标(统计意义上的)之间根本性的区别。

(3)第 4 章给出了探测器数学公式的推导过程。文中分别通过物理方法和几何方法来展示出对算法更为广泛,拥有更多视角的描述。检测器参数的优化,被描述为一个数学实体加以考虑。

(4)第 5 章将所提出的检测器作为一个统计实体,从统计的角度对优化进行了剖析。事实上,如果我们想定量地评估检测器的性能,那么统计的方法是不可或缺的。但是请注意,统计评价不能使最终的算法成为一个统计检测器,因为它仍然是基于散射物理量的,与之密切相关。特别地,检测器的概率密度函数(pdf)可以解析地推导得出。

(5)第 6 章所关注的是基于实际数据的检测器的验证工作。在这一章中,将采用机载数据(E-SAR,DLR),因为它们展示了检测器最好的运作环境,在此环境下,可以使检测器实现高分辨率和高信噪比(SNR)。除此之外,这一章还将对本文检测器与其他极化检测器进行比较。

(6)最后一章基于星载数据(ALOS-PALSAR,RADARSAT-2 和 TerraSAR-X)对检测器的有效性进行了探讨。卫星数据采集于条件因素复杂,环境恶劣的情况下,特别有利于针对算法的覆盖范围,即广度的验证。

参考文献

AGENZIA SPAZIALE ITALIANA. 2007. COSMO – SkyMed SAR Products Handbook.

ALOS. 2007. Information on PALSAR product for ADEN users.

Attema E,Bargellini P,Edwards P,Levrini G,Lokas S,Moeller L,Rosich – tell B,Secchi P,Torres R,Davidson M,Snoeij P. 2007. Sentinel – 1,The Radar Mission for GMES,Operational Land and Sea Services. esa bulletin 131.

Bamler R,Hartl P. 1998. Synthetic aperture radar interferometry. Inverse Problems 14:1 – 54.

Campbel JB. 2007. Introduction to remote sensing. The Guilford Press,New York.

Chaney RD,Bud MC,Novak LM. 1990. On the performance of polarimetric target detection algorithms. Aerospace Electron Syst Mag IEEE 5:10 – 15.

Chuvieco E, Huete A. 2009. Fundamentals of satellite remote sensing. Taylor & Francis Ltd, London.

Cloude RS. 1995. An introduction to wave propagation & antennas. UCL Press, London.

Cloude SR. 2009. Polarisation: applications in remote sensing. Oxford University Press, 978 – 0 – 19 – 956973 – 1.

Cloude SR, Corr DG, Williams ML. 2004. Target detection beneath foliage using polarimetric synthetic aperture radar interferometry. Waves Random Complex Media 14:393 – 414.

Fleischman JG, Ayasli S, Adams EM. 1996. Foliage attenuation and backscatter analysis of SAR imagery. IEEE Trans Aerospace Electron Syst 32:135 – 144.

Fritz T, Eineder M. 2009. TerraSAR – X, ground segment, basic product specification document. DLR. Cluster Applied Remote Sensing.

Huynen JR. 1970. Phenomenological theory of radar targets. Technical University The Netherlands, Delft.

Kay SM. 1998. Fundamentals of statistical signal processing, Volume 2: detection theory. Prentice Hall, Upper Saddle River.

Kennaugh EM, Sloan RW. 1952. Effects of type of polarization on echo characteristics. In: Ohio State University Research Foundation Columbus Antenna Lab (ed).

Lee JS, Pottier E. 2009. Polarimetric radar imaging: from basics to applications. CRC Press, Boca Raton.

Leipnik MR, Donald PA. 2003. GIS in law enforcement: implementation issues and case studies (International forensic science and investigation). Taylor & Francis, London.

Mott H. 2007. Remote sensing with polarimetric radar. Wiley, Hoboken.

Novak LM, Burl MC, Irving MW. 1993. Optimal polarimetric processing for enhanced target detection. IEEE Trans Aerospace Electr Syst 20:234 – 244.

Papathanassiou KP, Cloude SR. 2001. Single – baseline polarimetric sar interferometry. IEEE Trans Geosci Remote Sens 39:2352 – 2363.

Richards JA. 2009. Remote sensing with imaging radar – signals and communication technology. Springer, Berlin.

Rothwell EJ, Cloud MJ. 2001. Electromagnetics. CRC Press, Boca Raton.

Slade B. 2009. RADARSAT – 2 product description. Dettwiler and Associates, MacDonals.

Stratton JA. 1941. Electromagnetic theory. McGraw – Hill, New York.

Treuhaft RN, Siqueria P. 2000. Vertical structure of vegetated land surfaces from interferometric and polarimetric radar. Radio Sci 35:141 – 177.

Ulaby FT, Elachi C. 1990. Radar polarimetry for geo – science applications. Artech House, Norwood.

Woodhouse IH. 2006. Introduction to microwave remote sensing. CRC Press Taylor & Frencies Group, Boca Raton.

Zebker HA, Van Zyl JJ. 1991. Imaging radar polarimetry: a review. Proc IEEE, 79.

第 2 章　合成孔径雷达

2.1　基于 SAR 的雷达遥感

雷达是一种主动式微波遥感系统,在第二次世界大战中,利用它进行目标(飞行器、舰船等)与用以收发电磁(EM)脉冲(Woodhouse 2006;Brown 1999)的天线之间的距离估算,从而使雷达得到了长足的发展。第二次世界大战之后,这项技术不再唯一地用于飞行器、舰船测距,在环境遥感等方面也发现了有趣的应用。由于其涉足于遥感科学领域,雷达技术经历了一个飞速发展,产生了大量使用了微波相干来捕获不同特征的实际应用和技术(Woodhouse 2006)。

微波和光学遥感有一些相似之处,因为二者均需捕获物体表面反射的电磁波(这一点如果和一个激光雷达系统相论则更加相似)。然而,它们主要的区别与利用较长的波长(也就是较低的频率)有关,这个区别同时也反映了雷达最为重要的优势(Richards 2009)。一个拥有较大波长的电磁波能够实现电磁场的相干捕获(也就是幅度和相位的获取)。与相位相关的信息,可以用于诸如和干涉、极化有关的技术之中,而这些信息在光学系统中是不容易得到的(在这里,立体视法不被视为干涉技术,因为它不对干涉条纹有效)(Bamler,Hartl 1998;Cloude 2009;Papathanassiou,Cloude 2001)。一般而言,电磁辐射仅与和电磁波波长近似,或者具有更大尺寸的目标发生相互作用(Stratton 1941;Rothwell,Cloud 2001;Cloude 1995;Woodhouse 2006)。因此,小尺寸的物体(和电磁波长相比)对于电磁辐射而言显得是透明的,以至于电磁波能够穿透由这些微粒组成的介质集群。例如,几乎在任何天气条件下,云对用以进行测量的微波(特别是较低频率的合成孔径雷达)而言,可以合理地将其视为透明的。林冠层从某种程度上来说,是另一个对电磁波而言透明的介质的典型实例。这是利用雷达进行植被勘测的主要优势之一。因为勘测深度(可达数十米)可观,所以电磁波能收集森林深层的信息(Campbel 2007;Woodhouse 2006;Treuhaft,Siqueria 2000;Cloude,et al. 2004)。

合成孔径雷达(SAR)是一个可以捕获具有极高分辨率数据的,单纯的雷达系统。在一个标准的单基站结构中,SAR 系统是通过由既用以发射、又用于接收的同一天线所构建的一个平台(机载或卫星)来组成的(Franceschetti,Lanari 1999;Curlander,McDonough 1991;Massonnet,Souyris 2008)。当这个平台经过一个检测区域时,天线发送一连串的电磁脉冲。一旦脉冲到达目标,即在目标表面产生电流(通常均为如此),并产生散射回来的电磁波。其中一部分散射回来的电磁波被平台上的天线所接收(如图2.1所示)。显然,可以考虑不同的应对方案,例如双基地SAR,它的两组不同的天线分别作为接收机和发射机,它们通常还在不同的平台上运作(Cherniakov 2008;Willis 2005)。在本学位论文中,虽然讲述的检测器可以归纳为双基地系统,但是正如下面的章节所讲述的,我们的重点是单基地传感器。

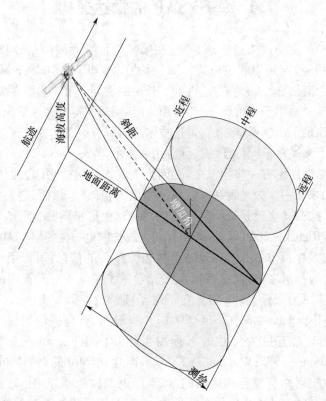

图2.1　一个单基地系统的SAR所获取的几何图形(承蒙 Fernando Vicente Guijalba 提供)

平台沿方位角方向移动,天线通常聚焦于与方位角相垂直的方向上:**距离**(range)(或者斜距)。如果观测方向沿着平台的**最低处**(ndr)(也就是径直于平台正下方),这个系统就被定义为**视轴**(boresight)系统。另一方面,当观测方向和顶点夹角为ϑ时,这个系统则被定义为**侧视**(side-looking)(角ϑ叫做观测角)系统。通常,一个侧视的方法比视轴更为优越,因为它没有距离模糊(这一点接下来将予以说明)(Franceschetti,Lanari 1999)。

这一获取过程在实用的场景中,是通过发送射频脉冲(也就是窄带信号)和接收被目标散射回来的电磁波来完成的。在一个传统的雷达系统中,发送和接收之间的时延与电磁波的传播速度和天线到目标的距离有关:

$$\Delta t = \frac{2r}{c} \tag{2.1}$$

式中:r 为传感器与散射体之间的距离;c 则表示光速。

在这个基本的约定当中,距离上的分辨率由脉冲的持续时间所决定。如果两个散射目标之间的距离大于脉冲持续时间的一半,那么它们就能够被区分开来;否则,这两个脉冲将会相互交叠在一起。因此,如果我们用 τ 定义脉冲的持续时间,那么,分辨率将可以表示为:

$$\delta_{sr} = \frac{c\tau}{2} = \frac{c}{2W} \tag{2.2}$$

式中:W 为脉冲的带宽。因此,为了获得较高的分辨率,脉冲的带宽必须增加,这就导致了持续时间非常短的有效持续脉冲,这些脉冲通常不能由已经将带宽设计完成了的系统来实现。为了在不减少脉冲持续时间的条件下,实现高分辨率的意图,学术界提出了一种称之为"频率调制"的技术(Curlander,McDonough 1991)。经过调制以后得到的脉冲叫做**线性调频**(Chirp),这是一种窄带脉冲的线性频率调制技术。它可以表示为:

$$f(t) = \cos\left(\omega t + \frac{\alpha t^2}{2}\right)\mathrm{rect}\left[\frac{t}{\tau}\right] \tag{2.3}$$

式中:$\omega = 2\pi f$ 为角频率;f 为载波频率;rect 为持续时间 τ 的矩形函数;α 为调频的斜率,它和带宽 W 的关系为 $\alpha\tau = 2\pi W$。利用线性调频技术,可以在提高带宽的同时,不减少脉冲所持续的时间。为了对真实的场景信息进行重构,接收到的回波必须对由于线性相位调制而引入的改变进行清除。这一工作可以利用一个匹配滤波器加以完成(被称之为距离压缩)。

就方位角方向上的分辨率而言,最简单的系统莫过于一个真实孔径雷达(RAR)。在这里,波束宽度辐射范围内的所有点都被一起接收,因此,这些点是不可分离的。方位角方向的分辨率由天线的波束宽度(孔径)来决定:

$$\Delta x_{\mathrm{RAR}} = R\frac{\lambda}{L} \tag{2.4}$$

式中:R 为传感器与地面之间的距离;λ 为所利用电磁波的波长;L 为天线的有效尺寸。在这种配置结构当中,分辨率由目标到传感器之间的距离所决定,这使得其在卫星上的应用之中,只适合作为散射仪(Woodhouse 2006)来使用。为了提高分辨的能力,就必须增加天线的尺寸或者频率。然而,频率是固定的,且因为结构工程方面的原因,天线的尺寸不能过分地扩张。因此,不得不引入一个与此不同的解决方案。

合成孔径雷达(SAR)的基本思想是:天线不是仅仅辐射一个脉冲,而是发射一系列脉冲到地面上的一点。如果将同一点反射回来的所有脉冲收集在一起,将会和长度(也就是孔径)等于覆盖范围为 X 的天线阵列获得一个脉冲的结果

相类似。数据压缩以后,方位角方向上的分辨率变为:

$$\Delta x_{SAR} = \frac{L}{2} \qquad (2.5)$$

式中:L 为天线的有效长度。回到式(2.4),当天线的有效尺寸 L 减小时,其分辨率将会得到改善。这看起来似乎有悖于常识,因为一个较小的天线有较大的波束宽度(也就是较大的覆盖范围)。在实际情况下,当 L 减小时,X 和合成天线都增加。这使得阵列变得更大,波束宽度变得更尖锐。

经过行数据压缩以后,SAR 图像展示出一幅与监测场景的反射率(为一个复数)地图,其中每一个像素代表着位于分辨单元里的散射体所反射回来的相干和(Oliver,Quegan 1998)。反射率可以表示为 $\rho(r,x)$,其中 r 表示距离,x 表示分辨单元的方位角。对于任何一个指定的像素,有:

$$\rho(r,x) = \sum_n \rho_n \delta(r - r_n, x - x_n) \qquad (2.6)$$

式中:δ 为狄拉克函数;r_n 和 x_n 分别为在分辨单元里的移动量。因此,信号经过处理后,可以表示为二维复数信号(Massonnet,Souyris 2008)。

2.2　几　何　失　真

雷达(主动的)和光学系统(被动的)二者之间一个值得注意的分歧,与它们获取检测信息的形式不同有关。雷达最初被设计为用来获得传感器和目标之间的距离。这个属性在 SAR 的采集策略中仍然是核心内容。场景里的目标依据到传感器的距离而不是在地面上的位置来安排。此外,一个雷达系统需要是侧视的,而一个光学系统通常接近最低点。因为这个特有的获取方式,就会在反射率图像中引入失真,并且后者不能未经处理就直接和一幅地图或图像进行对比(Woodhouse 2006;Franceschetti,Lanari 1999;Campbel 2007)。

雷达可以测量传感器到目标之间的距离,因此,地面上(也就是场景所在的水平面)的距离不是保持不变的,在**近距离**区域(离平台比较近的区域),它的距离分辨率比**远距离**区域(离平台比较远的区域)要大。因此,可以引入一个新的参数,称为**地面距离**,来代表测量的距离在水平面的投影范围(现在称为斜距)。特别地,地面距离的分辨率可以计算为:

$$\Delta r_g = \frac{\Delta r}{\sin \vartheta_i} \qquad (2.7)$$

式中:ϑ_i 为本地的观测角。以图 2.2 为例,我们对地面分辨率的概念进行说明。

式(2.7)规定了一个瞄准系统(也就是 $\vartheta = 0$)的分辨率为无穷大,因为在平面波的假设下,任何一个平行于地表面的平面只位于一个分辨单元当中。显然地,平面波在这种情况下已经不再适用,因此,必须用球面波来代替它。对地面距离分辨率变化性的最终影响是:沿着距离方向(近距离被压缩了),地面距离分辨率是一个非线性的延伸。

式(2.7)表明了侧视结构对图像形成的重要性。图2.3展示了等距离线和等多普勒线(Mott 2007)。避免 y_g 轴上下两点之间模糊性的唯一方法是使天线集中到一面。虽然对图像形成是必不可少的,但是,侧视是造成在 SAR 图像里形成失真的原因。

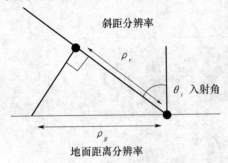

斜距分辨率

ρ_r

θ_i　入射角

ρ_g

地面距离分辨率

图2.2　地面距离分辨率的估计

(承蒙 Iain Woodhouse 提供)

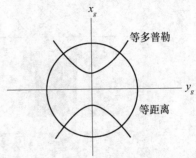

x_g

等多普勒

y_g

等距离

图2.3　恒定距离和恒定多普勒曲线。传感器沿着 x_g 轴移动,并向地表面投影

图2.4给出了由于侧视结构而使雷达图像产生的最主要的失真。这些失真(Franceschetti,Lanari 1999)是:

(1)透视收缩(Foreshortening):当一个斜面面对传感器时,被照射到的区域被压缩到分辨率比较低的单元里。换句话说,因为可见的本地观测角(按照表面法线计算)减小了,所以更大范围地面的全部效果位于同一个分辨单元里。在一幅 SAR 图像里,透视收缩会使得面对着传感器的山(或者坡面)在传感器方向上产生一个移动。此外,由于在相同的分辨单元里散射体的数量增加了(所有散射体的能量被压缩到一个更小的区域),透视收缩通常伴随着后向散射的增加。

(2)掩叠(Layover):当面对着传感器的坡面的陡度比观测角更高时,从目标上方返回的回波要先于目标底部的回波。如果和光学图像相对比,掩叠使得上下发生翻转。掩叠在 SAR 成像中相当普遍,因为它会影响所有纵向结构的物体发生变化,这些物体在高度上比分辨单元大(比如建筑物、树木)。

(3)阴影(Shadowing):这一影响在与传感器相对的坡面上是可以观察到的,它可以解释为透视收缩的对立面。被阴影效应影响的区域被增大了(沿着距离方向)。当坡面比 $\vartheta - \pi/2$ 小时,这些区域就变得完全黑暗(类似于光学里的影子)。

通常,阴影区域(也就是斜坡所面向的远离传感器的区域)要更为黑暗一些,因为能量在一个大的区域展开了,或者,它们根本是不可见的(此外,Bragg 模型预测表面反射会减小)。

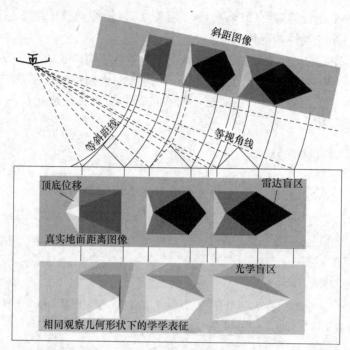

图2.4　和几何光学对比,因侧视结构而引起的失真(承蒙 Iain Woodhouse 提供)

造成 SAR 图像失真的另一个原因与不同的距离和方位角分辨率有关。在图像形成中,距离分辨率取决于带宽(式(2.2)),方位角方向上的分辨率取决于天线有效长度(式(2.5))。结果,像素通常将不是正方形而是矩形形状的。矩形像素使得图像在分辨率高的方向上伸展开来(对于卫星应用而言,这经常表现在方位角方向上)。

因为严重的畸变会影响一幅 SAR 图像,所以后来得到的图像不能直接被一幅地图所覆盖。作为第一步,图像必须通过地理编码以纠正几何失真。随后,它必须被映射到一个带有地理位置的坐标系统当中。在本学位论文所提出的检测器的验证工作中,也就是当前的工作,没有考虑图像的地理位置,因为检测器依靠后向散射(极化)这一物理特性进行运作,这一特性并不会随着地理位置的变化而发生改变(只要地理位置被很好的定义)(Campbel 2007;Wise 2002)。

2.3　目标的统计特性

一个 SAR 系统所获取的后向散射场,是发送天线发射的微波脉冲和监测场景中的目标相互作用的产物,当被照射物体的大小与波长相当,或者比波长更长的时候,这种相互作用通常更为一致(Stratton 1941;Rothwell,Cloud 2001)。在微波遥感中,波长大约是几厘米(X 波段或者 C 波段) 或者十几厘米(S 波段,L 波段和 P 波段) 而分辨单元的尺寸则是几米。由于这个原因,在同样的分辨单元中,一些散射体形成了整个反射场。根据场的叠加原理,来自相同分辨单元的电磁波是一致可加的(通常相位信息必须加以考虑,全部能量并不是所有能量贡献的总和)(Oliver,Quegan 1998;Rothwell,Cloud 2001)。

如果从第 i 个散射体返回的回波是 $V_i \mathrm{e}^{\mathrm{j}\phi_i}$,那么全部的回波将是:

$$V_{re} + \mathrm{j}V_{im} = V = \sum_{i=1}^{N} V_i \mathrm{e}^{\mathrm{j}\phi_i} = \sum_{i=1}^{N} V_i \cos\phi_i + j\sum_{i=1}^{N} V_i \sin\phi_i \qquad (2.8)$$

用复数来表征一个电磁波的可能性将在下一节中举例说明,式(2.8)描述了单元中一致和的作用。如果主散射体不止一个,那么从所观测的各散射体中提取信息的唯一方式,就是利用统计方法来处理这种问题(Oliver,Quegan 1998)。事实上,观测物(也就是全部回波的实部和虚部)的数量比未知物的数量要小。

如果 N 足够大,我们可以应用中心极限定理,并且假定回波的实部和虚部是服从正态分布的:即 $V_{re} \sim N(0,\sigma^2)$ 和 $V_{im} \sim N(0,\sigma^2)$。它们的概率密度函数(pdf)为:

$$f_{v_{re}}(V_{re}) = \frac{1}{\sqrt{2\pi\sigma^2}} \exp\left(-\frac{V_{re}^2}{2\sigma^2}\right)$$

$$f_{v_{im}}(V_{im}) = \frac{1}{\sqrt{2\pi\sigma^2}} \exp\left(-\frac{V_{im}^2}{2\sigma^2}\right) \qquad (2.9)$$

由于随机实数的均值为 0,所以以上两个随机变量的均值为 0,也就是 $E[V_{re}] = E[V_{im}] = 0$(Gray,Davisson 2004;Kay 1998;Papoulis 1965)。

此外,实部和虚部是相互独立的,这使得它们是不相关的,即:

$$E[V_{re}V_{im}] = E[V_{re}]E[V_{im}] = 0 \qquad (2.10)$$

式中 $E[\cdot]$ 代表期望值。

图 2.5 绘制了一组不同的零均值和变化的标准差 σ 下,高斯随机变量的趋向。

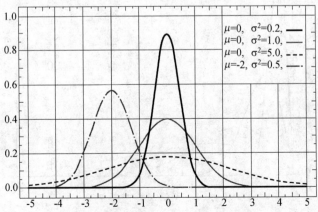

图 2.5　均值和标准差发生变化情况下的高斯分布

SAR 图像显示了观察场景的反射率,并且它能用一个复数矩阵来加以表示。这些复数的模,包含了来自于分辨单元中有关后向散射波数量的重要信息(因为它是能量的平方根)。利用实部和虚部的概率密度函数,使得提取后向散射波振幅和相位的联合概率密度函数成为可能:

$$f_{V_\phi}(V,\phi) = \frac{V}{\sqrt{2\pi\sigma^2}}\exp\left(-\frac{V^2}{2\sigma^2}\right) \tag{2.11}$$

在相位的整个区间上对式(2.11)进行积分运算,那么,幅度的概率密度函数可以被抽取出来:

$$f_V(V) = \int_0^{2\pi} f_{V_\phi}(V,\phi)\mathrm{d}\phi = \frac{V}{\sigma^2}\exp\left(-\frac{V^2}{2\sigma^2}\right), V \geqslant 0 \tag{2.12}$$

后者相当于定义在$[0,\infty]$上的瑞利分布,也就是 $V \sim \mathrm{Rayleigh}(\sigma)$(Papoulis 1965)。

一种对一个随机变量进行诠释的快捷方法就是利用它的主要模态,它们可以通过对概率密度函数的表达式进行相应的积分而获得,即:

$$E[V] = \int_0^\infty V f_V(V)\mathrm{d}V = \sqrt{\frac{\pi}{2}}\sigma \tag{2.13}$$

$$E[V^2] = \int_0^\infty V^2 f_V(V)\mathrm{d}V = 2\sigma^2 \tag{2.14}$$

$$\mathrm{VAR}[V] = E[V^2] - E[V] = \frac{4-\pi}{2}\sigma^2 \tag{2.15}$$

图 2.6 给出了瑞利分布图。正如预想的那样,负值的概率为 0;当均值增大时,方差也将变大。

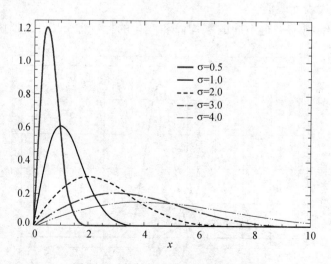

图 2.6　不同标准差 σ 下的瑞利分布

相位的概率密度函数同样也可以被提取出来,相位是在$[0,2\pi]$上均匀分布的随机变量。

一旦获得了振幅的统计分布,我们就能够对后向散射波的能量分布进行刻画。即$W = V^2$。通过整理,可以得到能量的概率密度函数为:

$$f_W(W) = \frac{1}{2\sigma^2}\exp\left(-\frac{W}{2\sigma^2}\right), W \geq 0 \qquad (2.16)$$

这和服从指数分布的随机变量是一致的,后者通常用$W \sim \mathrm{Exp}(\lambda)$来进行表示,其中$\lambda$和均值有关,其模态可以估算为:

$$E[W] = 2\sigma^2 = 1/\lambda \qquad (2.17)$$

$$E[W^2] = 8\sigma^4 \qquad (2.18)$$

$$\mathrm{VAR}[W] = E[W^2] - E[W]^2 = 4\sigma^4 \qquad (2.19)$$

指数分布的均值通常用$1/\lambda$来表示。

图2.7显示了不同的均值对应的指数分布,与瑞利分布的情况一样,指数分布的变化性很大,其标准差与均值的变化呈线性增加(实际上它们是相同的,即均值等于标准差)。这种极大的变化会导致值得我们注意的估计误差,这些误差使得基于单个像素的,对散射的描述具有挑战性。

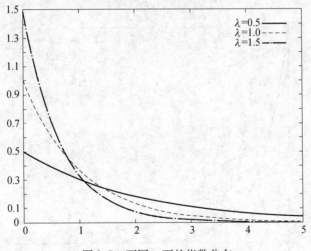

图2.7　不同λ下的指数分布

一般来说,为了减小随机变量的变化,可以考虑对独立同分布(independent and identically distributed,iid)的随机变量求取平均值来实现(请注意,不是所有的变量取均值都可以减小它们的可变性)。

如果$W_1, W_2, \cdots, W_N$均服从指数分布,那么变量$\gamma = \sum\limits_{i=1}^{N} W_i$则服从伽马分布,它可以表示为$\gamma \sim \Gamma(\theta, k)$,其中$k$是取决于合计元素数的形状(shape)参数

（即 $k = N$，而 $\theta = 1/\lambda = 2\sigma^2$ 是取决于指数变量均值的尺度（scale）参数。它的概率分布函数等于：

$$f_{\overline{W}}(\overline{W}) = \left(\frac{N}{2\sigma^2}\right)^N \frac{\overline{W}^{N-1}}{(N-1)!} \exp\left(-\frac{N\,\overline{W}}{2\sigma^2}\right) \tag{2.20}$$

它的模态是：

$$E[\overline{W}] = 2N\sigma^2 \tag{2.21}$$

$$\mathrm{VAR}[\overline{W}] = 4\sigma^4 \tag{2.22}$$

通常，指数型随机变量的和随后将由样本数 N 加权来实现归一化，以得到平均值 $\overline{W} = \frac{1}{N}\sum_{i=}^{N} W_i$。产生的新的随机变量服从加权的伽马分布，也就是 $\overline{W} \sim \Gamma(\vartheta/N, k)$，其模态将变为：

$$E[\overline{W}] = 2\sigma^2 \tag{2.23}$$

$$\mathrm{VAR}[\overline{W}] = \frac{4\sigma^4}{N} \tag{2.24}$$

图2.8给出了用形状参数和尺度参数来表征的伽马分布。

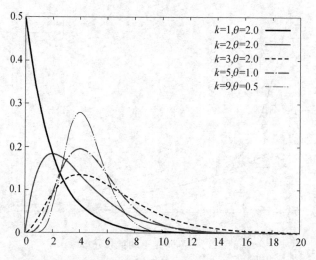

图2.8　不同的形状参数 k 和尺度参数 θ 下的伽马分布

通过增加平均以后的独立样本数可以减小随机变量的变化。为了达到预期的变化减小量，必须对有相同均值的独立样本（独立同分布的）进行求和。有一些方法是在一幅 SAR 图像中选取若干独立的样本。最常用的（也是本学位论文所使用的）是用一个移动窗来覆盖邻近的像素，并对其上求取均值，但是除此之外，还有更复杂的策略可以采用。

2.4　雷达散射截面积

　　微波遥感的目标,是从被一个目标所散射的电磁波中提取信息。特别地,当测量相位暂时还不可施行时,后向散射波的能量成为了学术界广泛研究的主题。人们引入了一个称之为雷达散射截面积(Radar Cross Section,RCS)的参数,它表示了一个面积,这一面积与和目标散射具有相同能量的一个球面的面积等效(Franceschetti,Lanari 1999;Woodhouse 2006)。对于一个复杂的目标来说,散射的能量也取决于观察目标所处的视角。此外,目标表面所感应的电流向各个方向辐射,藉此,可以对目标的方向图进行估量。

　　如果引入极坐标,入射波和散射波的方向可以用(ϑ_i,φ_i)和(ϑ_s,φ_s)成对地分别进行描述,综上所述,RCS 可以描述为入射波方向和散射波方向的函数。从所有方向上对散射波进行积分(对于一个入射波固定不变的情况而言),全部散射能量可以计算为(Woodhouse 2006):

$$S(r,\vartheta_s,\varphi_s) = \frac{S_i(\vartheta_i,\varphi_i)\sigma(\vartheta_i,\varphi_i;\vartheta_s,\varphi_s)}{4\pi r^2} \tag{2.25}$$

式中:r 是指距离。

　　就回波散射来说,入射波方向和散射波方向是相同的。也就是 $\vartheta_i = \vartheta_s,\varphi_i = \varphi_s$。

　　对于一些外形简单的形状,RCS 的计算结果可以解析地表示出来(经过各种折中近似以后)。在表 2.1 中列出了这些目标的 RCS。

表 2.1　具有规格外形的 RCS (Franceschetti,Lanari 1999)

形状	半径为 d 的球面	边长为 d 的正方形板	边长为 d 的三角形三面角反射器	边长为 d 的正方形三面角反射器
RCS (m^2)	πd^2	$4\pi\dfrac{d^2}{\lambda^2}$	$\dfrac{4\pi}{3}\dfrac{d^2}{\lambda^2}$	$12\pi\dfrac{d^2}{\lambda^2}$

　　RCS 在转角处相对增加较快(边长的四次方),这是由于它们能够在狭窄的波束中收集照射波的能量。明显地,对波长 λ 的依赖性与可见的曲面尺寸的增加是相关的。

　　系统所接收到的从距离为 r 处的目标处散射返回的波的能量,可以用能量密度的表达式来进行估算:

$$P_r = \frac{PGA\sigma}{(4\pi)^2 r^4} = \frac{PG^2\lambda^2\sigma}{(4\pi)^3 r^4} = \frac{PA^2\sigma}{4\pi\lambda^2 r^4} \tag{2.26}$$

式中:P 是指发射功率的峰值;G 是天线的增益;A 是天线的有效面积。

注意到能量随着距离的四次幂的增大而下降是有趣的,这是因为在距离目标源很远的地方,能量以球面波的形式发散,这和距离的平方有关。接下来,这两种衰减方式都要考虑进去(通过两种衰减相乘得以体现),在 SAR 的图像形成中,对接收到的理论上的信号能量进行估计有着重大的意义,其原因是为了获取一个可靠的监测场景的反射率地图,针对或近或远的距离,施以不同的能量补偿量是必不可少的一步(Herwig 1992)。

2.5 极化获取的表征:散射矩阵

在这一节中,将会介绍雷达极化获取的一些原理,特别是对其进行表征的散射矩阵及其形成机制,而更为完整的处理方式将会在第 3 章中给出。

2.5.1 散射矩阵

为了论述的简洁性,此处忽略用于解决波动方程由来的电磁理论不表,本节所介绍的这种处理方式将从窄带信号的定义说起。如果信号带宽和载波频率相比足够小,后者就可以忽略并且电(磁)场也就可以用复标量来进行表示。在单色波情况下,这一问题可以用 fasors 来严密地解决(Rothwell,Cloud 2001)。在远离发射源的情况下,以球面波方式进行的传播,可以局部地近似为平面波。波前端是一个平面,且电场和磁场与传播方向是相互垂直的。由于电场和磁场包含在横向的平面中,因此,这样的传播可以等效地被认为是横向电磁波(Transverse ElectroMagnetic,TEM)(Stratton 1941)。

图 2.9 给出了本学位论文中所使用的坐标系。

电场可以写为:

$$\underline{E} = E_x\,\underline{u}_x + E_y\,\underline{u}_y \qquad (2.27)$$

式中:波在 z 轴方向上进行传播,E_x 和 E_y 均为复数。

所以,它可以写为:

$$E_x = |E_x|\mathrm{e}^{\mathrm{j}\phi_x},\ E_y = |E_y|\mathrm{e}^{\mathrm{j}\phi_y} \qquad (2.28)$$

由于电磁波在时间、或者空间中进行传播,所以电场的相位也会随之变化。这一影响可以通过下式加以考虑,即:

$$E_x = |E_x|\mathrm{e}^{\mathrm{j}(\omega t - kz + \phi_x)},\ E_y = |E_y|\mathrm{e}^{\mathrm{j}(\omega t - kz + \phi_y)}$$

$$(2.29)$$

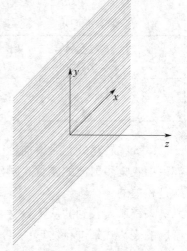

图 2.9 与波的传播方向(z 轴)相一致的坐标系

式中：$\omega = 2\pi f$ 为角频率；t 为时间；k 为波数 $k = \omega / c$；c 为光速。ϕ_x 和 ϕ_y 为两分量的初始相位。

只要关于频率的信息被再次引入到式(2.27)当中，那么表达式可以在时间域(实数)上进行转换：

$$
\begin{aligned}
e_x &= \mathrm{Re}\left\{|E_x|e^{j(\omega t - kz + \phi_x)}\right\} = |E_x|\cos(\omega t - kz + \phi_x) \\
e_y &= \mathrm{Re}\left\{|E_y|e^{j(\omega t - kz + \phi_y)}\right\} = |E_y|\cos(\omega t - kz + \phi_y)
\end{aligned}
\tag{2.30}
$$

这两个场分量(也就是 x 和 y 分量)之间的彼此相干，其结果产生了一个在传播平面上移动的矢量。电磁场的极化，与随时间前进的电场在横向平面上所绘制的形状有关。这里，简而言之，仅仅考虑极化状态不发生改变的情况。特殊地，如果电场有一个分量仅位于传播平面中的一条坐标轴上，那么它的极化方式就被定义为线极化(通常要取得线极化这种极化形式，两个分量必须具有相同的相位)。

当一个目标被线极化波(在 x 轴方向上)所激励时，$\underline{E}^s = E_x^i\,\underline{u}_x$，此时的散射波将会是(Krogager 1993；Kennaugh，Sloan 1952；Mott 2007；Cloude 2009；Lee，Pottier 2009)：

$$
\underline{E}^s = E_x^s\,\underline{u}_x + E_y^s\,\underline{u}_y = \frac{1}{\sqrt{4\pi r^2}}\left[S_{11}E_x^i\,\underline{u}_x + S_{21}E_x^i\,\underline{u}_y\right]
\tag{2.31}
$$

由于一般来说，再辐射波与入射波有着不同的极化形式(这一问题将会在2.6节中进行详细地阐述)。所以，对于任意入射波而言，都需要至少两种量度来对散射场(x 和 y 分量)进行诠释。

最终的必要条件是：能够对目标散射的表现方式进行描述，同时要求与所采用的入射波无关。于是，仅仅用入射场 x 轴方向的分量，不足以对所有可能的入射波加以描述。与其正交的 y 轴方向的分量也必须同样予以考虑。所以，一个在 y 轴方向线极化的场能够被发射出去，所收集到的回波也就有了以下的两个分量：

$$
\underline{E}^s = E_x^s\,\underline{u}_x + E_y^s\,\underline{u}_y = \frac{1}{\sqrt{4\pi r^2}}\left[S_{12}E_y^i\,\underline{u}_x + S_{22}E_y^i\,\underline{u}_y\right]
\tag{2.32}
$$

归纳起来，为了完整地描述一个目标的极化表现形式，需要四个量：以两个用来描述散射波的量和两个描述入射波的量相乘形式来表示。场的叠加定理已经断言：这四个量可以分别得到(目标须保持不变)。这四个量可以从一个矩阵中获得，如下：

$$
\underline{E}^s = \begin{bmatrix} E_x^s \\ E_y^s \end{bmatrix} = \begin{bmatrix} S_{11} & S_{12} \\ S_{21} & S_{22} \end{bmatrix} \begin{bmatrix} E_x^i \\ E_y^i \end{bmatrix} \frac{1}{\sqrt{2\pi r^2}}
\tag{2.33}
$$

这一矩阵

$$[S] = \begin{bmatrix} S_{11} & S_{12} \\ S_{21} & S_{22} \end{bmatrix} \tag{2.34}$$

称为**散射**(或者**辛克莱**)矩阵(Scattering Matrix or Sinclair Matrix)。任何被不变的极化波所照射的固定目标,都可以利用散射矩阵完全进行刻画(Kennaugh,Sloan 1952)。对于"固定目标"这一假设看似是不能取消的。但是在下一节中,我们将会看到:在非固定目标的情况下,仍然可以利用它的统计信息对其进行表征。

当散射矩阵在工作平台的一次性飞行中就得以完全获取时,这个系统就被定义为**全极化**(quad polarimetric)的。为了恰当地重建目标的极化特征,信号的同步获取则是十分必要的了,特别是在其从一个回收数据变化到另一个的时候。然而,在某些情况下,传感器还不够复杂,它还不足以通过单次飞行就能获得散射矩阵$[S]$,但是只有一半的缺失(比如散射矩阵的其中一列)。在这一情况下,系统就被定义为双极化(dual polarimetric)。遗憾的是,后者不能够完整地描述一个极化目标。

2.5.2 坐标系

由于选好一个恰当的,得以展现对称性的坐标系,可以大大地简化问题的处理方式,所以在针对散射问题所开展的研究工作中,坐标系的正确选取常常是其中的一个关键点(Cloude 1995)。

最为常见的选择是建立和波(平面波)的传播方向相一致的坐标系。这一策略被命名为**前向(反单基地的)散射取向**(Forword(anti-monostatic)Scattering Alignment,FSA),而在任意方向上都可能有散射(如双基地雷达)时,它可能是最佳的方案。然而,一般来说,发射机天线与接收机天线是一样的(对单基地雷达系统而言)。在这种情况下,由于天线是保持固定不变的,可以采用一个与天线方向相一致的坐标系。这样一种坐标系被认为是**后向(双基地的)散射取向**(Back(Bistatic)Scattering Alignment,BSA)。图2.10将这两种组织形式进行了对比(Boerner 2004)。

由一幅雷达图像观测到的目标,在微波频率范围内一般是互易的。在单基地分布与互易介质情况下,天线的互易原理已经指出,相同的天线在发射和接收中可以等效地工作(散射体可以被理解为天线本身),因此散射矩阵是对称的。所以,矩阵$[S]$对角线两侧的元素是同样等效的。请注意,基于FSA的组织形式,矩阵$[S]$的对称性是不能被利用的。由于只需要3个复数而不是4个来表征目标,这种对称性给问题的解决带来了极大的简化(Cloude 1995)。另外,一个对称散射矩阵(通常)可以基于复数的特征值进行对角化处理。特征矢量就

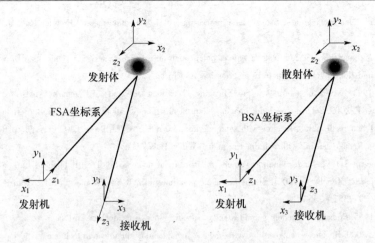

图 2.10　FSA 与 BSA 两种坐标系的对比

代表了散射问题中的最佳极化形式,这一问题将会在下一章中进行介绍
(Huynen 1970;Kennaugh,Sloan 1952)。

　　由于 BSA 形式对散射问题的研究已经展示出其具有的更多的优势,所以,
若非特别指明,在本学位论文中都将会采用 BSA 形式。

参考文献

Bamler R,Hartl P. 1998. Synthetic aperture radar interferometry. Inverse Probl 14:1 –54.

Boerner WM. 2004. Basics of radar polarimetry. RTO SET Lecture Series.

Brown L. 1999. A radar history of world war II,technical and military imperatives. Institute of Physics Publishing, Bristol and Philadelphia.

Campbel JB. 2007. Introduction to remote sensing. The Guilford Press,New York.

Cherniakov M. 2008. Bistatic radar:emerging technology. Wiley,Chichester.

Cloude RS. 1995. An introduction to wave propagation & antennas. UCL Press,London.

Cloude SR. 1995. Lie groups in EM wave propagation and scattering. Chapter 2 in electromagnetic symmetry. In: Baum C,Kritikos HN (eds). Taylor and Francis,Washington,ISBN 1 –56032 –321 –3,pp 91 –142.

Cloude SR. 2009. Polarisation:applications in remote sensing. Oxford University Press,Oxford,978 –0 –19 –956973 –1.

Cloude SR,Corr DG,Williams ML. 2004. Target detection beneath foliage using polarimetric synthetic aperture radar interferometry. Waves Random Complex Media 14:393 –414.

Curlander JC,Mcdonough RN. 1991. Synthetic aperture radar:systems and signal processing. Wiley,New York.

Franceschetti G,Lanari R. 1999. Synthetic aperture radar processing. CRC Press,Boca Raton.

Gray RM,Davisson LD. 2004. An introduction on statistical signal processing. Cambridge University Press,Cambridge.

Herwig O. 1992. Radiometric calibration of SAR systems. In:fundamentals and special problems of synthetic aperture radar (SAR),AGARD Lecture Series,Vol 182.

Huynen JR. 1970. Phenomenological theory of radar targets. Delft Technical University,The Netherlands.

Kay SM. 1998. Fundamentals of statistical signal processing, vol 2: Detection theory. Prentice Hall, Upper Saddle River.

Kennaugh EM, Sloan RW. 1952. Effects of type of polarization on echo characteristics. Ohio state University, Research Foundation Columbus, Quarterly progress reports (In lab).

Krogager E. 1993. Aspects of polarimetric radar imaging. Technical University of Denmark, Lyngby.

Lee JS, Pottier E. 2009. Polarimetric radar imaging: from basics to applications. CRC Press, Boca Raton.

Massonnet D, Souyris JC. 2008. Imaging with synthetic aperture radar. EPFL Press, CRC Press, Boca Roton.

Mott H. 2007. Remote sensing with polarimetric radar. Wiley, Hoboken.

Oliver C, Quegan S. 1998. Understanding synthetic aperture radar images. Sci Tech Publishing, Inc. , Raleigh.

Papathanassiou KP, Cloude SR. 2001. Single – baseline polarimetric SAR interferometry. IEEE Trans Geosci Remote Sens 39:2352 – 2363.

Papoulis A. 1965. Probability, random variables and stochastic processes. McGraw Hill, New York.

Richards, JA. 2009. Remote sensing with imaging radar – signals and communication technology. Springer – Verlag Berlin and Heidelberg GmbH & Co. KG, Germany.

Rothwell EJ, Cloud MJ. 2001. Electromagnetics. CRC Press, Boca Raton.

Stratton JA. 1941. Electromagnetic theory. McGraw – Hill, New York.

Treuhaft RN, Siqueria P. 2000. Vertical structure of vegetated land surfaces from interferometric and polarimetric radar. Radio Sci 35:141 – 177.

Willis NJ. 2005. Bistatic Radar. SciTech, Releigh.

Wise S. 2002. GIS basics. Taylor & Francis, London.

Woodhouse IH. 2006. Introduction to microwave remote sensing. CRC Press, Taylor & Francis Group, Boca Raton.

第3章 雷达极化特性

3.1 引　言

本章旨在为本学位论文后续部分中关于极化观测的研究,进行基本的物理概念和数学工具的预备。关于这一问题的讨论,有大量的相关文献可以借鉴和参考(尤其是对目标的描述)。为了简洁起见,有些问题在本学位论文中不再赘述。取而代之的是,本章将重点讨论后续章节中将要实际用到的,对极化检测器进行公式化描述所使用到的数学工具。为了对极化有一个全面的了解和认识,读者可以参考以下相关的文献(Boerner 2004;Cloude 2009;Goldstein,Collett 2003;Mott 2007;Zebker,Van Zyl 1991;Lee,Pottier 2009)。

3.2　电磁波的极化特性

在本节中,第一小节将关注的是:与对外散射出电磁场的实际目标没有联系(表面上地)的平面电磁波的极化特性。第二小节会将这里我们所提供的各种结果,与散射的物理本质相联系起来。

3.2.1　极化椭圆

远离信号源的电磁波(通常满足 $R_0 \geqslant 2\dfrac{D^2}{\lambda}$,其中 R_0 为目标和天线之间的距离,D 为孔径的宽度,λ 为波长),传播方式类似于一个局部平面波(Stratton 1941;Cloude 1995a)。如果 z 是电磁波的传播方向,则它的电场可以表示为:

$$\underline{E} = \underline{u}_x E_x + \underline{u}_y E_y = |E_x| \mathrm{e}^{\mathrm{j}\phi_x}\left(\underline{u}_x + \underline{u}_y \frac{|E_y|}{|E_x|}\mathrm{e}^{\mathrm{j}(\phi_y - \phi_x)}\right) \tag{3.1}$$

式中:$|E_x|$ 和 $|E_y|$ 分别为电场各分量的幅度;ϕ_x 和 ϕ_y 分别是它们的相位。式(3.1)表明一个平面波的电场(和磁场)正交于它的传播方向,也就是横向电磁波(TEM)(Rothwell,Cloud 2001)。由两个矢量所组成的电场,可以用来描述波的极化状态(Azzam,Bashara 1977;Goldstein,Collett 2003)。一个被广泛使用的参数,即归一化复极化矢量 $\underline{p}$ 为(Boerner 1981):

$$p = \frac{E}{|E|} \tag{3.2}$$

比值p,足以对与传播方向相垂直的横截面上的电场的方向,进行完备的描述(只要极化是固定不变的)。比值p是一个复数,因此,电磁波的极化特性可以完全用两个实参数(即p的实部和虚部)来进行表征。等价地,可以利用两个 Deschamps 参数 α 和 ϕ(Deschamps 1951)来表示:

$$\phi = \phi_x - \phi_y$$
$$\frac{|E_y|}{|E_x|} = \tan(\alpha) \tag{3.3}$$

请注意,Deschamps 参数可以充分地表征电磁场的极化,但是,由于丢失了电场的绝对相位和绝对幅度,它就不能表征全部的电场。但后者并非是与波的极化特性有关的属性,却与雷达散射截面积和目标距离有关。明显地,两种参数化表示方法所描述的是相同的物理实体,因此,二者可以通过以下的一种关系相互联系起来:

$$\rho = \left|\frac{E_y}{E_x}\right| e^{j\phi} = \tan(\alpha) e^{j\phi} \quad ① \tag{3.4}$$

电场矢量的端点在横截面上所绘制成的形状通常是一个椭圆,这一椭圆可以用两个角度和一个幅度进行描述。这两个角度分别是定义在区间 $\psi \in [-\pi/2, \pi/2]$ 上的取向角 ψ,和定义在区间 $\chi \in [-\pi/4, \pi/4]$ 上的椭圆率角 χ。按照惯例,椭圆率角 χ 的正值和负值,分别代表着左旋(逆时针)和右旋(顺时针)旋转(Boerner 2004;Cloude 2009;Lee,Pottier 2009)。图 3.1 描绘了和极化椭圆有关的各种角。

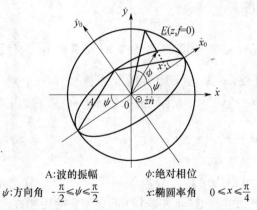

A:波的振幅 ϕ:绝对相位
ψ:方向角 $-\frac{\pi}{2} \leqslant \psi \leqslant \frac{\pi}{2}$ x:椭圆率角 $0 \leqslant x \leqslant \frac{\pi}{4}$

图 3.1 极化椭圆(Boerner 2004)(承蒙 E. Pottier 教授和 ESA 提供)

① 译者注:原文公式误为“$\rho = \left|\frac{E_y}{E_x}\right| e^{\phi} = \tan(\alpha) e^{\phi}$”,已修正。

下面,再一次列出极化椭圆角和极化率之间的一个特别的对应关系:

$$\rho = \frac{\cos2\chi\sin2\psi + j\sin2\chi}{1 + \cos2\chi\cos2\psi} \tag{3.5}$$

同时,极化椭圆角与 Deschamps 参数之间的关系为:

$$\cos2\alpha = \cos2\chi\cos2\psi$$

$$\tan\phi = \frac{\tan2\chi}{\sin2\psi} \tag{3.6}$$

3.2.2　Jones 矢量

在前面的一节中,参数的选择取决于所选的坐标系(在我们的例子中,选择水平和垂直坐标系)。为了推广这一处理方式,电场必须被表示成两个正交分量的相干叠加:

$$\underline{E} = \underline{u}_m E_m + \underline{u}_n E_n \tag{3.7}$$

其中,$\underline{u}_m$ 和 $\underline{u}_n$ 分别为垂直于传播方向的平面上的两个通用且正交的单位矢量(Goldstein,Collett 2003;Beckmann 1968)。两个分量 E_m 和 E_n(复数)可以用来定义一个矢量,该矢量称为 Jones 矢量:

$$E_{mn} = \begin{bmatrix} E_m \\ E_n \end{bmatrix} \tag{3.8}$$

Jones 矢量是一个二维的复矢量,因此该矢量具有四维自由度。为了保持公式的通用性,需要对来自于一个通用的 Jones 矢量的基进行修改。如果所选择另一组基是 u_i 和 u_j,那么矢量则变为:

$$\underline{E}_{ij} = \begin{bmatrix} E_i \\ E_j \end{bmatrix} \tag{3.9}$$

该变换可以利用一个 2×2 的酉矩阵,将矢量映射到新的基下:

$$E_{ij} = \begin{bmatrix} U_2 \end{bmatrix} E_{mn} \tag{3.10}$$

因为坐标轴的旋转并不改变矢量的长度(这一点可以用守恒定律来进行解释),所以该变换需要是一个酉变换(Cloude 1995c;Bebbington 1992)。

表 3.1　不同基下的复极化比 ρ 的值

极化形式	ψ	χ	ρ_{HV}	$\rho_{45°135°}$	ρ_{LR}
水平线极化	0	0	0	-1	1
垂直线极化	0	$\pi/2$	∞	1	-1
45°线极化	0	$\pi/4$	1	0	j
135°线极化	0	$-\pi/4$	-1	∞	$-j$
左旋圆极化	$\pi/4$	任意值	j	j	0
右旋圆极化	$-\pi/4$	任意值	$-j$	$-j$	∞

$[U_2]$ 与初始基的复极化比之间的关系为：

$$[U_2] = \frac{1}{\sqrt{1 + \rho\rho^*}}\begin{bmatrix} 1 & -\rho^* \\ \rho & 1 \end{bmatrix}\begin{bmatrix} e^{j\phi_i} & 0 \\ 0 & e^{j\phi_i} \end{bmatrix}① \qquad (3.11)$$

其中 ϕ_i 是相位因子。显然，该相位（下面定义为绝对相位）在单程极化的情况下可以忽略，尽管它保留了所观测目标的信息（Cloude，Papathanassiou 1998；Papathanassiou 1999）。总之，复极化比 ρ 取决于所利用的基。表 3.1 给出了经常用到的基下的 ρ 的值。

3.2.3　Stokes 矢量

在 3.2.2 节中，对于波的极化状态的处理方式，假设了一个隐含的前提：也就是时域的平稳性。显然，电场因其持续的振荡而并不是平稳的，它的轨迹描绘成了极化椭圆。但振荡后仍然保持平稳（也就是在时域上是相同的）。这并不意味着极化椭圆是时间的函数，也就是随着时间的变化，极化椭圆本身的形状也将发生变化的普遍情况。本小节的目标，就是引入描述非平稳波的极化状态所需要的数学工具（Beckmann 1968）。

如果电磁波的极化状态随着时间而改变，那么该电磁波被认为是部分极化的，与之相对应的则是完全极化或纯极化（3.2.2 小节所处理的）的。当极化状态随着时间发生变化时，瞬时的测量值已经不能充分地描绘电磁波，因此需要用到平均信息。Jones 矢量可以用来计算电磁场中两个分量的均值和互相关，提供了电磁场的瞬时统计特征。一个波的相干矩阵（或者 Wolf 矩阵）定义为：

$$[J] = \langle EE^{*\mathrm{T}} \rangle = \begin{bmatrix} \langle E_H E_H^* \rangle & \langle E_H E_V^* \rangle \\ \langle E_V E_H^* \rangle & \langle E_V E_V^* \rangle \end{bmatrix} = \begin{bmatrix} J_{HH} & J_{HV} \\ J_{VH} & J_{VV} \end{bmatrix} \qquad (3.12)$$

其中 $\langle \cdot \rangle$ 表示时间上的平均或者总体平均（Jones 1941；Wolf 2003）。$[J]$ 是正定的，且具有共轭对称的性质。该矩阵的对角元素分别对应于电磁场两个分量的能量，因此对角线元素之和，也就是 Trace$\{[J]\}$，即为波的能量。另一方面，非对角线上②的元素是各分量之间的互相关。如果没有相关性（也就是 $J_{HV} = J_{VH} = 0$），那么电磁波则是非极化波，且能量在任何两个正交轴的方向上都是均匀分布的（比如 $J_{HH} = J_{VV}$ 这一特殊情况）（Cloude 1987；Lüneburg 1995）。从物理的角度上来讲，一个完全非极化波具有这样一种极化状态，这种状态在时域变化如此之快，以至于在统计意义上任一极化状态都具有相同的能量。在这种情况下，电磁波仅用一个参数（比如任何分量的幅度）就可以加以表示。与之相反的

---

① 译者注：原文公式误为"$[U_2] = \frac{1}{\sqrt{1 + \rho\rho^*}}\begin{bmatrix} 1 & -\rho^* \\ \rho & 1 \end{bmatrix}\begin{bmatrix} e^{\phi_i} & 0 \\ 0 & e^{\phi_i} \end{bmatrix}$"，已修正。

② 译者注：原文误为"the diagonal terms"，已修正。

情况是当 $\det([J]) = 0$ 或者 $J_{HH}J_{VV} = J_{HV}J_{VH}$ 时,此时的电磁波是完全极化的。当极化状态不随时间改变,且交叉项与两分量的乘积完全相等时,这就是电磁波满足平稳时的情况。针对完全相关的分量,后者的表达式可以看作 Cauchy - Schwarz 不等式取等式的情况(Strang 1988)。一般情况下,交叉项随着波的极化纯度的升高而增加。

Stokes 参数被广泛地用于描述部分极化波。它最初在纯极化的情况下被定义为:

$$
\underline{q} = \begin{bmatrix} q_0 \\ q_1 \\ q_2 \\ q_3 \end{bmatrix} = \begin{bmatrix} |E_H|^2 + |E_V|^2 \\ |E_H|^2 - |E_V|^2 \\ |E_H||E_V|\cos\phi_{HV} \\ |E_H||E_V|\sin\phi_{HV} \end{bmatrix} = \begin{bmatrix} A^2 \\ A^2\cos2\chi\cos2\psi \\ A^2\cos2\chi\sin2\psi \\ A^2\sin2\chi \end{bmatrix} \tag{3.13}
$$

式中:A,ψ 和 χ 是极化椭圆的各种参数(Born, Wolf 1965;Goldstein, Collett 2003)。因为 $q_0^2 = q_1^2 + q_2^2 + q_3^2$,因而可以很容易地证明四个 Stokes 参数并不是相互独立的。式(3.13)不能充分描述部分极化状态:它们需要考虑各个平均分量:

$$
\underline{q} = \begin{bmatrix} q_0 \\ q_1 \\ q_2 \\ q_3 \end{bmatrix} = \begin{bmatrix} \langle E_H E_H^* \rangle + \langle E_V E_V^* \rangle \\ \langle E_H E_H^* \rangle - \langle E_V E_V^* \rangle \\ \langle E_H E_V^* \rangle + \langle E_V E_H^* \rangle \\ j\langle E_H E_V^* \rangle - j\langle E_V E_H^* \rangle \end{bmatrix} = \begin{bmatrix} J_{HH} + J_{VV} \\ J_{HH} - J_{VV} \\ J_{HV} + J_{VH} \\ jJ_{HV} - jJ_{VH} \end{bmatrix} \tag{3.14}
$$

式(3.14)展示了 Stokes 矢量可以很容易地与 Jones 矩阵的元素相互关联起来(Zebker, Van Zyl 1991)。

下面引入测量波的极化纯度/不纯度的两个参数:

(1) 相干度 μ。

$$
\mu_{HV} = \frac{J_{HV}}{\sqrt{J_{HH} + J_{VV}}} \tag{3.15}
$$

它在 Jones 矩阵中,估量了交叉项的重要性。

(2) 极化度 D_ρ。

$$
D_\rho = \sqrt{1 - \frac{4\mathrm{Det}([J])}{\mathrm{Trace}([J])^2}} = \frac{\sqrt{q_1^2 + q_2^2 + q_3^2}}{q_0} \tag{3.16}
$$

它考虑了 Jones 矢量各分量之间的相关性。

对一个完全非极化波而言,$\mu_{HV} = D_\rho = 0$;对于一个完全极化波来说,则有 $\mu_{HV} = D_\rho = 1$。

针对完全极化波的 $q_0^2 = q_1^2 + q_2^2 + q_3^2$ 这一关系,在部分极化波中并不满足:因为对于部分极化波,有 $q_0^2 \geqslant q_1^2 + q_2^2 + q_3^2$。从物理的角度来说,极化椭圆(即 ψ 和 χ)的变化使 Stockes 矢量中的后三个元素减小,而并不影响第一个元素(与全部能量 A^2 有关)。

基于 Jones 矢量和酉矩阵(前面已经介绍过,参见上一小节)的相干矩阵 $[J]$,可以通过相似变换来完成基的改变(Van Zyl et al. 1987b):

$$[J_{ij}] = \langle ([U_2] \underline{E}_{ij})([U_2] \underline{E}_{ij})^{*\mathrm{T}} \rangle = [U_2] \langle \underline{E}_{ij} \underline{E}_{ij}^{*\mathrm{T}} \rangle [U_2]^{*\mathrm{T}}$$
$$= [U_2][J_{mn}][U_2]^{*\mathrm{T}} \tag{3.17}$$

3.2.4 Poincaré 极化球面

考虑到极化这一现象,从根本上来说是平面波的几何特性,在文献中已经引入了几种可以对场的极化进行可视化描述的技术。Poincaré 球面就是最为有效的方法之一。该方法是基于从波的空间(二维复空间)到三维实空间(坐标系空间)的一种独特的变换(Bebbington 1992;Lüneburg 1995;Ulaby,Elachi 1990)。

图 3.2 展示了 Poincaré 球面。线极化位于赤道上,左旋极化在上半球,而右旋极化在下半球。北极和南极分别代表了左旋圆极化和右旋圆极化。任何纯度的极化(比如 $q_0^2 = q_1^2 + q_2^2 + q_3^2$ 这一情形)都可以映射到球的表面。反过来,部分极化波在球面之内(也就是 $q_0^2 \geqslant q_1^2 + q_2^2 + q_3^2$)。一个可视化的解释可以参见(Deschamps,Edward 1973)。瞬时波的极化状态可以用一个在球面上移动的点来加以表示。但是,在对几个极化状态一起取平均的过程中,衍生出一个位于球面之内的矢量(也就是这些分布在球上的所有点的质心在球面以内)。

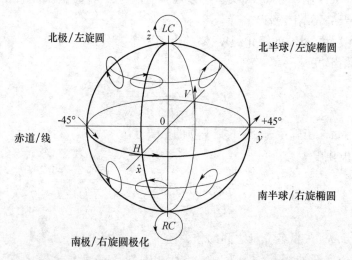

图 3.2　Poincaré 球面(Boerner 2004)(承蒙 E. Pottier 教授和 ESA 提供)

3.2.5　波的分解理论

电磁波的相干矩阵是共轭对称的,因此可以对相干矩阵进行奇异值分解(Singular Value Decomposition[①], SVD),而且相干矩阵具有实且正的特征值(Strang 1988)。特别地,对这一矩阵实施对角化后,可以提取到一个基(特征矢量),所得到的矩阵是对角的。

$$\begin{bmatrix} J_{mm} & J_{mn} \\ J_{nm} & J_{nn} \end{bmatrix} = \begin{bmatrix} e_{11} & e_{12} \\ e_{21} & e_{22} \end{bmatrix} \begin{bmatrix} \lambda_1 & 0 \\ 0 & \lambda_2 \end{bmatrix} \begin{bmatrix} e_{11} & e_{12} \\ e_{21} & e_{22} \end{bmatrix}^{*T} \tag{3.18}$$

特征值满足 $\lambda_1 \geqslant \lambda_2 \geqslant 0$,特征矢量 $\underline{e}_1 = [e_{11}, e_{12}]^T$,$\underline{e}_2 = [e_{21}, e_{22}]^T$ 均为单位矢量,且由这些矢量作为一个酉矩阵(满秩)的列,实现了矩阵 $[J]$ 的旋转。对角化是一个特殊变换过程,矩阵 $[J]$ 的特征值保持不变。更为特别的是,奇异值分解具有相当重要的物理意义:因为当电磁波是完全极化波时,两个特征矢量正是代表了两个相互正交的轴(Goldstein, Collett 2003;Cloude 2009;Lee, Pottier 2009)。

$$[J_1] = (\underline{e}_1 \, \underline{e}_1^{*T}) \text{ 和} [J_2] = (\underline{e}_2 \, \underline{e}_2^{*T}) \tag{3.19}$$

可以进行如下两个等价的分解:

(1) 分解为由两个部分所组成:一个完全极化波和一个完全非极化波:

$$[J] = (\lambda_1 - \lambda_2)[J_1] + \lambda_2[I_2] \tag{3.20}$$

既然两个特征矢量是相等的,那么第二个分量可以看作是极化噪声。请注意,热噪声仅是极化噪声的其中一例,一些散射体都具有这样的反应。

(2) 分解为两个正交的完全极化波的组合:

$$[J] = \lambda_1[J_1] + \lambda_2[I_2] \tag{3.21}$$

因为矩阵 $[J_1]$ 和 $[J_2]$ 的秩为 1(即它们的列是相关的),所以上式中的两项分别代表波极化的纯度状态。两个矩阵的行列式均为零,即 $\mathrm{Det}([J_1]) = \mathrm{Det}([J_2]) = 0$,由此即可推导得出在前面部分中已有的针对完全极化波的关系。

总的来说,一个平面波常常可以表示为两种完全极化波的组合。当 $\lambda_1 = \lambda_2$ 时,两种波在统计意义上具有相同的能量,而且所有的波是完全非极化的。另一方面,如果 $\lambda_2 = 0$,则我们可以仅用一种极化状态(即完全极化波)来表示全部的波。因此合乎逻辑的推论是,特征值可以用来提取得到关于波的极化度的信息:

$$D_\rho = \frac{\lambda_1 - \lambda_2}{\lambda_1 + \lambda_2} \tag{3.22}$$

正如我们所期望的,极化度(它是波的一种物理性质)可以用相干矩阵(也就是特征值)的不变性来加以表示,因此它本身具有不变性(Cloude 2009)。

---

① 译者注:原文误为"Single Value Decomposition",已修正。

另一个被广泛用来提取极化纯度信息的参数是波熵:

$$H = \sum_{i=1}^{2} (- P_i \log_2 P_i)$$

$$P_i = \frac{\lambda_i}{\lambda_1 + \lambda_2} \qquad (3.23)$$

式中:P_i 代表概率,故有 $P_1 + P_2 = 1$。波熵 H 在 0 到 1 之间变化,并且提供了关于极化状态的随机性的信息。特别地,当 $H = 1$ 时,两个特征值是相等的,且波是完全非极化的。另一方面,当 $H = 0$ 时,第二个特征值为零,且波是完全极化的。

3.3 目标极化:单目标

对波形极化的表征,奠定了描述被电磁波所照射目标的极化表现方式的基础。但是,从一个目标散射回来的单个波不足以完全、唯一地描述该目标。正如前一章已经解释过的,必须要进行多次的测量。本节将以散射矩阵为起点进行讨论。

与波形极化相似,我们可以分离完全用单个散射矩阵来表示的目标(因此称之为单目标)和其余的目标(部分目标),来建立针对目标极化的处理方式(Ulaby,Elachi 1990)。原则上,当且仅当目标极化表现方式不随时间或者空间改变(也就是极化平稳状态)时,利用一个特有的散射矩阵对其进行描述是切实可行的。例如,一个被完全极化波照射的稳定不变的目标,它所散射的波也是完全极化的(即 $D_p = 1$)。另外,对同一目标的不同照射必须散射出相同的极化。针对单目标的某些类型,极化照射的假设条件可以适当放宽,因为散射波总是完全极化的(因此它们被看作**极化器**(polarisers))(Born,Wolf 1965;Goldstein,Collett 2003)。

与单目标相对的是部分目标。在信息采集的过程中,时间是固定的(样本是在精确的时间戳之内所获得的),因此极化状态的变化是由空间位置的不同而引起的。单分辨率数据不能描述部分目标,因为对于一个随机过程而言,任何一种实现和其他的实现都是不一样的。为了提取有用的信息,必须利用总体均值(Oliver,Quegan 1998)。通常,由于部分目标由几个散射所组成,因此它们可以被分类为分布式目标。这两类目标的等价性经常被实际数据所验证。然而,一些特殊的分布式目标,可以用单个散射矩阵来进行描述。例如,这些特殊分布式目标可以由一批相同的极化器的组合来构成(比如一个 Yagi 天线)(Collin 1985)。我们在对检测器进行验证(第 6 章)时将再一次回到这一概念上来。

3.3.1　辛克莱矩阵和基变换

第 1 章就散射(辛克莱)矩阵的导出进行了说明。利用水平和垂直基来表示散射(或者辛克莱)矩阵为:

$$\begin{bmatrix} E_H^S \\ E_V^S \end{bmatrix} = \frac{1}{\sqrt{4\pi r^2}} \begin{bmatrix} S_{HH} & S_{HV} \\ S_{VH} & S_{VV} \end{bmatrix} \begin{bmatrix} E_H^i \\ E_V^i \end{bmatrix} \tag{3.24}$$

式中:E_H^S,E_V^S 为散射波;E_H^i,E_V^i 则是入射波(Kennaugh,Sloan 1952;Kostinski,Boerner 1986;Krogager 1993;Sinclair 1950)。从代数意义上讲,散射矩阵可以被解释为从入射波到散射波的变换,它是描述单目标极化特性的必要和充分条件(Cloude 1995c,1986)。特别地,在①单基地传感器(相同的发射和接收天线)和②互易媒介这些假设条件下,当没有噪声的时候,两个非对角元素是相等的,即$S_{HV} = S_{VH}$。这一性质可以被看作是针对天线互易定理的扩展和延伸(天线在发射和接收时均具有相同的表现)(Collin 1985)。

散射矩阵的获取依赖于基(也就是坐标系)的选择:我们采用的是水平线极化和垂直线极化。但是,当通过旋转坐标轴来获得测量值时,它们的物理实质不会发生改变。至于相应的波形极化,必须引入对应的运算来实现散射矩阵基的变化:

$$[S]_{ij} = [U_2][S]_{HV}[U_2]^T \tag{3.25}$$

其中$[U_2]$仍然是一个酉矩阵(Lüneburg 1995)。基的变化和新基下的复极化比ρ 之间的关系为:

$$S_{ii} = \frac{1}{1 + \rho\rho^*}[S_{HH} - \rho^* S_{HV} - \rho^* S_{VH} + \rho^{*2} S_{VV}]$$

$$S_{ij} = \frac{1}{1 + \rho\rho^*}[\rho S_{HH} + S_{HV} - \rho\rho^* S_{VH} - \rho^* S_{VV}]$$

$$S_{ji} = \frac{1}{1 + \rho\rho^*}[\rho S_{HH} - \rho\rho^* S_{HV} + S_{VH} - \rho^* S_{VV}]$$

$$S_{jj} = \frac{1}{1 + \rho\rho^*}[\rho^2 S_{HH} + \rho S_{HV} - \rho S_{VH} + S_{VV}]$$

$$\rho = \frac{\cos 2\chi \sin 2\psi + j\sin 2\chi}{1 + \cos 2\chi \cos 2\psi} \tag{3.26}$$

为了从[S]中提取出物理信息,我们感兴趣的是矩阵的不变性。以矩阵的行列式为例:

$$\text{Det}([S]_{HV}) = \text{Det}([S]_{ij}) \tag{3.27}$$

请注意,用来改变基的酉矩阵并不改变其行列式。

此外,极化测量所获得的全部能量也同样不会改变。这可以通过散射矩阵的跨度计算出来。

$$\begin{aligned}
\mathrm{Span}([S]) &= |S_{HH}|^2 + |S_{HV}|^2 + |S_{VH}|^2 + |S_{VV}|^2 \\
&= |S_{ii}|^2 + |S_{ij}|^2 + |S_{ji}|^2 + |S_{jj}|^2
\end{aligned} \tag{3.28}$$

3.3.2　散射特征矢量

本节的目标是提供一种基于矢量,而非矩阵的针对目标的几何表示方法。其原因是矢量通常容易处理代数运算(Cloude 1987;Ulaby,Elachi 1990)。引入一个散射特征向量:

$$\underline{k}_4 = \frac{1}{2}\mathrm{Trace}\{[S]\boldsymbol{\Psi}\} = [k_1,k_2,k_3,k_4]^{\mathrm{T}} \tag{3.29}$$

式中 $\boldsymbol{\Psi}$ 是 Hermitian 内积下,2×2 复数基矩阵的一个全集。考虑到 $\boldsymbol{\Psi}$ 是矩阵空间中的一个全基集合,散射矩阵中所保留的全部信息可以交换到散射矢量中。从代数意义上讲,这一过程可以解释为:通过对散射矩阵元素的线性组合,以实现极化信息的重新排列。因此,两种表示是完全等价的(Strang1988)。

已有文献中已用到两种标准的基集合(Boerner 2004;Touz,et al. 2004):

(1) 字典式基。

$$[\boldsymbol{\Psi}_L] = \left\{2\begin{bmatrix}1&0\\0&0\end{bmatrix},2\begin{bmatrix}0&1\\0&0\end{bmatrix},2\begin{bmatrix}0&0\\1&0\end{bmatrix},2\begin{bmatrix}0&0\\0&1\end{bmatrix}\right\} \tag{3.30}$$

其中生成的特征矢量是:

$$\underline{k}_{4L} = [S_{HH},S_{HV},S_{VH},S_{VV}]^{\mathrm{T}} \tag{3.31}$$

这一表达式因其在一些情况下可以简化计算而颇具优势。除此之外,其中的元素与特殊类型的目标相关(它们分别是水平偶极子,45°方向的二面角和垂直偶极子)。

(2) Pauli 基。

由 Pauli 引入,并适用于 BSA 坐标系(请注意,Pauli 基在 FSA 系统中具有不同的表达式)的 spin 基为(Cloude 1987):

$$[\psi_P] = \left\{\sqrt{2}\begin{bmatrix}1&0\\0&1\end{bmatrix},\sqrt{2}\begin{bmatrix}1&0\\0&-1\end{bmatrix},\sqrt{2}\begin{bmatrix}0&1\\1&0\end{bmatrix},\sqrt{2}\begin{bmatrix}0&-j\\j&0\end{bmatrix}\right\} \tag{3.32}$$

而 Pauli 散射矢量为:

$$\underline{k}_{4P} = [S_{HH} + S_{VV},S_{HH} - S_{VV},S_{HV} + S_{VH},j(S_{HV} - S_{VH})]^{\mathrm{T}} \tag{3.33}$$

Pauli 表示法的好处在于其与物理目标直接关联。特别是第一个元素 $S_{HH} + S_{VV}$ 表示各向同性的散射体,比如球体和表面(也可以认为是奇次散射),$S_{HH} - S_{VV}$ 与两板之间的水平边角线相关的二面角有关(也叫作偶次散射),$S_{HV} + S_{VH}$ 是取向为 45 度的二面角,$j(S_{HV} - S_{VH})$ 是一个非互易目标(Cloude 2009;Lee,Pottier

2009；Ulaby，Elachi 1990；Zebker，Van Zyl 1991）。基于上述简单的物理解释，
Pauli 散射矢量可以用来对观测目标进行相干分解。

3.3.3　后向散射的情况

正如前面所提及的，在①单基地传感器和②互易媒介情况下，散射矩阵是对
称的。对称性在物理上通常与散射问题的显著简化有关，因此我们想在处理问
题时应用该性质（Cloude 1995b，c）。事实上，SAR 极化获取通常采用的是单基
地传感器（后向散射问题），针对利用微波辐射所观测的目标一般是相互关联
的。而低频卫星观测是一个例外，因为等离子体的存在而使电离层不能互感
（也就是法拉第旋转）（Freeman 1992）。

当情况①和②都满足时，散射矩阵的两个非对角线元素是相等的，即 $S_{HV} =$
S_{VH}（没有噪声的情况）。结果需要三个，而不是四个复数来描述目标。Pauli 和
字典式散射矢量可以重新写为：

$$\underline{k}_L = \left[S_{HH}，\sqrt{2}S_{HV}，S_{VV} \right]^T$$

$$\underline{k}_P = \frac{1}{\sqrt{2}}\left[S_{HH} + S_{VV}，S_{HH} - S_{VV}，2S_{HV} \right]^T \tag{3.34}$$

式中：引入的因子需要保证跨度不变。请注意，Pauli 散射矢量中的非互易分量
被剔除了。

散射矢量依赖于创建特征矢量时所使用的基集合。另外，[S]自身也取决
于获得极化数据时用到的基。

Pauli 和字典式散射矢量之间的关系为（Boerner，et al. 1997）：

$$\underline{k}_P = \left[D_3 \right] \underline{k}_L$$

$$\underline{k}_L = \left[D_3 \right]^{-1} \underline{k}_P \tag{3.35}$$

[D_3]是一个转换矩阵，该矩阵中的各列代表了新的基：

$$\left[D_3 \right] = \frac{1}{\sqrt{2}}\begin{bmatrix} 1 & 0 & 1 \\ 1 & 0 & -1 \\ 0 & \sqrt{2} & 0 \end{bmatrix} \tag{3.36}$$

因子 $1/\sqrt{2}$ 使得跨度保持不变。

至于[S]的基，可以通过乘以一个酉矩阵的运算来完成：

$$\underline{k}_L(AB) = \left[U_{3L}(\rho) \right] \underline{k}_L(HV)$$

$$\underline{k}_P(AB) = \left[U_{3P}(\rho) \right] \underline{k}_P(HV) \tag{3.37}$$

复极化比 ρ 可以用来定义酉旋转中的各项：

$$[U_{3L}] = \frac{1}{1+\rho\rho^*}\begin{bmatrix} 1 & \sqrt{2}\rho & \rho^2 \\ -\sqrt{2}\rho^* & 1-\rho\rho^* & \sqrt{2}\rho \\ \rho^{*2} & -\sqrt{2}\rho^* & 1 \end{bmatrix}$$

$$[U_{3P}] = \frac{1}{2(1+\rho\rho^*)}\begin{bmatrix} 2+\rho^2+\rho^{*2} & \rho^{*2}-\rho^2 & 2(\rho-\rho^*) \\ \rho^2-\rho^* & 2-(\rho^2+\rho^{*2}) & 2(\rho+\rho^*) \\ 2(\rho-\rho^*) & -2(\rho+\rho^*) & 2(1-\rho\rho^*) \end{bmatrix}$$

$$(3.38)$$

式中：$\mathrm{Det}([U_{3L}]) = \mathrm{Det}([U_{3P}]) = 1$。

基的改变必须保持$[S]$的跨度不变，这与散射矢量的范数是等价的：

$$\|\underline{k}\| = \frac{1}{2}\mathrm{Span}([S]) = \frac{1}{2}\mathrm{Trace}([S][S]^*) = |S_{HH}|^2 + |S_{HV}|^2 + |S_{VH}|^2 + |S_{VV}|^2$$

$$(3.39)$$

从散射特征矢量导出散射机制是有可能的，这一机制便是一个保持极化信息的归一化矢量：

$$\underline{\omega} = \frac{\underline{k}}{\|\underline{k}\|}$$

$$(3.40)$$

单位散射机制可以用来提取包含所感兴趣极化目标的极化数据的投影：

$$i(\underline{\omega}) = \underline{\omega}^{*\mathrm{T}}\underline{k}$$

$$(3.41)$$

这一投影是一个复标量，并且可以被解释为一幅 SAR 图像。

现在，可以定义在两个不同的散射机制之间投影的归一化互相关（Cloude 2009）。它被命名为极化相干：

$$\gamma = \frac{\langle i(\underline{\omega}_1)i(\underline{\omega}_2)^*\rangle}{\sqrt{\langle i(\underline{\omega}_1)i(\underline{\omega}_1)^*\rangle\langle i(\underline{\omega}_2)i(\underline{\omega}_2)^*\rangle}}$$

$$(3.42)$$

3.3.4 极化叉

雷达极化中一个具有极大吸引力的话题，就是评估从一个给定的单目标中能够最大限度地返回的极化信息（Huynen 1970；Kennaugh，Sloan 1952；Kennaugh 1981）。一旦知道了最优极化，就可以通过调整天线以改进检测的性能。除此之外，最优极化与找到这样一种极化方式有关，这种极化方式能够完全剔除来自于一个杂波的信源（以飞行器检测中的云为例）的回波。一系列的实验和理论工作，促就了极化空值理论的形成（Agrawal，Boerner 1989；Boerner，et al. 1981；Boerner 1981；Huynen 1970；Kennaugh，Sloan 1952；Cloude 1987）。

特别地，最开始确定了四种极化。

（1）2 - 最优极化或者交叉极化零空间。

如果一个目标被一个交叉极化无效波照射,交叉极化中的后向散射将消失。特别地,后向散射的全部能量集中于共极化。散射矩阵的交叉项消失,进而散射矩阵变为对角阵。换句话说,交叉极化零空间是使[S]对角化的特征矢量,同时它们的后向散射是特征值。请注意,散射矩阵是对称的,因此它可以对角化且特征值通常是复数。第一个特征矢量(对应最大特征值的那一个)代表了从目标返回的最大的极化。

计算交叉极化零空间的另一种方法,是考虑 Graves 矩阵(Graves 1956)的对角化(这一概念将在 3.5 节中引入),或者利用拉格朗日方法对共极化进行优化。这些极化在下面的讨论中被看作是 X_1 和 X_2。

（2）2 - 共极化零空间。

因为所有的后向散射的能量全部位于交叉极化中,所以这些极化在传输时,没有任何共极化分量的返回信息。如果用一个共极化零空间的基来获取散射矩阵,那么对角元素将会消失。这里已经有几种计算共极化零空间的方法。一种使用得最多的方法是:对于所有可能的交叉极化,利用拉格朗日方法(Boerner,et al. 1981)。

共极化的实际意义在于它可以用来屏蔽杂波。然而遗憾的是,共极化零空间会丢失部分目标的重要性,因为后向散射其精确的零空间是永远不能得到的。下面,这些极化可以被看成 C_1 和 C_2。

如果交叉极化零空间和共极化零空间能够绘制在 Poincaré 球体上,那么正如图 3.3 所示,它们将位于相同的平面,并形成一个叉。交叉极化零空间 X_1 和 X_2 是球上正相反的两个点,因为它们是正交的极化(Huynen 1970;Kennaugh, Sloan 1952)。关于共极化零空间 C_1 和 C_2,它们具有离最大交叉极化零空间相同的角距离,2γ(角 γ 的物理意义将会在下面予以解释)。遗憾的是,针对部分目标的情况,四种方式针对极化的描述不是位于球体上(或者即使是在相同的平面上);而且,由于它不能被严格定义,极化叉的所有概念将会失去相关性(Boerner,et al. 1991;Van Zyl,et al. 1987a)。

任何单目标都具有唯一的极化叉。下面,我们将对用于本学位论文所提出的检测器进行验证的,两种广泛使用的情况进行说明(Cloude 1987;Huynen 1970)。

（1）反射。散射矩阵的两个特征值具有相用的幅度。在此情况下,两个共极化零 空间 C_1 和 C_2 在 Poincaré 球体是对距的(这可以利用下一节所提的 Huynen 参数加以证明)。交叉极化零空间的配对在数量上是无限的,而且它们都在一个圆上,这个圆是通过 Poincaré 球体圆心和极化叉的平面,在 Poincaré 球体上所截而成。

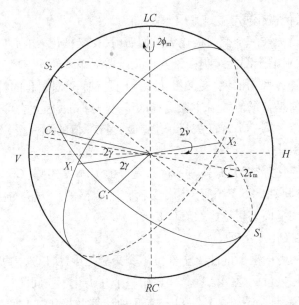

图 3.3 极化叉

（2）退化。如果仅有一个不为零的特征值，那么矩阵的特征问题则变为退化问题（散射矩阵的秩是 1）。在这种情况下，两个共极化零空间 C_1 和 C_2 将会一致，且与第一个交叉极化零空间 X_1 相反。因此，C_1、C_2 和 X_1 将会位于 Poincaré 球体上的同一个点。偶极子就是退化目标的例子。

在 Kennaugh 和 Huynen（首批研究极化特性的人）的开创性研究工作之后，其它关于描述目标极化表现方式的工作也着手进行（Boerner, et al. 1981；Boerner 1981；Xi，Boerner 1992）。四种其他的极化加入到前面的列表之中，即：

（3）2 - 交叉极化极大值。这些极化形式在传输时，针对交叉极化，具有最大的信息返回。通过它们可以获得一个交叉项的最大化（以拉格朗日方法为例）。这些极化形式位于极化叉的平面上，但通常它们不同于共极化零空间。它们彼此相反，且具有距离交叉极化零空间 90°的角距离。它们用图 3.3 中的 S_1 和 S_2 表示。交叉极化的极大值在多个反射（也就是当散射矩阵的两个特征值相同时）的情况下，与共极化零空间相重叠，因为共极化零空间和交叉极化零空间之间的角度在这种情况下为 90°。

（4）2 - 交叉极化鞍点。这些点没有深刻的物理意义，但是在 Poincaré 球体上却具有相应的几何意义，因为它们位于通过球体中心的极化叉的法线所形成的截面上（为了图 3.3 的可读性，并没有绘出鞍点）。

3.3.5 Huynen 单目标分解

对于专注于一个特殊目标的雷达系统，极化叉具有特别的优势，因为它是实际极化状态的集合。从另一个方面来说,在这一形式下,它将失去与散射的物理联系。一个参数化的方法将会有助于改善这一联系。在这一小节中,我们提出了散射矩阵的 Huynen 参数化方法,或者 Huynen 相干分解(不要与 Huynen 非相干分解相混淆)(Huynen 1970;Pottier 1992)。正如前面所介绍的,需要使用 6 个实参数对散射矩阵进行完整的描述。正如特征矢量(也就是交叉极化零空间)一样,Huynen 发展了一种基于散射矩阵不变性的表现方式来实现这一目标。

利用 Huynen 参数的散射矩阵表达式为:

$$[S] = [R(\psi_m)][T(\chi_m)][S_d][T(\chi_m)][R(-\psi_m)] \text{①}$$

$$[S_d] = \begin{pmatrix} me^{i(v+\xi)} & 0 \\ 0 & m\tan(\gamma)e^{-i(v-\xi)} \end{pmatrix}$$

$$[T(\tau_m)] = \begin{pmatrix} \cos\chi_m & -i\sin\chi_m \\ -i\sin\chi_m & \cos\chi_m \end{pmatrix}$$

$$[R(\psi_m)] = \begin{pmatrix} \cos\psi_m & -\sin\psi_m \\ \sin\psi_m & \cos\psi_m \end{pmatrix} \tag{3.43}$$

最大的特征矢量可以利用四个实数来表示:幅度 m,绝对相位 ζ,取向角 ψ_m 和椭圆率角 χ_m。第一个特征矢量一旦固定,第二个特征矢量就可以作为 Poincaré 球体上的相反极化而得到。ψ_m 在表示中扮演使剩余的参数独立于取向角(围绕视距(Line of Sight,LOS)旋转)的中心角色。后两个参数与幅度和两个特征值之间的相位有关。特别地,γ 是定义特征矢量倒数权重的特征角。它控制的目标类型,从多个 $\gamma = 45°$ 的反射目标到 $\gamma = 0°$ 的退化目标(例如偶极子)。最后,跳角 v 关联着特征值的相位。将其命名为跳角的原因是因为当存在多个反射的情况下,它确定了反射的个数是偶数还是奇数(Huynen 1970)。

下面还需要对绝对相位 ζ 作进一步的说明。这个角包含了关于目标物理性质的信息,但是在单程极化中,它因距离远(也就是几何相位)的制约而不能分离相位。换句话说,如果目标沿着距离移动,即使目标保持不变,其相位也会发生改变。因此,ζ 在单通道极化里通常被忽略。

关于幅度 m,因矢量被归一化,所以幅度在散射机制的情况下总是等于 1。综上所述,散射机制仅有用 ψ_m, χ_m, γ 和 v 所表示的 4° 的自由。

3.4　目标极化:部分目标

一个部分目标所散射的电磁波,其极化度小于 1。考虑到极化状态是时间或者空间的函数,部分目标可以被建模为随机过程。处理随机过程时,单个的实

---

① 译者注:原文公式误为"$R(\phi_m)$",已修正。

现不足以完全描述该过程,因为不同的实现可以有极大的不同。一种统计性的描述是必须的,特别是散射矢量分量的二阶矩可以被估计时(Dong, Forster 1996;Lang 1981;Oliver, Quegan 1998)。

3.4.1　Muller 矩阵和 Graves 矩阵

在前面的一节中,Stokes 参数被用来描述极化波的部分状态。然而,它们不能充分地描述部分目标,因为它们是三个独立的实数,而这种类型的目标具有更多的自由度(例如,一个单目标具有 5 维的自由度)。从另一方面来说,需要一个以上的 Stokes 矢量。散射过程可以被解释为一个入射波和一个散射波之间的转换。在前一节中,这两个波被极化,表示为一个 2 × 2 的散射矩阵。从另一个方面来说,部分目标散射部分极化波,因此必须使用 Stokes 矢量(Beckmann 1968)。

总而言之,部分目标散射可以表示为入射波和散射 Stokes 矢量之间的转换。这一转换可以利用一个被认为是 Muller 矩阵$[M]$的 4 × 4 实矩阵来表示(Barakat 1981;Cloude 1986;Kennaugh,Sloan 1952;der Mee,Hovenier 1992)。$[M]$是一个具有 4 × 4 的实元素矩阵,因此它具有 16 个实数 (全部元素仅在双基地雷达的情况下才是独立的)。文献中有时将应用于单基地和互易介质的 Muller 矩阵也称为 Kennaugh 矩阵$[K]$。

这一变换可以写为:

$$\underline{q}^{s} = [M]\,\underline{q}^{i} \tag{3.44}$$

单目标代表了一个 16 项中仅有 6 项是独立的特殊情况,此时,在$[M]$和$[K]$之间存在唯一的关系。

Muller 矩阵不是利用部分目标二阶统计性的唯一技术。文献中还提出过能量矩阵或者 Graves 矩阵(Graves 1956):

$$[G] = \langle [S]^{*T}[S] \rangle = \begin{bmatrix} K_{11} + K_{12} & K_{13} - jK_{14} \\ K_{13} + jK_{14} & K_{11} - K_{12} \end{bmatrix} \tag{3.45}$$

$[G]$是半正定和可对角化的。其特征矢量是针对散射矩阵的最优极化(因为当矩阵是方阵时,其特征矢量不会发生变化)。

Graves 矩阵使得一个不相干目标,可以从分离水平和垂直分量上的能量项的角度进行分解:

$$[G] = [G_{H}] + [G_{V}] = \left\langle \begin{bmatrix} |S_{HH}|^{2} & S_{HV}S_{HH}^{*} \\ S_{HH}S_{HV}^{*} & |S_{HV}|^{2} \end{bmatrix} \right\rangle + \left\langle \begin{bmatrix} |S_{VH}|^{2} & S_{VV}S_{VH}^{*} \\ S_{VH}S_{VV}^{*} & |S_{VV}|^{2} \end{bmatrix} \right\rangle$$

$$\tag{3.46}$$

3.4.2　协方差矩阵

另一个对二阶统计进行估计的常用方法是利用散射矢量(Cloude 1987；
Lee，Pottier 2009；Ulaby，Elachi 1990；Zebker，Van Zyl 1991)：

$$
[C_{4L}] = \langle \underline{k}_{4L} \, \underline{k}_{4L}^{*\,\mathrm{T}} \rangle =
\begin{bmatrix}
\langle |S_{HH}|^2 \rangle & \langle S_{HH}S_{HV}^* \rangle & \langle S_{HH}S_{VH}^* \rangle & \langle S_{HH}S_{VV}^* \rangle \\
\langle S_{HV}S_{HH}^* \rangle & \langle |S_{HV}|^2 \rangle & \langle S_{HV}S_{VH}^* \rangle & \langle S_{HV}S_{VV}^* \rangle \\
\langle S_{VH}S_{HH}^* \rangle & \langle S_{VH}S_{HV}^* \rangle & \langle |S_{VH}|^2 \rangle & \langle S_{VH}S_{VV}^* \rangle \\
\langle S_{VV}S_{HH}^* \rangle & \langle S_{VV}S_{HV}^* \rangle & \langle S_{VV}S_{VH}^* \rangle & \langle |S_{VV}|^2 \rangle
\end{bmatrix}
$$

$$(3.47)$$

所产生的矩阵是标准的协方差矩阵,其中随机变量具有零均值。在单基地
雷达传感器和互易性的情况下,这一矩阵变为：

$$
[C_L] = \langle \underline{k}_L \, \underline{k}_L^{*\,\mathrm{T}} \rangle =
\begin{bmatrix}
\langle |S_{HH}|^2 \rangle & \sqrt{2}\langle S_{HH}S_{HV}^* \rangle & \langle S_{HH}S_{VV}^* \rangle \\
\sqrt{2}\langle S_{HV}S_{HH}^* \rangle & 2\langle |S_{HV}|^2 \rangle & \sqrt{2}\langle S_{HV}S_{VV}^* \rangle \\
\langle S_{VV}S_{HH}^* \rangle & \sqrt{2}\langle S_{VV}S_{HV}^* \rangle & \langle |S_{VV}|^2 \rangle
\end{bmatrix}
\quad (3.48)
$$

同样地,协方差矩阵可以从 Pauli 散射矢量开始进行估计。为了简洁起见,
仅提出 3×3 的情形。这被看作相干矩阵$[T]$：

$$[C_P] = [T] = \langle \underline{k}_P \, \underline{k}_P^{*\,\mathrm{T}} \rangle$$

$$
=
\begin{bmatrix}
\langle |S_{HH}|^2 + |S_{HH}^2| \rangle & \langle (S_{HH}+S_{VV})(S_{HH}-S_{VV})^* \rangle & 2\langle (S_{HH}+S_{VV})(S_{HV})^* \rangle \\
\langle (S_{HH}+S_{VV})^*(S_{HH}-S_{VV}) \rangle & \langle |S_{HH}|^2 - |S_{HH}^2| \rangle & 2\langle (S_{HH}-S_{VV})(S_{HV})^* \rangle \\
2\langle (S_{HH}+S_{VV})^*(S_{HV}) \rangle & 2\langle (S_{HH}-S_{VV})^*(S_{HV}) \rangle & 4\langle |S_{HV}|^2 \rangle
\end{bmatrix}
$$

$$(3.49)$$

根据定义,协方差矩阵$[C]$可以从任何基集合出发进行估计。如果给定一
般基中的散射矢量$\underline{k} = [k_1, k_2, k_3]^\mathrm{T}$,那么：

$$
[C] = \langle \underline{k} \, \underline{k}^{*\,\mathrm{T}} \rangle =
\begin{bmatrix}
\langle |k_1|^2 \rangle & \langle k_1 k_2^* \rangle & \langle k_1 k_3^* \rangle \\
\langle k_2 k_1^* \rangle & \langle |k_2|^2 \rangle & \langle k_2 k_3^* \rangle \\
\langle k_3 k_1^* \rangle & \langle k_3 k_2^* \rangle & \langle |k_3|^2 \rangle
\end{bmatrix}
\quad (3.50)
$$

在后文中,符号$[C]$将用来描述独立于所选择的基的协方差矩阵。

对角线上的元素是正实数(看作是能量)。对角线元素之和(也就是矩阵的
迹(Trace))是一个极化不变量,因为它代表了系统或散射矩阵跨度所获取的全
部能量：

$$\text{Trace}([C]) = \text{Span}([S]) \tag{3.51}$$

对角项是散射矢量各分量之间的互相关。它们提供相干目标的存在性信息或者一般的极化度信息。

至于散射矢量，可以利用酉变换对基进行修改：

$$
\begin{aligned}
[C(AB)] &= \langle [U_{3L}] \underline{k}(\text{HV})([U_{3L}] \underline{k}(\text{HV}))^{*T} \rangle \\
&= [U_{3L}] \langle \underline{k}(\text{HV}) \underline{k}(\text{HV})^{*T} \rangle [U_{3L}]^{*T} \\
&= [U_{3L}][C(\text{HV})][U_{3L}]^{*T}
\end{aligned} \tag{3.52}
$$

显然，改变基并不改变后向散射的全部能量：

$$\text{Trace}([C(AB)]) = \text{Span}([C(\text{HV})]) \tag{3.53}$$

考虑到共轭对称这一性质，仅有三个实数项（也就是对角线元素）和三个复数项（也就是上三角部分的非对角元素）相互独立。因此，9 个实参数是描述部分目标的必要和充分条件（Cloude 1995c, 1986）。

从协方差矩阵的角度入手，可以定义 $\underline{\omega}_1$ 和 $\underline{\omega}_2$ 两个散射机制之间的极化相干为：

$$
\begin{aligned}
\gamma &= \frac{\langle i(\underline{\omega}_1) i(\underline{\omega}_2)^* \rangle}{\sqrt{\langle i(\underline{\omega}_1) i(\underline{\omega}_1)^* \rangle \langle i(\underline{\omega}_2) i(\underline{\omega}_2)^* \rangle}} \\
&= \frac{\langle (\underline{\omega}_1^{*T} \underline{k})(\underline{k}^{*T} \underline{\omega}_2)^* \rangle}{\sqrt{\langle (\underline{\omega}_1^{*T} \underline{k})(\underline{k}^{*T} \underline{\omega}_1)^* \rangle \langle (\underline{\omega}_2^{*T} \underline{k})(\underline{k}^{*T} \underline{\omega}_2)^* \rangle}} \\
&= \frac{\underline{\omega}_1^{*T} \langle \underline{k} \underline{k}^{*T} \rangle \underline{\omega}_2}{\sqrt{(\underline{\omega}_1^{*T} \langle \underline{k} \underline{k}^{*T} \rangle \underline{\omega}_1)(\underline{\omega}_2^{*T} \langle \underline{k} \underline{k}^{*T} \rangle \underline{\omega}_2)}}
\end{aligned} \tag{3.54}
$$

因此：

$$\gamma(\underline{\omega}_1, \underline{\omega}_2) = \frac{|\underline{\omega}_1^{*T} [C] \underline{\omega}_2|}{\sqrt{(\underline{\omega}_1^{*T} [C] \underline{\omega}_1)(\underline{\omega}_2^{*T} [C] \underline{\omega}_2)}} \tag{3.55}$$

3.4.3　特征值分解（Cloude – Pottier）

根据定义，协方差矩阵是半正定和共轭对称的。因此，它可以对角化，而且其特征值也是正的实数（Cloude 1992；Cloude, Pottier 1996；Van Zyl 1992）。

要解决的特征问题是（Strang 1988）：

$$[T] \underline{u}_i = \lambda_i \underline{u}_i, i = 1, 2, 3 \tag{3.56}$$

或者等价地：

$$([T] - \lambda_i [I]) \underline{u}_i = 0, i = 1, 2, 3 \tag{3.57}$$

所产生的三个特征矢量 $\underline{u}_1,\underline{u}_2$ 和 $\underline{u}_3$ 代表了各分量相互独立的一组基。基的改变可以使 $[T]$ 对角化,并且能够利用西矩阵 $[U]=[\underline{u}_1,\underline{u}_2,\underline{u}_3]$ 来完成,将特征矢量作为它的列:

$$[T] = \langle [U]\,\underline{k}_{\text{eigen}}([U]\,\underline{k}_{\text{eigen}})^{*\mathrm{T}}\rangle$$

$$= [U]\langle \underline{k}_{\text{eigen}}\,\underline{k}_{\text{eigen}}^{*\mathrm{T}}\rangle [U]^{*\mathrm{T}} = [U][\varSigma][U]^{*\mathrm{T}} \tag{3.58}$$

其 $[\varSigma]$ 是一个特征值为 λ_1,λ_2 和 λ_3 的对角矩阵:

$$[\varSigma] = \begin{bmatrix} \lambda_1 & 0 & 0 \\ 0 & \lambda_2 & 0 \\ 0 & 0 & \lambda_3 \end{bmatrix} = \mathrm{diag}(\lambda_1,\lambda_2,\lambda_3) \tag{3.59}$$

一旦提取出特征矢量的基,$[T]$ 就可以分解成有三个独立贡献的项:

$$[T] = \sum_{i=1}^{3}\lambda_i[T]_i = \sum_{i=1}^{3}\lambda_i\,\underline{u}_i\,\underline{u}_i^{*\mathrm{T}} \tag{3.60}$$

每一个贡献项是一个具有秩为 1 的相干矩阵的目标,因此是一个单目标。显然,相干矩阵是共轭对称的,并且特征值独立于基。作为结论,特征值分解可以应用于任一部分目标,且是惟一的(Cloude 1992,1995b)。

对角矩阵 $[\varSigma]$ 可以利用一个酉变换得到(尤其是相似度),因此,特征值之和与散射矩阵的跨度是相等的:

$$\lambda_1 + \lambda_2 + \lambda_3 = \mathrm{Trace}([\varSigma]) = \mathrm{Span}([S]) \tag{3.61}$$

特征值与由一个单目标散射的能量相关联。一旦排序,λ_1 代表最强的单目标。从另一方面来说,λ_3 与返回能量最小的单目标相关联(一般来说,这仅是一个代数的概念,而不是场景中的现实目标)。当 $\lambda_1 \neq 0$ 且 $\lambda_2 = \lambda_3$ 时,矩阵 $[T]$ 本身的秩为 1,且仅有一个单的目标出现在场景中。显然,后者仅仅在理论上能够发生,因为热噪声分布在所有分量上,且 $[T]$ 总是满秩的。从另一方面来讲,当 $\lambda_1 = \lambda_2 = \lambda_3$ 时,场景中的任一单目标共享等量的后向散射(这是一个目标极化中完全非极化波所对应的情况)。

显然,特征值之间的相互权重与目标极化度有关。一种类似于波熵的方法可以用来提取目标熵:

$$H = \sum_{i=1}^{3}(-P_i\log_3 P_i) \tag{3.62}$$

和

$$P_i = \frac{\lambda_i}{\lambda_1 + \lambda_2 + \lambda_3} \tag{3.63}$$

当不存在占据支配地位的单目标时,三个特征值是堪比的,且熵接近于 1。

另一方面,如果仅有一个特征值不等于零,那么熵将接近于零(Cloude 2009;Lee,Pottier 2009)。

正如前面所介绍的,相干矩阵的特征值不变,因此熵也同样不变。但遗憾的是,单单使用熵并不能充分且完整地表征特征值之间的能量分布,因为至少需要两个比值(即两个实参数)。比如,两个功率堪比的目标会导致很高的熵,但是场景中的目标相对来说也是相干的。必须引入另一个不变的参数。这一参数被称为各向异性,即:

$$A = \frac{\lambda_2 - \lambda_3}{\lambda_2 + \lambda_3} \tag{3.64}$$

各向异性被定义为 0 和 1 之间,当第二个特征值和第三个特征值可比时,各向异性很小。A 和 H 包含了除去全部后向散射以后的特征值的极化信息。同时它们也是强大的分类工具(Cloude,Pottier 1997;Ferro – Famil,et al. 2002;Lee,et al. 1994,1999,2004)。结合 A 和 H 可以定义四个参数:

(1)当仅有一个单目标占据主导地位时,$(1 - H)(1 - A)$ 较高。单目标会使熵值降低,同时第二组中的两个特征值相似,且它们不代表物理目标(即 $\lambda_2 = \lambda_3 = 0$)。

(2)$H(1 - A)$ 可以检测随机过程,因为所有的特征值是相似的。因此,针对一个完全非极化目标,熵值较高而各向异性却较低(即 $\lambda_1 = \lambda_2 = \lambda_3$)。

(3)HA 定义了两个具有相似长度的单散射机制。因此熵与各向异性一样是相对高的,因为最后一个特征值远小于第二个(即 $\lambda_3 = 0$)。

(4)当出现两个单目标,但与此同时它们具有不同的强度时,$(1 - H)A$ 较高。结果,熵值却相对低(也就是一个主导目标出现),但由于第三个特征值接近于零而使得各向异性较高(即 $\lambda_1 \gg \lambda_2$ 且 $\lambda_3 = 0$)。

3.4.4 α 散射模型

任一特征矢量(或一般意义下的散射机制)可以表示为:

$$\underline{u} = [\cos\alpha, \sin\alpha\cos\beta e^{j\varepsilon}, \sin\alpha\sin\beta e^{j\eta}]^T \tag{3.65}$$

式中:α 为特征角;β 与目标的方向角有关(尤其是 $\psi = 2\beta$);而 ε, η 是第二和第三个分量的相位角(Cloude 2009;Lee,Pottier 2009;Papathanassiou 1999)。至于 Huynen 参数化方法,散射机制可以用四个参数来进行表征。

α 模型具有直接的代数解释(实际上它最早被设计为一种代数变换)。矢量 u 张成目标的所有空间,因为它可以分解为一个球面坐标系中的两个旋转(即 α 和 β),以及为调整所旋转矢量的相位角所需的两个相位改变。

至于它的物理解释,特征角 α 保留了目标物理性质的信息。它的范围为 $\alpha \in [0, \pi/2]$,其中边界可以利用各向同性目标达到(即中间值是针对各向异性目标）。$\alpha = 0$ 代表表面或球体（前面定义的奇次散射），$\alpha = \pi/2$ 是二面角（也就是偶次散射）。$\alpha = \pi/4$ 具有最大的各向异性行为，代表偶极子（事实上，秩为 1 的散射矩阵，和围绕 LOS 的旋转，可以被认为是将所有的能量集中于一个线性的共极化中）。图 3.4 描绘了 α 和一些标准目标的关联。请注意。为了表示一个真实的目标，同样必须对相位角进行约束（Cloude 2009；Lee, Pottier 2009）。

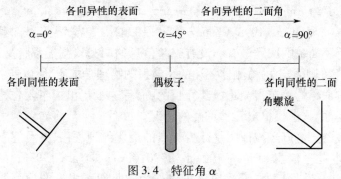

图 3.4　特征角 α

通过对相干矩阵进行对角化获得的特征矢量，可以利用 α 模型来表示。矩阵 $[T]$ 可以写为：

$$[T] = [U]\begin{bmatrix} \lambda_1 & 0 & 0 \\ 0 & \lambda_2 & 0 \\ 0 & 0 & \lambda_3 \end{bmatrix}[U]^{*T} \tag{3.66}$$

且 $[U]$ 是利用 α 模型时所对应的特征矢量的酉矩阵：

$$[U] = \begin{bmatrix} \cos\alpha_1 & \cos\alpha_2 & \cos\alpha_3 \\ \sin\alpha_1\cos\beta_1 e^{j\varepsilon_1} & \sin\alpha_2\cos\beta_2 e^{j\varepsilon_2} & \sin\alpha_3\cos\beta_3 e^{j\varepsilon_3} \\ \sin\alpha_1\sin\beta_1 e^{j\eta_1} & \sin\alpha_2\sin\beta_2 e^{j\eta_2} & \sin\alpha_3\sin\beta_3 e^{j\eta_3} \end{bmatrix} \tag{3.67}$$

当熵非常低时，第一个特征矢量能够充分描述观测目标，它可以近似为单一的。在其他情况下，平均化的信息是必须的。目的是为了估计一个能够代表部分目标的平均矢量。通过对一个针对独立同分布变量的 Bernoulli 过程建模，可以获得那些分量（即参数将依据其概率权重进行平均化处理），即：

$$\bar{\alpha} = \sum_{i=1}^{3} P_i\alpha_i, \bar{\beta} = \sum_{i=1}^{3} P_i\beta_i,$$

$$\bar{\varepsilon} = \sum_{i=1}^{3} P_i\varepsilon_i, \bar{\eta} = \sum_{i=1}^{3} P_i\eta_i,$$

$$\underline{u} = \left[\cos\bar{\alpha}, \sin\bar{\alpha}\cos\bar{\beta}e^{j\bar{\varepsilon}}, \sin\bar{\alpha}\sin\bar{\beta}e^{j\bar{\eta}}\right]^T \tag{3.68}$$

式中 P_i 为相对应的特征值的概率。式（3.67）给出了针对部分目标的平均信息，并在熵充分低的情况下，它可以表征目标的物理性质（Cloude, Pottier 1996）。

3.5 极化检测

在这篇学位论文中开发的检测器,利用了目标的物理特性而非统计特性,不需要统计的先验信息。在已有的文献中,已经提出了一些极化检测器(Cloude, et al. 2004;De Grandi,et al. 2007;Margarit,et al. 2007;Novak,et al. 1993a,b, 1997,1999;Novak,Hesse1993;Chaney,et al. 1990)。在本节中,针对其中的一些检测器进行了简单的回顾。有和没有先验信息的两类检测器都将呈现给读者。然而,由于我们所提出的检测器关注的是散射的物理学本质,所以针对统计检测器列出一份详尽的清单将会是极其冗长的,而且这也超出了本学位论文所涵盖的范围。因此,这里仅提出几种重要的情况。最后一小节将专门致力于介绍极化白化滤波器。这已经被证明是减少斑点的最优处理程序,并且它不需要关于目标的统计先验信息(Chaney,et al. 1990;Novak,et al. 1993a;Novak,Hesse 1993)。基于这些原因,它看来应该可以作为和我们所提出的检测器进行比较的最佳参考方法。

3.5.1 基于统计方法的检测器

下面提供了一份已经得到广泛应用的各种检测器的清单(Chaney,et al. 1990;Novak,et al. 1993a)。

(1)最优极化检测器(Optimal Polarimrtric Detector,OPD)。

这是一个简单的似然比检验,其考虑了关于杂波和目标的完整的统计信息,它可以表示为:

$$\underline{X}^{*\mathrm{T}}[\underline{\Sigma}_c^{-1}]\underline{X} - (\underline{X} - \overline{\underline{X}}_t)^{*\mathrm{T}}([\underline{\Sigma}_t] + [\underline{\Sigma}_c])^{-1}(\underline{X} - \overline{\underline{X}}_t) > T \quad (3.69)$$

式中:$\underline{X}_t$ 为目标的均值;$\underline{\Sigma}_c$ 和 $\underline{\Sigma}_t$ 分别为目标和杂波的极化协方差矩阵;T 为检测器的门限。请注意,检测器需要关于目标和杂波的均值和协方差矩阵的先验信息。在开始任一检测之前,这些信息必须调整到不同的场景(Novak,et al. 1987)。

(2)单位似然比检验(Identity likelihood – ratio – test,ILR)。

这是一个最优极化检测器(OPD)的变形体,其中目标协方差矩阵被一个可缩放的单位矩阵所取代。与此同时,它假定 $\overline{X}_t = 0$(具有零均值的目标,即非确定性目标)。所产生的检测器为:

$$\underline{X}^{*\mathrm{T}}\left[[\underline{\Sigma}_c]^{-1} - \left(\frac{1}{4}E(\mathrm{Span}(\underline{X}_t))[I] + [\underline{\Sigma}_c]\right)^{-1}\right]\underline{X} > T \quad (3.70)$$

该算法仍旧需要关于杂波的协方差矩阵和目标与杂波比值的先验信息(DeGraff 1988)。

3.5.2　基于物理方法的检测器

在本节中,我们将举例说明一些不利用统计方法(至少在第一阶段不使用)的检测器。但是,为了提高检测性能,它们通常利用一个后续的统计步骤(不在此呈现)。

(1) 单通道检测器。

这是一个最为简单的检测器,该检测器假定待检测的目标具有一个重要的截面(或者至少高于周围杂波)。它基于这样的思想:人工目标主要由产生明亮后向散射的拐角和镜子所组成。在仅有一个极化接入且先验信息是不可获取的情况下,一个线性共极化(水平或者垂直)似乎是检测奇次散射和水平的偶次散射的最佳选择。这一检测器可以被总结为:

$$\langle \,|HH|^2 \,\rangle > T \tag{3.71}$$

平均化对于降低斑点的方差是必要的(Oliver,Quegan 1998)。例如,单像素的强度被一个大统计方差所影响。从另一个方面来说,利用平均,会使分布更加靠近反向散射的平均能量(即较小的方差)。

在某些情形下,线性共极化并不是最优的选择,因为利用线性共极化会使杂波变得非常明亮。如果双极化数据是可以利用的(仅需散射矩阵的一列),则交叉极化同样也可以利用。舰船检测是一个经典的应用,其中波涛汹涌的大海在 HH 和 VV,而非 HV 上具有明亮的后向散射。因此,检测器将为:

$$\langle \,|HV|^2 \,\rangle > T \tag{3.72}$$

需要注意的是,在后一种情况下,我们加上了物理的先验信息(而不是统计的)。

采用一种单一极化方法的好处是数据采集系统的复杂度相对较低。其缺点是在漏报和虚警的情况下性能相当差。当针对目标所选择的极化是共极化零空间时,会发生漏检。正如前面所展示的,任何单目标具有共极化零空间,如果我们不幸仅可以获取那种极化方式,则会使目标完全透射(Kennaugh,Sloan 1952)。例如,如果我们想在选择 HH 极化的情况下,对一根垂直的电线进行检测,目标的后向散射很可能低于杂波所返回的信息。显而易见,另一个造成漏报的原因是目标的亮度不够(比如小的截面)。根据目标类型学,这可以构成一个重要的限制。至于虚警,许多自然的目标具有明亮的后向散射,以此会造成虚警(例如掩叠中的一个区域)(Woodhouse 2006)。

仅仅为了提高物理检测器那泛善可陈的性能(Kay 1998),考虑到检测器的简易性,通常采用后续的统计步骤(有时利用先验信息)。

(2) 跨度检测器。

我们通过考虑散射矩阵所获得的总能量,来减少由于天线极化方式选取的决策失误而导致的漏报率(等于或接近一个目标的共极化零空间)。换句话说,必须获得全部的散射矩阵$[S]$（也就是四极化数据），并利用其跨度：

$$\text{Span}([S]) = \langle|\text{HH}|^2\rangle + 2\langle|\text{HV}|^2\rangle + \langle|\text{VV}|^2\rangle > T \qquad (3.73)$$

正如前面已经介绍的情况，统计先验信息对于算法的执行来说不是必要的。可惜，在针对微弱目标的漏报和自然目标的虚警上，我们依然存在诸多问题。但是，性能优于单一极化仍然是我们所期待的。随后的统计步骤可以再一次提高检测器的性能。

（3）能量最大化综合（Power Maximisation Synthesis, PMS）。

这一检测器作为跨度检测器的改进被不断发展，它可以表示为：

$$\frac{1}{2}\Big[\langle|\text{HH}|^2\rangle + 2\langle|\text{HV}|^2\rangle + \langle|\text{VV}|^2\rangle +$$

$$\sqrt{(\langle|\text{HH}|^2\rangle - \langle|\text{VV}|^2\rangle)^2 + 4|\langle\text{HH}^* \cdot \text{HV}\rangle + \langle\text{HV}^* \cdot \text{VV}\rangle|^2}\,\Big] > T$$

$$(3.74)$$

和前面一样，四极化数据仍然是必需的，它也不使用统计先验信息（Boerner, et al. 1988；DeGraff 1988）。

3.5.3　极化白化滤波器

极化白化滤波器（Polarimetric Whitening Filter, PWF）（首先由 Novak 提出），它构成了一个降低斑点的最佳处理策略（Novak et al. 1993a；Novak, Hesse 1993）。这一方法是从其他两类方法中分离出来的，因为这是一种基于四极化数据的统计信号处理算法，但它并没有利用任何先验统计信息。另外，在没有利用先验信息的所有算法中，它已经被证明是具有最好性能的算法。考虑到这似乎应该是与我们所提出的检测器进行比较的最佳候选检测器，我们决定将对其进行更加深入的描述。

极化白化滤波器（PWF）是一项能够降低与斑点效应相关联的后向散射强度标准差的技术。它假定可降低斑点的像素具有一个二次型，即：

$$w = \underline{u}^{*\text{T}}[A]\underline{U} \qquad (3.75)$$

式中：$[A]$是一个共轭对称的正定矩阵；$\underline{u}$是一个一般的散射矢量。矩阵$[A]$被选来用以最小化标准差 s 和强度的均值 m 之比 s/m。我们引入极化相干矩阵$[C]$。矩阵$[B] = [C][A]$仍是共轭对称的（因为它是两个共轭对称矩阵的乘积），并且其特征值 λ_1, λ_2 和 λ_3 可以提取出来。PWF 想要最小化，则：

$$\left(\frac{s}{m}\right) = \frac{\sqrt{\text{VAR}[w]}}{E[w]} \qquad (3.76)$$

它可以通过以下两式予以证明：

$$E[w] = \text{Trace}([B]) = \sum_{i=1}^{3}\lambda_i$$

$$\mathrm{VAR}[w] = \mathrm{Trace}([B])^2 = \sum_{i=1}^{3} \lambda_i^2 \tag{3.77}$$

对式(3.76)进行最小化,与最简化下面这一式子等价:

$$\frac{\sum_{i=1}^{3} \lambda_i^2}{\left(\sum_{i=1}^{3} \lambda_i\right)^2} \tag{3.78}$$

利用拉格朗日乘法因子 β,最小解为:

$$\beta = \frac{\lambda_1}{\left(\sum_{i=1}^{3} \lambda_i\right)^2} = \frac{\lambda_2}{\left(\sum_{i=1}^{3} \lambda_i\right)^2} = \frac{\lambda_3}{\left(\sum_{i=1}^{3} \lambda_i\right)^2} \tag{3.79}$$

因此

$$\lambda_1 = \lambda_2 = \lambda_3 = \lambda \tag{3.80}$$

如果针对矩阵 $[B]$ 的特征问题被引申为最小解,我们有:

$$[C][A] = \lambda[I] \tag{3.81}$$

最后,为了获得式(3.76)的最小值,矩阵 $[A]$ 必须这样选择,即:

$$[A] = \lambda[C]^{-1} \tag{3.82}$$

为了获得协方差矩阵中相等的对角线元素,可以通过改变基来完成。在新选择的轴上,能量将会平均分布。这正是命名为"白化滤波器"的原因,因为它使杂波看上去"白"。

如果反射对称的假设有效,那么新的基是:

$$\left[\mathrm{HH}, \frac{\mathrm{HV}}{\sqrt{\varepsilon}}, \frac{\mathrm{VV} - \rho^* \sqrt{\gamma}\,\mathrm{HH}}{\sqrt{\gamma(1 - |\rho|^2)}}\right]$$

$$\varepsilon = \frac{E[\,|\mathrm{HV}|^2\,]}{E[\,|\mathrm{HH}|^2\,]}$$

$$\gamma = \frac{E[\,|\mathrm{VV}|^2\,]}{E[\,|\mathrm{HH}|^2\,]}$$

$$\rho = \frac{E[\mathrm{HH} \cdot \mathrm{VV}^*]}{\sqrt{E[\,|\mathrm{HH}|^2\,]E[\,|\mathrm{VV}|^2\,]}} \tag{3.83}$$

利用 PWF 所获得的图像,i_{PWF} 具有一个最优的斑点降低的效果。随后,通过在图像强度上设置一个门限,就可以完成检测(Novak et al. 1993a)。

$$|i_{\mathrm{PWF}}| = |\mathrm{HH}|^2 + \frac{|\mathrm{HV}|^2}{\varepsilon} + \frac{|\mathrm{VV} - \rho^* \sqrt{\gamma}\,\mathrm{HH}|^2}{\gamma(1 - |\rho|^2)}$$

$$|i_{\mathrm{PWF}}| > T \tag{3.84}$$

作为关键的比较方法,PWF 将在验证章节与我们所提出的新的极化检测器进行比较。在那一章中,针对 PWF 性能的一个完整分析将被展示给读者。这里

47

我们仅提到了由于微弱目标和部分斑点形成目标(例如树冠下的目标)的漏报问题。

3.5.4 各种检测器的比较

图 3.5[①] 显示了由 Chaney 完成的,针对两个不同目标,具有不同方向的二面角和三面体时,检测器接收工作特性(Receiving Operative Characteristic,ROC)的比较(Chaney et al. 1990)。

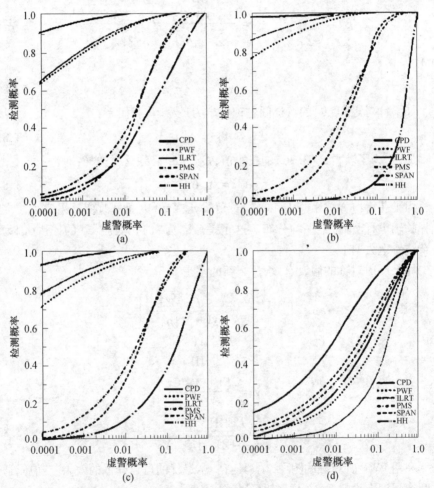

图 3.5 几个检测器之间的 ROC 比较。OPD 为最优极化检测器,PWF 为极化白化滤波器,
ILRT 为单位似然比检验,PMS 为能量最大综合(Chaney et al. 1990)
(a) 是一个取向为 0°的 3dB T/C 比率的二面角的检测性能;
(b) 是一个取向为 22.5°的 3dB T/C 比率的二面角的检测性能;
(c) 是一个取向为 45°的 3dB T/C 比率的二面角的检测性能;(d) 是一个 3dB T/C 比率的三面体的检测性能。

---

① 译者注:原文误为"3.4",已修正。

取得最优性能的是最优极化检测器(OPD),因为它利用了杂波和目标的先验信息。显然地,检测器提供的附加信息越多,越接近于理想的情况(确定性检测器)。但是,PWF 相当地接近 OPD 的结果,另外,与其他没有提供先验信息的检测器相比,PWF 显示出最优的性能。图 3.5[①] 中所展现的结果,将用于与我们所提出的检测器(第 5 章)进行理论上的比较(图 3.5)。

参考文献

Agrawal AB, Boerner WM. 1989. Redevelopment of Kennaugh's target characteristic polarization state theory using the polarization transformation ratio formalism for the coherent case. IEEE Trans Geosci Remote Sens 27:2 - 14.

Azzam RMA, Bashara NM. 1977. Ellipsometry and polarized light. North Holland Press, Amsterdam.

Barakat R. 1981. Bilinear constraints between the elements of the 49 4 Mueller - Jones matrix of polarization theory. Opt Commun 38:159 - 161.

Bebbington DH. 1992. Target vectors: spinorial concepts. Proceedings of the 2nd international workshop on radar polarimetry, IRESTE, Nantes, France, pp26 - 36.

Beckmann P. 1968. The depolarization of electromagnetic waves. The Golem Press, Boulder.

Boerner W - M. 1981. Use of polarization in electromagnetic inverse scattering. Radio Sci16:1037 - 1045.

Boerner WM. 2004. Basics of radar polarimetry. RTO SET Lecture Series.

Boerner WM, El - Arini MB, Chan CY, Mastoris PM. 1981. Polarization dependence in electromagnetic inverse problems. IEEE Trans Antennas and Propag 29:262 - 271.

Boerner WM, Kostinski A, James B. 1988. On the concept of the polarimetric matched filter in high resolution radar imagery: an alternative for speckle reduction. In: Proceedings of lGARSS'88 symposium, Edinburgh, Scotland, pp69 - 72.

Boerner WM, Yan WL, Xi AQ, Yamaguchi Y. 1991. The characteristic polarization states for the coherent and partially polarized case. Proc IEEE Antennas Propag Conf, ICAP 79:1538 - 1550.

Boerner WM, Mott H, Luneburg E. 1997. Polarimetry in remote sensing: basic and applied concepts. In: IEEE Proceedings on geosciences and remote sensing symposium IGARSS, vol 3, pp1401 - 1403 August 1997.

Born M, Wolf E. 1965. Principles of optics, 3rd edn. Pergamon Press, New York.

Chaney RD, Bud MC, Novak LM. 1990. On the performance of polarimetric target detection algorithms. Aerosp Electron Syst Mag IEEE 5:10 - 15.

Cloude SR. 1986. Group theory and polarization algebra. OPTIK 75:26 - 36.

Cloude SR. 1987. Polarimetry: the characterisation of polarisation effects in EM scattering. Electronics Engineering Department. York, University of York.

Cloude RS. 1992. Uniqueness of target decomposition theorems in radar polarimetry. Direct Inverse Methods Radar Polarim 2:267 - 296.

Cloude RS. 1995a. An introduction to wave propagation antennas. UCL Press, London.

Cloude SR. 1995b. Lie groups in EM wave propagation and scattering. In: Baum C, Kritikos HN(eds) Chapter 2 in electromagnetic symmetry. Taylor and Francis, Washington, pp91 - 142. ISBN 1 - 56032 - 321 - 3.

---

① 译者注:原文误为"3.4",已修正。

Cloude SR. 1995c. Symmetry, zero correlations and target decomposition theorems. In: Proceedings of 3rd international workshop on radar polarimetry (JIPR'95), IRESTE, pp58 – 68.

Cloude SR. 2009. Polarisation: applications in remote sensing. Oxford University Press, New York 978 – 0 – 19 – 956973 – 1.

Cloude SR, Papathanassiou K P. 1998. Polarimetric SAR interferometry. IEEE Trans Geosci Remote Sens 36: 1551 – 1565.

Cloude SR, Pottier E. 1996. A review of target decomposition theorems in radar polarimetry. IEEE Trans Geosci Remote Sens 34: 498 – 518.

Cloude SR, Pottier E. 1997. An entropy based classification scheme for land applications of polarimetric SAR. IEEE Trans Geosci Remote Sens 35: 68 – 78.

Cloude SR, Corr DG, Williams ML. 2004. Target detection beneath foliage using polarimetric synthetic aperture radar interferometry. Waves Random Complex Media 14: 393 – 414.

Collin R. 1985. Antennas and radiowave propagation. Mcgraw Hill, New York.

De Grandi GD, Lee J – S, Schuler DL. 2007. Target detection and texture segmentation in polarimetric SAR images using a wavelet frame: theoretical aspects. IEEE Tran Geosci Remote Sens 45: 3437 – 3453.

Degraff SR. 1988. SAR image enhancement via adaptive polarization synthesis and polarimetric detection performance. Polarimetric Technology Workshop, Redstone Arsenal, AL.

Deschamps GA. 1951. Geometrical representation of the polarization of a plane electromagnetic wave. Proc IRE 39: 540 – 544.

Deschamps GA, Edward P. 1973. Poincare sphere representation of partially polarized fields. IEEE Trans Antennas Propag 21: 474 – 478.

Dong Y, Forster B. 1996. Understanding of partial polarization in polarimetric SAR data. Int J Remote Sens 17: 2467 – 2475.

Ferro – Famil L, Pottier E, Lee J. 2002. Classification and interpretation of polarimetric SAR data. IGARSS, IEEE international geoscience and remote sensing symposium, Toronto, Canada.

Freeman A. 1992. SAR calibration: an overview. IEEE Trans Geosci Remote Sens 30: 1107 – 1122.

Goldstein DH, Collett E. 2003. Polarized light. CRC, Boca Raton.

Graves CD. 1956. Radar polarization power scattering matrix. Proc IRE 44: 248 – 252.

Huynen JR. 1970. Phenomenological theory of radar targets. Delft, Technical University, The Netherlands.

Jones R. 1941. A new calculus for the treatment of optical systems. I. description and discussion; II. Proof of the three general equivalence theorems; III. The Stokes theory of optical activity. J Opt Soc Am 31: 488 – 503.

Kay SM. 1998. Fundamentals of statistical signal processing, volume 2: detection theory. Prentice Hall, Upper Saddle River.

Kennaugh EM. 1981. Polarization dependence of radar cross sections – a geometrical interpre – tation. IEEE Trans Antennas Propag 29: 412 – 414.

Kennaugh EM, Sloan RW. 1952. Effects of type of polarization on echo characteristics. Ohio state University, Research Foundation Columbus, Quarterly progress reports (In lab).

Kostinski AB, Boerner W – M. 1986. On foundations of radar polarimetry. IEEE Trans Antennas Propag 34: 1395 – 1404.

Krogager E. 1993. Aspects of polarimetric radar imaging. Lyngby, DK, Technical University of Denmark.

Lang RH. 1981. Electromagnetic scattering from a sparse distribution of lossy dielectric scatterers. Radio Sci 16: 15 – 30.

Lee JS, Pottier E. 2009. Polarimetric radar imaging: from basics to applications. CRC Press, Boca Raton.

Lee JS, Grunes MR, Kwok R. 1994. Classification of multi – look polarimetric SAR imagery based on the complex Wishart distribution. Int J Remote Sens 15:2299 – 2311.

Lee JS, Grunes MR, Ainsworth TL, Du LJ, Schuler DL, Cloude SR. 1999. Unsupervised classification using polarimetric decomposition and the complex wishart classifier. IEEE Trans Geosc Remote Sens 37:2249 – 2258.

Lee JS, Grunes MR, Pottier E, Ferro – Famil L. 2004. Unsupervised terrain classification preserving polarimetric scattering characteristics. IEEE Trans Geosci Remote Sens 42: 722 – 732.

Lüneburg E. 1995. Principles of radar polarimetry. Proc IEICE Trans Electron Theory E78 – C:1339 – 1345.

Margarit G, Mallorqui JJ, Fabregas X. 2007. Single – pass polarimetric SAR interferometry for vessel classification. IEEE Trans Geosci Remote Sens 45:3494 – 3502.

Mott H. 2007. Remote sensing with polarimetric radar. Wiley, Hoboken.

Novak LM, Hesse SR. 1993. Optimal polarizations for radar detection and recognition of targets in clutter. In: Proceedings, IEEE national radar conference, Lynnfield, MA, pp79 – 83.

Novak LM, Sechtinand MB, Cardullo MJ. 1987. Studies of target detection algorithms that use polarimetric radar data. In: Proceedings of the 21st Asilomar Conference on Signals, Systems and Coniputers. Pacific Grove, CA.

Novak LM, Burl MC, Irving MW. 1993a. Optimal polarimetric processing for enhanced target detection. IEEE Trans Aerosp Electron Syst 20:234 – 244.

Novak LM, Owirka GJ, Netishen CM. 1993b. Performance of a high – resolution polarimetric SAR automatic target recognition system. Linc Lab J 6:11 – 24.

Novak LM, Halversen SD, Owirka GJ, Hiett M. 1997. Effects of polarization and resolution on SAR ATR. IEEE Trans Aerosp Electron Syst 33:102 – 116.

Novak LM, Owirka GJ, Weaver AL. 1999. Automatic target recognition using enhanced resolution SAR data. IEEE Trans Aerosp Electron Syst 35:157 – 175.

Oliver C, Quegan S. 1998. Understanding synthetic aperture radar images. Artech House, Norwood.

Papathanassiou K P. 1999. Polarimetric SAR interferometry. Physics, Technical University Graz.

Pottier E. 1992. On Dr J. R. Huynen's main contributions in the development of polarimetric radar techniques, and how the radar targets phenomenological concept becomes a theory. SPIE Opt Eng 1748:72 – 85.

Rothwell EJ, Cloud MJ. 2001. Electromagnetics. CRC Press, Boca Raton.

Sinclair G. 1950. The transmission and reception of elliptically polarized waves. Proc IRE 38:148 – 151.

Strang G. 1988. Linear algebra and its applications, 3rd edn. Thomson Learning, New York.

Stratton JA. 1941. Electromagnetic theory. McGraw – Hill, New York.

Touzi R, Boerner WM, Lee JS, Lueneburg E. 2004. A review of polarimetry in the context of synthetic aperture radar: concepts and information extraction. Can J Remote Sens 30:380 – 407.

Ulaby FT, Elachi C. 1990. Radar polarimetry for geo – science applications. Artech House, Norwood.

Van der Mee CVM, Hovenier JW. 1992. Structure of matrices transforming stokes parameters. J Math Phys 33: 3574 – 3584.

Van Zyl JJ. 1992. Application of cloude's target decomposition theorem to polarimetric imaging radar data. SPIE Proc 1748:23 – 24.

Van Zyl J, Papas C, Elachi C. 1987a. On the optimum polarizations of incoherently reflected wave. IEEE Trans Antennas Propag AP – 35:818 – 825.

Van Zyl JJ, Zebker H, Elachi C. 1987b. Imaging radar polarization signatures: theory and observation. Radio Sci 22:529 – 543.

Wolf E. 2003. Unified theory of coherence and polarization of random electromagnetic beams. Phys Lett 312: 263 – 267.

Woodhouse IH. 2006. Introduction to microwave remote sensing. CRC Press Taylor & Francis Group, Boca Raton.

Xi A – Q, Boerner WM. 1992. Determination of the characteristic polarization States of the target scattering matrix [S(AB)] for the coherent monostatic and reciprocal propagation space using the polarization transformation ratio formulation. J Opt Soc Am 9 : 437 – 455.

Zebker HA, Van Zyl JJ. 1991. Imaging radar polarimetry : a review. Proc IEEE 79 : 1583 – 1606.

第4章 极化检测器

4.1 引 言

在第 3 章中,我们对极化进行了介绍。现在,我们已经为研究新的极化检测器做好了准备。关于极化检测器这部分内容已经出版,或者通过国际会议见诸于世(Marino,et al. 2009,2010,in press;Marino,Woodhouse 2009)。在这一章中,即将介绍两种不同的推导方法:第一种方法与一种代数运算有关,而第二种方法则遵循了目标的物理运作方式。我们相信,用这种方法可以为检测器的研究与开发提供更为宽广的蓝图。作为一个后续的步骤,推导得出数学表达式,将以去除最终的偏差和改善性能为目的而进行优化。

4.2 利用代数方法的推导

在这一节中,将从一个单目标的代数表示开始,并通过一个极化相干来实施一些操作,以完成本文所提出的检测器的研发。代数的观点正是我们所探寻的,与之相伴的还有这样的目的:获得一个更加清晰的,数学上更加精妙的公式化表达方式。另一方面,下一节会将检测器的物理过程纳入考虑范围,藉此从另一个角度对本文所提出的检测器进行推导。

4.2.1 矢量的分量加权

对于任何一个单目标而言,可以用一个三维空间中的复矢量加以表示。特别地,代数学是建立在一个三维特殊酉群 SU(3) 上的,并且被应用于复数域(Cloude 1986,1995a;Bebbington 1992)。

给定该空间中的一个矢量 $\underline{x}$,它总是可以写成恒等式:

$$[I]\,\underline{x} = \underline{x} \tag{4.1}$$

式中 $[I]$ 是单位矩阵。式(4.1)是以下一般变换的特殊情况:

$$[A]\,\underline{x} = \underline{b} \tag{4.2}$$

在我们所使用的情况下,$[A]$ 是一个 3×3 的方阵,但一般情况下,它也可以是任意的 $N \times 3$ 矩阵(这一表达式代表了线性系统),因为 $\underline{x}$ 是一个三维列矢量。

[A]是由矢量 $\underline{x}$ 变换产生矢量 $\underline{b}$ 所需的变换矩阵,它位于另一个子空间(Strang 1988,Hamilton 1989;Rose 2002)中。存在两个这样的子空间:

(1) 由[A]的列张成的一个子空间,也称为列子空间。

(2) 零空间,它正是列子空间的正交补。

在[A]是满秩矩阵的情况下,列空间是整个 $\mathbb{C}^3$ 和仅包含零矢量 $\underline{0}$ 的零空间。现在,如果[A]是一个对角矩阵,那么它的列总是代表整个 $\mathbb{C}^3$ 空间的一组基(只要所有对角元素都不为零)。

特别地,如果[A] = [I],上述变换就是利用相同的归一化—正交基,从全空间到全空间的变换。显然,这一变化使得 $\underline{b} = \underline{x}$。在[A]是一个至少有一个元素不为1的对角矩阵的情况下,变换空间所产生的矢量仍在 $\mathbb{C}^3$ 之中,但是所利用的基不再是同等的那一个(坐标轴不是归一化矢量)。

矩阵[A]可以利用复数 a_1,a_2 和 a_3,形成这一形式,即:

$$[A] = \begin{bmatrix} a_1 & 0 & 0 \\ 0 & a_2 & 0 \\ 0 & 0 & a_3 \end{bmatrix} \tag{4.3}$$

在下文中,为了表示一个对角矩阵,我们将用这一公式化表达手法:[A] = diag (a_1, a_2, a_3)。与此同时,我们定义[A]的列矢量为 $\underline{a_1} = [a_1, 0, 0]^T$,$\underline{a_2} = [0, a_2, 0]^T$ 和 $\underline{a_3} = [0, 0, a_3]^T$。各列的基是正交的,但不是归一化—正交的,因为这些基矢量并不是单位矢量。

通过对基的定义,空间中的任一矢量 $\underline{x}$ 都能利用基元素(即[A]的列)的线性组合来表示。因此:

$$\underline{b} = x_1 \underline{a_1} + x_2 \underline{a_2} + x_3 \underline{a_3} \tag{4.4}$$

如果坐标基被定义为:$\underline{e_1} = [1, 0, 0]^T$,$\underline{e_2} = [0, 1, 0]^T$ 和 $\underline{e_3} = [0, 0, 1]^T$,式(4.4)中的线性组合可以重新写为:

$$\underline{b} = a_1 x_1 \underline{e_1} + a_2 x_2 \underline{e_2} + a_3 x_3 \underline{e_3} \tag{4.5}$$

因此,变换[A] $\underline{x} = \underline{b}$ 可以看作是利用矩阵[A]的对角元素,对 $\underline{x}$ 的各分量进行加权处理。明显地,这一加权将重新定义空间中的全部度量标准,在此空间中,所有的矢量将会沿着一条优先选择好的轴延伸(Strang 1988)。

4.2.2 检测器

检测器的第一个步骤,仍然是定义矢量 $\underline{\omega}_T$ 和 $\underline{\omega}_P$。为了保证唯独从代数的角度进行检测器的研发,扰动过程可以利用 α 参数化方法来实现,这里,这一参数可以被解释为旋转和相位的变化(请注意,α 模型是作为一个针对散射机制的代数运算应运而生的)(Cloude 2009;Cloude,Pottier 1996)。接下来,应用基的一个变化来完成 $\underline{\omega}_T = [1,0,0]^T$。

$\underline{\omega}_T$ 和 $\underline{\omega}_P$ 二者之间标准的欧几里德内积可以写为 $\underline{\omega}_T^{*T}\underline{\omega}_P$(Hamilton 1989)。考虑到总是可能需要用到恒等式 $[I]\underline{\omega}_T = \underline{\omega}_T$ 和 $[I]\underline{\omega}_P = \underline{\omega}_P$,所以内积可以重写为:

$$([I]\underline{\omega}_T)^{*T}([I]\underline{\omega}_P) = (\underline{\omega}_T^{*T}[I])([I]\underline{\omega}_P)$$
$$= \underline{\omega}_T^{*T}[I]\underline{\omega}_P = \underline{\omega}_T^{*T}\underline{\omega}_P \qquad (4.6)$$

在上一节中,描述了一个实现各分量加权的过程(也就是一个对角矩阵的乘法)。散射机制各分量的加权可以通过以下方式来完成

$$[A]\underline{\omega}_T = \underline{b}_T, [A]\underline{\omega}_P = \underline{b}_P \qquad (4.7)$$

我们可以定义被加权的内积 $\underline{b}_T^{*T}\underline{b}_P$ 为

$$([A]\underline{\omega}_T)^{*T}([A]\underline{\omega}_P) = \underline{\omega}_T^{*T}([A]^{*T}[A])\underline{\omega}_P = \underline{\omega}_T^{*T}[\hat{P}]\underline{\omega}_P \qquad (4.8)$$

该操作运算在目标复空间中设定一个优先选择好的方向,目标复空间对应于出现在数据中的真实目标。实际上:

$$[A] = \text{diag}(k_1, k_2, k_3) \qquad (4.9)$$

即 $\underline{k} = [k_1, k_2, k_3]^T$。

进行到这一步时,需要对式(4.9)进行说明。内积不能像素对像素地进行计算,因为像素的统计方差(也就是斑点)能够导致对真实目标的不正确的估计(Lee 1986;López - Martínez,Fàbregas 2003;Oliver,Quegan 1998;Touzi, et al. 1999)。为了获得可靠的结果,针对独立实现的平均化处理是必要的。由于这一原因,瞬时内积 $\underline{b}_T^{*T}\underline{b}_P$ 被平均化的 $\langle \underline{b}_T^{*T}\underline{b}_P \rangle$ 所代替,即:

$$\langle ([A]\underline{\omega}_T)^{*T}([A]\underline{\omega}_P) \rangle = \underline{\omega}_T^{*T}\langle [A]^{*T}[A] \rangle\underline{\omega}_P = \underline{\omega}_T^{*T}[P]\underline{\omega}_P \quad (4.10)$$
$$[P] = \text{diag}(\langle |k_1|^2 \rangle, \langle |k_2|^2 \rangle, \langle |k_3|^2 \rangle) \qquad (4.11)$$

因为 $[A]$ 是一个对角矩阵,$[P]$ 也同样可以是对角化,并且它的元素是 $[A]$ 对角线上复数的幅度的平方取均值,因此 $[P]$ 是正定的。请注意,$[P]$ 的表达式,和 4.2.1 节中忽略交叉项后所得到的那一个式子是完全相等的。

最后一步是对加权的内积进行归一化:

$$\gamma_d = \frac{|\underline{\omega}_T^{*T}[P]\underline{\omega}_P|}{\sqrt{(\underline{\omega}_T^{*T}[P]\underline{\omega}_T)(\underline{\omega}_P^{*T}[P]\underline{\omega}_P)}} \qquad (4.12)$$

式(4.12)给出了检测器的同样的表现形式。下一节的目标是:通过一种物理的方法,来获得与式(4.12)相同的表达式。

4.3 利用一种物理方法的数学推导

4.3.1 扰动分析和相干检测器

任何一个(归一化的)单目标,可以利用一个三维复矢量,在目标空间中被唯一地表示出来(Cloude 1986,1987,1995a,1995b)。在前一章中,这一矢量作为散射机制 $\underline{\omega}$ 而被引入。一旦一个目标(也就是散射机制)被选定,它的后向散射可以确定为:

$$i(\underline{\omega}) = \underline{\omega}^{*\mathrm{T}} k \tag{4.13}$$

从一种代数的观点来看,式(4.13)表示散射矢量 k 和散射机制 $\underline{\omega}$ 之间的内积。此外,这一运算可以理解为:观测量(即 k)在选定目标(即 $\underline{\omega}$)上的投影,因为任一散射机制都是单位的(Strang 1988)。如果感兴趣的目标 $\underline{\omega}$ 是全部极化返回信息(作为目标分解)的一个分量,式(4.13)中的运算是从观测量中所提取的感兴趣的分量(Cameron,Leung 1990;Cloude,Pottier 1996;Krogager,Czyz 1995)。$i(\underline{\omega})$ 是代表单视复(SLC)图像像素的一个复数,该图像显示了感兴趣目标的后向散射。

当选择两个散射机制 $\underline{\omega}_1$ 和 $\underline{\omega}_2$(即两个单目标)时,那么可以从观测量 $i(\underline{\omega}_1)$ 和 $i(\underline{\omega}_2)$ 中提取两个不同的图像。在第 3 章中,极化相干被定义为:

$$\gamma = \frac{\langle i(\underline{\omega}_1) i(\underline{\omega}_2)^* \rangle}{\sqrt{\langle i(\underline{\omega}_1) i(\underline{\omega}_1)^* \rangle \langle i(\underline{\omega}_2) i(\underline{\omega}_2)^* \rangle}} \tag{4.14}$$

它可以估计两个图像之间的相关(Boerner 2004;Mott 2007)。如果它们是相似的,则极化相干 γ 的幅度将接近于 1。

我们的工作就是希望论证:

给定一个正比于待检测目标的散射机制 $\underline{\omega}_1$,和另一个接近于目标空间中 $\underline{\omega}_1$ 的散射机制 $\underline{\omega}_2$,如果平均单元中感兴趣分量(正比于 $\underline{\omega}_1$)的极化强于其他两个正交分量,则极化相干较高。

1)可以将一个单目标表示为一个散射矢量,这一矢量取决于用以表示目标空间所选择的基(Cloude 2009)。在下面的证明过程中,我们决定采用 Pauli 基作为起始点,但也可以选择任意其他能够产生完全相同的数学结果的基。在 Pauli 基下,一个给定的散射矢量可以表示为 k^P,而感兴趣目标的散射机制为 ω_T^P。

检测器设计的第一步是改变基,其目的在于利用感兴趣目标 ω_T^P 与(新基中)的一条轴重叠。这总是可能的,因为任何单目标可以唯一地用一个构成基中一条轴的矢量来表示。该运算可以通过乘以一个酉矩阵 $[U]$ 来实现(Lee and

Pottier 2009），

$$\underline{\omega}_T = [U]\underline{\omega}_T^P = [1,0,0]^T \tag{4.15}$$

在新基下，感兴趣的目标仅在三维复矢量的一个分量上（因为 $\underline{\omega}_T$ 本身是基中的一个轴）。绝对相位并不构成一个可利用的参数，它可以被置为零且不失一般性。接下来是初始设置 $\underline{\omega}_T = \underline{\omega}_1$。其他两个轴必须选择正交于 $\underline{\omega}_T$，且将被视为 $\underline{\omega}_{C2}$ 和 $\underline{\omega}_{C3}$（Hamilton 1989）。因此有：

$$\underline{\omega}_T \perp \underline{\omega}_{C2} \perp \underline{\omega}_{C3} \tag{4.16}$$

一旦选择了新基，散射矢量需要在该组基下进行表示，即：

$$\underline{k} = [U]\underline{k}^P[k_1,k_2,k_3]^T \tag{4.17}$$

其中 $k_1,k_2,k_3 \in \mathbb{C}$。或者等价地：

$$\underline{k} = k_1\underline{\omega}_T + k_2\underline{\omega}_{C2} + k_3\underline{\omega}_{C3} \tag{4.18}$$

最后，从所得的 $\underline{k}$[①] 开始估计相干矩阵 $[C]$。当目标 $\underline{\omega}_T$ 被选中时，由此产生的复图像是：

$$i(\underline{\omega}_T) = \underline{\omega}_T^{*T}\underline{k} = k_1 \tag{4.19}$$

在新基下，当计算 $\underline{\omega}_T$ 上的投影时，散射矢量 k_2 和 k_3 的分量被完全删除，因为根据定义，它们正交于 $\underline{\omega}_T$ 的方向。因此，待检测的目标仅仅集中在 k_1 分量中。鉴于此，可以将 k_2 和 k_3 视为杂波。请注意，目标和杂波分量之间的区别，可以专门在新基上完成（例如在 Pauli 基上，感兴趣的目标通常不仅仅位于一个分量上）。式(4.19)中的标量投影，可以被解释为针对感兴趣目标的理想滤波器，它一般不为零。然而，在大多数情况下，仅当散射矢量的其他两个分量几近缺失时，它表示感兴趣的目标。一些检测器是基于投影幅度的门限而设计的。但遗憾的是，这些检测器有两个主要的疑难问题：

（1）当没有在这几个表示上取平均（即临近像素）就完成运算时，结果会受到这些斑点的强烈影响（Lee 1986；López – Martínez，Fàbregas 2003；Oliver，Quegan 1998）。由于周围的部分目标而导致虚警发生率出现不相称的高态。然而较为直接的补救方法就是在考虑门限之前，对邻近的像素取平均。

（2）强分量 k_1 的出现，一般并不能确保待检测目标的出现，因为不同的单目标或者部分目标，在感兴趣目标上都可以具有重要的投影（Cloude，Pottier 1996）。换句话说，必须考虑分量之间的比值。

2）在第二个步骤中，我们需要在目标空间中，生成一个与 $\underline{\omega}_T$ 相似的第二种散射机制 $\underline{\omega}_2$。这一新的矢量将被视为"干扰目标"，$\underline{\omega}_P$（也就是 $\underline{\omega}_2 = \underline{\omega}_P$）。一些

---

① 译者注：原文误为"k"，已修正。

方法可以被用于从 $\underline{\omega}_T$ 中获取 $\underline{\omega}_P$。下面将列出这些方法中的其中两种：

（1）几何的方法：随机噪声。

生成一个远小于 $\underline{\omega}_T$ 的，称为 $\mathrm{d}\underline{\omega}$ 的零均值随机矢量（例如高斯型的）。比如，我们可以选择 $\|\mathrm{d}\underline{\omega}\| = 0.1$（请注意，散射机制是单位的）。扰动目标由下式给出：

$$\underline{\omega}_P = \frac{\underline{\omega}_T + \mathrm{d}\underline{\omega}}{\|\underline{\omega}_T + \mathrm{d}\underline{\omega}\|} \tag{4.20}$$

（2）物理的方法：Huynen 极化叉。

前面的那套方法是几何上的，而不是物理上的运作。幸运的是，所得到的矢量 $\underline{\omega}_P$ 的物理可行性，可以通过矢量空间的完备性得以保证（任一单位三维复矢量均为一个物理可行的散射机制）（Bebbington 1992；Cloude 1986，1995a）。然而，扰动可以和目标的物理变化直接联系起来。由于这一原因，我们将利用目标参数化的方法，想通过一个更加物理化的途经对 $\underline{\omega}_T$ 进行扰动。一个想法是轻微地移动整个极化叉（旋转特征极化）。事实上，一个稍许不同的极化叉，表征了一个稍微不同的目标(Boerner et al. 1981）。Poincaré 球上的针对特征极化的小的旋转，可以利用 Huynen 参数来完成（Huynen 1970）。换句话说。如果 ψ_m，χ_m,v 和 γ 是用来定义目标 $\underline{\omega}_T$ 的参数，则扰动目标 $\underline{\omega}_P$ 将可以通过代入下式而获得，即：

$$\psi_m \pm \Delta\psi_m,\chi_m \pm \Delta\chi_m,v + \Delta v,\gamma + \Delta\gamma \tag{4.21}$$

式中：$\Delta\psi_m,\Delta\chi_m,\Delta v$ 和 $\Delta\gamma$ 分别是一个对应于各自变量最大值分数（例如十二分之一或者十分之一）的正实数。为了保证最终的参数在允许范围之内，参数可正可负。在附录 1 中，我们给出了 Huynen 参数的轻微变化就可以生成一个略微不同的目标的证明过程。从根本上来说，这因归咎于在 Huynen 表示中所利用的函数的连续性（如果参数在允许的取值范围内变动）。

在 Huynen 表示中，检测 $\underline{\omega}_T$ 的散射机制为（Huynen 1970）：

$$[S_T] = [R(\psi_m)][T(\chi_m)][S_d(\gamma,v)][T(\chi_m)][R(-\psi_m)]$$

$$[S_d] = \begin{bmatrix} e^{jv} & 0 \\ 0 & \tan(\gamma)e^{-jv} \end{bmatrix}$$

$$[T(\tau_m)] = \begin{bmatrix} \cos\chi_m & -i\sin\chi_m \\ -i\sin\chi_m & \cos\chi_m \end{bmatrix}$$

$$[R(\psi_m)] = \begin{bmatrix} \cos\psi_m & -\sin\psi_m \\ \sin\psi_m & \cos\psi_m \end{bmatrix} \tag{4.22}$$

因此，扰动目标可以表示为：

$$[S_P] = [R(\psi_m \pm \Delta\psi_m)][T(\chi_m \pm \Delta\chi_m)][S_d(\gamma \pm \Delta\gamma,v \pm \Delta v)][T(\chi_m \pm \Delta\chi_m)] \times$$

$$[R(-(\psi_m \pm \Delta\psi_m))] \tag{4.23}$$

如果变化较小，那么有 $[S_P] \approx [S_T]$。

类似地，极化叉的旋转可以以 α 参数化方法为起点来获得（Cloude，Pottier 1997），也就是：

$$\underline{\omega}_T = [\cos\alpha, \sin\alpha\cos\beta e^{i\varepsilon}, \sin\alpha\sin\beta e^{i\eta}]^T \tag{4.24}$$

$$\underline{\omega}_P = \begin{bmatrix} \cos(\alpha \pm \Delta\alpha) \\ \sin(a \pm \Delta\alpha)\cos(\beta \pm \Delta\beta)e^{i(\varepsilon \pm \Delta\varepsilon)} \\ \sin(a \pm \Delta\alpha)\sin(\beta \pm \Delta\beta)e^{i(\eta \pm \Delta\eta)} \end{bmatrix} \tag{4.25}$$

式中：$\Delta\alpha, \Delta\beta, \Delta\varepsilon$ 和 $\Delta\eta$ 是各自变量最大值的分数（对于 ε 和 η，最大值固定为 2π）。和前面一样，$[S_P] \approx [S_T]$ 且有 $\underline{\omega}_T \approx \underline{\omega}_P$。

这一过程的优化将在下面几节中处理。

进行到这一步，针对所用到的基的说明是必要的。Huynen 参数化方法是在字典式基的基础之上形成的，而 α 模型采用了 Pauli 基。因此，在扰动过程之后，必须考虑 $\underline{\omega}_P$ 上基的改变。

改变基之后，扰动目标是一个单位三维复矢量 $\underline{\omega}_P = [a, b, c]^T$，其中 a, b 和 c 均为复数。考虑到 $\underline{\omega}_T \approx \underline{\omega}_P$，我们必须有：

$$|a| \approx 1, |b| \approx 0, |c| \approx 0,$$
$$|a|^2 + |b|^2 + |c|^2 = 1 \tag{4.26}$$

3）一旦两个散射机制被定义，则极化相干（在新基下）可以被估计为

$$\gamma(\underline{\omega}_T, \underline{\omega}_P) = \frac{\langle i(\underline{\omega}_T)i^*(\underline{\omega}_P)\rangle}{\sqrt{\langle i(\underline{\omega}_T)i^*(\underline{\omega}_T)\rangle\langle i(\underline{\omega}_P)i^*(\underline{\omega}_P)\rangle}} \tag{4.27}$$

其中：

$$\langle i(\underline{\omega}_T)i^*(\underline{\omega}_P)\rangle = a\langle|k_1|^2\rangle + b\langle k_1 k_2^*\rangle + c\langle k_1 k_3^*\rangle$$

$$\langle i(\underline{\omega}_T)i^*(\underline{\omega}_T)\rangle = \langle|k_1|^2\rangle$$

$$\begin{aligned} \langle i(\underline{\omega}_P)i^*(\underline{\omega}_P)\rangle = &|a|^2\langle|k_1|^2\rangle + |b|^2\langle|k_2|^2\rangle + |c|^2\langle|k_3|^2\rangle + \\ &2\mathrm{Re}(ab^*\langle k_1 k_2^*\rangle) + 2\mathrm{Re}(ac^*\langle k_1 k_3^*\rangle) + \\ &2\mathrm{Re}(cb^*\langle k_3 k_2^*\rangle) \end{aligned} \tag{4.28}$$

利用 $|a|^2\langle|k_1|^2\rangle$ 将分子和分母剥离之后，极化相干的幅度变为：

$$|\gamma(\underline{\omega}_T, \underline{\omega}_P)| = \frac{\left| 1 \cdot e^{j\phi_a} + \dfrac{b}{|a|}\dfrac{\langle k_1 k_2^*\rangle}{\langle|k_1|^2\rangle} + \dfrac{c}{|a|}\dfrac{\langle k_1 k_3^*\rangle}{\langle|k_1|^2\rangle} \right|}{\sqrt{\Lambda}} \tag{4.29}$$

$$\Lambda = 1 + \frac{|b|^2}{|a|^2} \frac{\langle |k_2|^2 \rangle}{\langle |k_1|^2 \rangle} + \frac{|c|^2}{|a|^2} \frac{\langle |k_3|^2 \rangle}{\langle |k_1|^2 \rangle}$$

$$+ \frac{2\mathrm{Re}(ab^*\langle k_1 k_2^* \rangle) + 2\mathrm{Re}(ac^*\langle k_1 k_3^* \rangle) + 2\mathrm{Re}(cb^*\langle k_3 k_2^* \rangle)}{|a|^2 \langle |k_1|^2 \rangle} \tag{4.30}$$

我们称$(|b|/|a|)^2$和$(|c|/|a|)^2$为降低率(Reduction Ratios,RedR)。选择扰动目标就是为了能有小的 RedR。因此,元素和 RedR 相乘之后的总和将降低。这些项被视为杂波项,是除了仅有的寻求成分$\langle |k_1|^2 \rangle$之外的所有元素(请注意,完成除法之后,后者变为1)。两种类型的杂波项可以被识别为:

(1) 交叉相关项:$\langle k_1 k_2^* \rangle$,$\langle k_1 k_3^* \rangle$,$\mathrm{Re}(ab^*\langle k_1 k_2^* \rangle)$,$\mathrm{Re}(ac^*\langle k_1 k_3^* \rangle)$和 Re$(cb^*\langle k_3 k_2^* \rangle)$。这些项通常较小,因为针对部分目标,$\underline{k}$ 的分量是部分不相关的(Touzi,et al. 1999)。对于两个完全不相关项,积的均值变为均值的积,且均为零,因为它们是复高斯零均值的(Oliver,Quegan 1998;Papoulis 1965):

$$E[k_1 k_2^*] = E[k_1]E[k_2^*] = 0 \tag{4.31}$$

在实际的各种情况下,这些项不为零的原因有两个:首先,这些分量不是完全不相关的;其次,样本平均并不是在无限数量的元素上进行平均,因此由于样本数量的不足,存在一个残余相关(Touzi,et al. 1999)。

(2) 能量项:$\langle |k_2|^2 \rangle$和$\langle |k_3|^2 \rangle$。它们取决于杂波的能量。

最后,当$\langle |k_1|^2 \rangle$高于杂波项时,RedR 与$\langle |k_1|^2 \rangle$的归一化相结合,使杂波项在总和中可以忽略,且极化相干具有接近于 1 的幅度。如果感兴趣的分量不是占主导地位的,那么杂波项对最后总和的影响将更为明显,会使相干幅度降低。

4) 一旦两个目标和扰动目标之间的极化相干幅度的变化,取决于待检测目标的主导地位。综上所述,当一个门限被设置以后,相干幅度可以用来作为一个检测器。如果 T 是一个门限,检测的准则可以为:

$$H_0: |\gamma(\underline{\omega_T}, \underline{\omega_P})| \geqslant T$$

$$H_1: |\gamma(\underline{\omega_T}, \underline{\omega_P})| < T \tag{4.32}$$

式中:H_0 假设表示有目标;H_1 假设表示仅有杂波(Hippenstiel 2002;Kay 1998)。

为了测试检测器理论上的有效性,图 4.1 给出了相干幅度作为一个随机过程被估计的仿真情况。仿真中,考虑了一个确定性的目标 k_1(待检测目标)和两个相互独立的零均值复高斯随机变量(也就是 k_2 和 k_3)(Oliver,Quegan 1998)。请注意,针对检测器的一个完整的统计性评估将在下一章中完成。这里所完成的仿真,仅仅是为检测器提供一个看得见的解释。图中画出了限制在标准差界限之内的相干(250 次实现)的均值。考虑一个 5×5 的窗口,且 RedR $= (|b|/|a|)^2 = (|c|/|a|)^2 = 0.25$。信杂比(SCR)被定义为:

$$\mathrm{SCR} = \frac{\langle |k_1|^2 \rangle}{\langle |k_2|^2 \rangle + \langle |k_3|^2 \rangle} \tag{4.33}$$

由于是个别的杂波分量,所以 SCR 可以被计算为:

$$SCR_2 = \langle |k_1|^2 \rangle / \langle |k_2|^2 \rangle$$

$$SCR_3 = \langle |k_1|^2 \rangle / \langle |k_3|^2 \rangle \qquad (4.34)$$

图 4.1 是在 SCR_2 和 SCR_3 同时增加的情况下所获得的。这也使得 SCR = $SCR_2/2$。

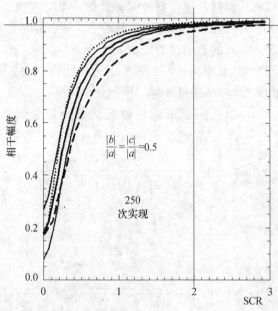

图 4.1　相干幅度检测器:实线表示的是不相关目标—杂波标准差的界限范围。
点线表示正的目标杂波相关的情况。虚线表示负的目标杂波相关的情况。
SCR:信杂比。250 次实现后取平均,窗口大小为 5×5

4.3.2　偏差消除:最终的检测器

图 4.1 所绘制的结果,是考虑了散射矢量 k 各分量相互独立的情况下而获得的。在这一假设下,交叉相关项非常小。这是针对低极化度部分目标的充分近似,但它不能适用于单(相干)目标(因为通常这些目标具有完全相关的分量)。

当目标出现在一个 45° 偶极子的单元时(Cloude 2009),考虑水平偶极子检测时可以找到一个反例(此时散射矩阵仅有元素 S_{HH})。在字典式基下, ω_T 是 $\omega_T =$ $[1,0,0]^T$,其中在此情景下单个目标可以被表示为 $k_L = \kappa[1,\sqrt{2},1]^T$, κ 是一个复数。将 ω_T 和 ω_P 的值代入极化相干式(4.29)中,得到的幅度是单位幅度。

最后,目标和杂波之间的相关,会在相干幅度上引入偏差。在图 4.1 中,点线和虚线分别显示的是,在建设性方法或者破坏性方法下,相干目标和两个杂波成分相关时的情况。目标和杂波分量之间的幅度相关系数为 0.65。

本小节的目标是去除由分量之间相关性而引起的偏差。首先，我们承认在本文这里特殊的情况下，交叉项不会增加建设性信息。在不相关分量的情况下，交叉项只是增加了与有限平均有关的噪声(Touzi,et al. 1999)(期望值 $E[\,\cdot\,]$ 的代入可以完全去除它们)。然而，针对相干值较高的情况，引入的偏差并不明显。另一方面，当 k 中各个分量相关时，它们引入的偏差将导致虚警或者漏报。因此，当它们被忽略时，检测器将得到改善和简化。交叉项被忽略的可能性，与执行基的变化有关，当待检测目标出现时，基的变化使各分量之间相互独立。附录 2 给出了针对这一运算的适用性的证明。关于结果的唯一性，一个占主导地位的单目标可以完全地(且惟一地)被表征，因为检测器中计算的能量项可以通过 k 在散射机制上的投影而获得(Cloude 1986；Rose 2002)。

为了忽略交叉项，极化相干由对目标能量各分量有效的另一运算所替代，即：

$$\gamma_d(\underline{\omega}_T,\underline{\omega}_P) = \frac{\left|\underline{\omega}_T^{*\mathrm{T}}[P]\underline{\omega}_P\right|}{\sqrt{(\underline{\omega}_T^{*\mathrm{T}}[P]\underline{\omega}_T)(\underline{\omega}_P^{*\mathrm{T}}[P]\underline{\omega}_P)}} \tag{4.35}$$

$$[P] = \begin{bmatrix} \langle|k_1|^2\rangle & 0 & 0 \\ 0 & \langle|k_2|^2\rangle & 0 \\ 0 & 0 & \langle|k_3|^2\rangle \end{bmatrix} \tag{4.36}$$

$$\gamma_d(\underline{\omega}_T,\underline{\omega}_P) = \frac{1}{\sqrt{1 + \dfrac{|b|^2}{|a|^2}\dfrac{\langle|k_2|^2\rangle}{\langle|k_1|^2\rangle} + \dfrac{|c|^2}{|a|^2}\dfrac{\langle|k_3|^2\rangle}{\langle|k_1|^2\rangle}}} \tag{4.37}$$

式(4.37)中修正相干的幅度被视为检测器(detector)。这仅取决于分量 $\underline{k}$ 和 $\underline{\omega}_P$ 的能量，因此它是一个实数。

式(4.37)中所得的表达式，仍旧依赖于表示矢量 $\underline{\omega}_T$ 和 $\underline{\omega}_P$ 的基。这里，待检测目标与第一个轴重叠，因此它仅唯一地出现在 k_1 分量中(也就是 k_2,k_3 代表杂波)。如果考虑三个正交归一化矢量 $\underline{e}_1 = [1,0,0]^{\mathrm{T}}$，$\underline{e}_2 = [0,1,0]^{\mathrm{T}}$ 和 $\underline{e}_3 = [0,0,1]^{\mathrm{T}}$，目标和杂波的能量可以写为：

$$P_T = \langle|\underline{k}^{\mathrm{T}*}\cdot\underline{e}_1|^2\rangle, P_{C2} = \langle|\underline{k}^{\mathrm{T}*}\cdot\underline{e}_2|^2\rangle, P_{C3} = \langle|\underline{k}^{\mathrm{T}*}\cdot\underline{e}_3|^2\rangle \tag{4.38}$$

因此，式(4.37)可以重新写为：

$$\gamma_d = \frac{1}{\sqrt{1 + \dfrac{|b|^2}{|a|^2}\dfrac{P_{C2}}{P_T} + \dfrac{|c|^2}{|a|^2}\dfrac{P_{C3}}{P_T}}} \tag{4.39}$$

观察式(4.39)，由 RedR 引起的降低效应十分明显。如果杂波能量低于目标能量，分母中的两项可以被忽略，于是有 $\gamma_d = \dfrac{1}{\sqrt{1+\varepsilon}} \approx 1$，且 $\varepsilon \approx 0$。反之，如果

杂波成分重要,ε 便不再接近于 0,且分母明显不同于 1,这也伴随着检测器的值降低。

检测器的趋势可以在图 4.2 中识别出来。比较图 4.1 和 4.2,对于低相干值的情况,方差出现了大大的降低,此外,当相干值大于 0.6 时,两个均值看上去非常接近。

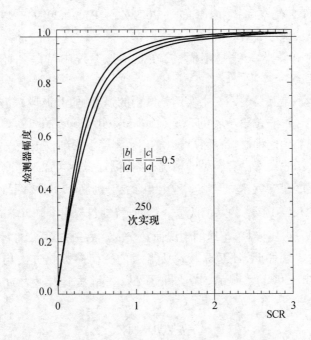

图 4.2　检测器:在标准差界限范围内,250 次仿真实现的均值,窗口尺寸为 5×5

由于有限平均的原因,较小值的区别与相干偏差有关。偏差由交叉项引入,因此当忽略交叉项时,偏差消失。对于高值的杂波,检测器变得接近于 0。检测器的两个极限值为:

$$\lim_{\varepsilon \to 0}\gamma_d = \lim_{\varepsilon \to 0}\frac{1}{\sqrt{1+\varepsilon}} = 1$$
$$\lim_{\varepsilon \to \infty}\gamma_d = \lim_{\varepsilon \to \infty}\frac{1}{\sqrt{1+\varepsilon}} = 0 \tag{4.40}$$

针对不相关分量,交叉项的出现仅仅是产生了一个较高的方差。

检测器是通过在式(4.37)上设置一个门限而获得的。其决策准则与前面的相似:

$$H_0 : \gamma_d \geqslant T$$
$$H_1 : \gamma_d < T \tag{4.41}$$

4.3.3　广义检测器

4.3.2 小节所提出的算法基于两个假设:①单基地传感器(相同的发射和接收天线);②互易介质。在这种情形下,散射矩阵的两个交叉项是相同的,也就是 $S_{12} = S_{21}$(噪声除外)。在这些假设下,问题可以简化和定位在一个三维复空间(而不是一个四维空间)之内(Cloude 2009;Lee,Pottier 2009)。以上假设会在下面两个主要情况下失效:

(1)发射和接收天线是不同的,在双基地系统中就是如此(Cherniakov 2008;Willis 2005)。

(2)介质不是互易的。一个实例是位于低频(例如 P 波段)的电离层,由于等离子的存在导致法拉第旋转的现象(Cloude 2009;Freeman 1992)。主要在卫星雷达上会观测到这种影响,并且可以在一定程度上得到校正。

在假设①和假设②没有满足的情况下,检测器依然可以通过一个近似于三维情况下的程序建立起来。现在,待检测的散射机制 $\underline{\omega}_{T4}$ 是复四维的。另外将完成使 $\underline{\omega}_{T4} = [1,0,0,0]^T$ 的基的改变。然而,扰动目标不会随着 Huynen 参数化方法产生,因为这是针对单基地的情况而定义的。另一方面,加性噪声的方法仍然完全适用。尽管如此,针对双基地所形成的任何参数化方法均可以被利用(Germond et al. 2000)。最后,扰动目标可以在新基下表示为 $\underline{\omega}_{P4} = [a,b,c,d]^T$,其中:

$$a,b,c,d \in \mathbb{C}$$
$$|a| \approx 1, |b| \approx 0, |c| \approx 0, |d| \approx 0$$
$$|a|^2 + |b|^2 + |c|^2 + |d|^2 = 1$$
$$a \gg b, a \gg c, a \gg d \tag{4.42}$$

在四维中,散射矢量是 $\underline{k}_4 = [k_1, k_2, k_3, k_4]^T$,协方差矩阵以 $[C_4] = \langle \underline{k}_4 \underline{k}_4^{*T} \rangle$ 进行计算。为了去除由交叉项引入的偏差,仅仅利用对角元素,即:

$$[P_4] = \begin{bmatrix} \langle |k_1|^2 \rangle & 0 & 0 & 0 \\ 0 & \langle |k_2|^2 \rangle & 0 & 0 \\ 0 & 0 & \langle |k_3|^2 \rangle & 0 \\ 0 & 0 & 0 & \langle |k_4|^2 \rangle \end{bmatrix} \tag{4.43}$$

该检测器通过下面的方式得以实现,即:

$$\gamma_{d4} = \frac{|\underline{\omega}_{T4}^{*T} [P_4] \underline{\omega}_{P4}|}{\sqrt{(\underline{\omega}_{T4}^{*T} [P_4] \underline{\omega}_{T4})(\underline{\omega}_{P4}^{*T} [P_4] \underline{\omega}_{P4})}} \tag{4.44}$$

$$\gamma_{d4} = \cfrac{1}{\sqrt{1 + \cfrac{|b|^2}{|a|^2}\cfrac{\langle|k_2|^2\rangle}{\langle|k_1|^2\rangle} + \cfrac{|c|^2}{|a|^2}\cfrac{\langle|k_3|^2\rangle}{\langle|k_1|^2\rangle} + \cfrac{|d|^2}{|a|^2}\cfrac{\langle|k_4|^2\rangle}{\langle|k_1|^2\rangle}}} \tag{4.45}$$

式(4.45)表示的是检测器最为普遍的形式,因为在满足假设①和假设②的情况下,它自动退化为以前的公式(式(4.37))。下面将会利用到三维的公式,然而所有的结果和考虑的内容,可以以一种相当直接的方式应用到一般的检测器中去。

4.4　检测器说明

本节的目标是为了给算法提供一个直观的解释,以描述检测之所以能够成功其背后几何上的和物理上的原因。

4.4.1　几何的解释

目标和扰动目标之间的内积中所用到的权重,是从观测量中提取出来的。这里,我们想提出下面的问题:为什么加权的内积会产生一个检测器?

从数学的观点来看,通过考虑杂波对相干分母的影响,问题可以找到一个简单答案。然而,我们想在目标空间中,找到一个基于矢量表示的正当理由。感兴趣的目标是基的第一个坐标轴(也就是$\underline{\omega}_T = [1,0,0]^T$),而扰动目标具有所有的分量(也就是$\underline{\omega}_P = [a,b,c]^T$)。当估计$\underline{\omega}_T$和$\underline{\omega}_P$之间的标准归一化内积时,仅有第一个分量引入了相关(它使相干值增加)。第二个分量和第三个分量不会相关,因为它们根本不在$\underline{\omega}_T$之中。具体来说,相关幅度与两个矢量之间夹角的余弦相等(由于它们被归一化了)(Strang 1988):

$$|\underline{\omega}_T^{*T}\underline{\omega}_P| = \cos\varphi = |a| \tag{4.46}$$

式中φ是两个矢量之间的夹角。

然而,检测器是基于$\underline{\omega}_T$和$\underline{\omega}_P$之间的一个加权的(weighted)和归一化的(normalised)内积。既然第一个分量是唯一一个带来相关的分量,内积的变化取决于相比于其他分量分配给第一个分量的权重。考虑以下两个极端情况:

(1)观测目标是真正感兴趣的目标。

利用$[A] = \mathrm{diag}(k_1,0,0)$实现加权。在这一特殊的场景下,矩阵$[A]$的秩为1,因此它表示一维空间中的一个变换(也就是一个复线),由待检测目标张成的空间。另外,矩阵$[A]$中任何矢量的积,将是这一矢量在这一复线上的投影(加上一个缩放比例)(Cloude 1995):

$$\underline{b}_P = [A]\underline{\omega}_P = k_1 a\underline{\omega}_T \tag{4.47}$$

利用 a 乘以 $\underline{\omega}_P$ 的第一个分量。换句话说,通过乘以 $[A]$ 去除 $\underline{\omega}_P$ 的第二个和第三个分量。

加权之后,相干将为 1(和检测到的目标),因为两个平行矢量的归一化内积是 1(也就是 $\cos 0 = 1$)。

(2)感兴趣的目标完全不存在。

在这种情况下,$[A] = \mathrm{diag}(0, k_2, k_3)$,矩阵的秩为 2,且列空间表示一个复平面,这一复平面垂直于感兴趣目标所在的方向。一个矢量与 $[A]$ 相乘将使矢量投影(和缩放)在这一复平面上:

$$b_P = [A]\,\underline{\omega}_P = k_2 b\,\underline{\omega}_{C2} + k_3 c\,\underline{\omega}_{C3} \tag{4.48}$$

所产生的矢量是两个杂波项的组合,因此,它与感兴趣的目标正交。内积的结果将为零(也就是 $\cos(\pi/2) = 0$)。

在介于二者之间的情况下,由于极化白噪声(例如热噪声)散布于所有的分量之中,因此矩阵 $[A]$ 总是满秩的(即 $\det[A] \neq 0$)。一般来说,加权对散射机制有两个主要的影响:一个旋转和一个尺度变换(Rose 2002;Strang 1988)。缩放效应因内积随后被归一化的情况可以被忽略。另一个方面,旋转对 $\underline{\omega}_P$ 有影响,因为 $\underline{\omega}_T$ 不能改变方向,而且它总是沿着第一个分量。

$$\forall [A],\, b_T = [A]\,\underline{\omega}_T = k_1\,\underline{\omega}_T \tag{4.49}$$

因为 $\underline{\omega}_T$ 仅含有第一个分量,$[A]$ 的其他对角元素对其并没有影响。

综上所述,如果旋转使产生的矢量 b_P 接近于 b_T,二者之间的夹角将会减小,而相干会增加。特别地,$\underline{\omega}_T$ 和 $\underline{\omega}_P$ 之间的夹角在加权之前通过下式进行计算:

$$\varphi = \arccos(|a|) \tag{4.50}$$

针对目标和扰动目标进行的加权处理,其运作方式为:

$$[A]\,\underline{\omega}_T = [k_1, 0, 0]^{\mathrm{T}} = k_1\,\underline{\omega}_T$$

$$[A]\,\underline{\omega}_P = [k_1 a, k_2 b, k_3 c]^{\mathrm{T}} = k_1 a\,\underline{\omega}_T + k_2 b\,\underline{\omega}_{C2} + k_3 c\,\underline{\omega}_{C3} \tag{4.51}$$

加权散射机制之间的归一化内积即为检测器,因此,矢量之间的夹角变为 $\widehat{\vartheta} = \arccos(\gamma_d)$。夹角在加权之后将会变小,如果

$$\widehat{\vartheta} = \arccos(\gamma_d) < \arccos(|a|) = \varphi$$

$$\gamma_d > |a| \tag{4.52}$$

从几何上来看,当观测目标的 k_1 分量强于其他分量时,就可以获得上式。换句话说,如果 $\underline{\omega}_P$ 沿着分量 k_1 较强的方向延伸,则相关增加。

事实上,夹角降低之后,就不能充分保证检测性能,因为检测器 γ_d 同样需要高于一个门限。

4.4.2 物理的解释

检测器可以理解为一个滤波器,如图 4.3 所示的一个简单原理图。垂直的棒代表了散射矢量各分量的能量。基改变之后,使得 $\underline{\omega}_T = [\,1,0,0\,]^{\mathrm{T}}$, k_1 表示待检测目标,k_2 和 k_3 为杂波。

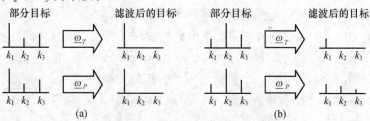

图 4.3 目标和扰动目标滤波器的可视化解释
(a) 检测实现;(b) 未能检测到。

最后的图像(正如检测器所解释的)是作为三个分量的非相干之和而得到的。恰如前面所解释的,图像的形成(也就是标量投影)与一个滤波器的表现是相似的。任何一例子(比如 $\underline{\omega}_T$)的第一行是理想的,且完全删除了正交的杂波分量。

第二行(也就是 $\underline{\omega}_P$)产生的结果是所寻求分量(略微降低)的线性组合,再加上少量的正交分量。在图 4.3(a)中,目标和扰动目标之间的匹配程度较高,因为在这两幅图像中的能量是相似的。而这在图 4.3(b)中是不正确的,因为 ω_P 图像在正交分量中比 $\underline{\omega}_T$ 具有更高的能量,因此 $\underline{\omega}_P$ 的能量使相干显著降低。

4.5 参数的选择

本学位论文所提出的检测器的选择性依赖于两个主要的参数:门限和 RedR。因此对它们必须进行慎重的选择。本节的目标正是想要寻找一个针对如何选取这两个参数的基本原理。

检测器 γ_d(如式(4.37)中表示的)是一个随机过程(Gray,Davisson 2004;Kay 1998;Oliver,Quegan 1998;Papoulis 1965)。这意味着在参数设置中具有复杂性,因为我们并不是在处理确定性的表达。这种检测器的随机性,是散射矢量 k_2 和 k_3 的杂波分量的结果,也就是零均值复高斯随机变量(Franceschetti,Lanari 1999;Oliver,Quegan 1998)。根据统计上的变化(或方差),相同检测器的几种实现一般是不同的。为了考虑检测器的变化,对于检测器的一个统计性描述是必需的,特别是,必须推导概率密度函数(Probability Density Function,PDF)(Papoulis 1965）。下一章将会应对概率密度函数的解析计算,而在这里先对一个不依赖于统计实现的,更为简单的表达式进行研究。利用这一表达式,我们可以对检测器参数所扮演的角色,有一个更加简单、更为直接的领悟。

4.5.1　降低率(RedR)和门限

因为目标 k_1 在点目标的情况下是确定性的, γ_d 统计上的变化可以由两个杂波项(k_2 和 k_3)引入。正如在第 2 章中已经解释过的,各分量(复高斯的)幅度的平方,是服从指数分布的随机变量(Oliver,Quegan 1998)。此外,具有相同均值的指数分布在取平均之后,会降低所得到的随机变量的方差。特别是,指数分布的随机变量相加所得到的和,是一个伽玛(Gamma,Γ)分布(Gray,Davisson 2004;Papoulis 1965)的随机变量。在独立同分布(iid)的样本情况下,生成 Γ 的方差,是除以平均样本数而得到的。因此,如果可以得到无数个同类且独立的样本,方差将会为零。这表明,为了获得一个确定性的检测器,我们可以利用期望值运算 $E[\cdot]$ 来代替有限平均操作运算 $\langle\cdot\rangle$(Papoulis 1965)。下面,我们将所得的数学表达式视为确定性的检测器。考虑到检测器在高相干值下有效,后面的假设(也就是 $\langle\cdot\rangle\rightarrow E[\cdot]$),即使针对一个 5×5 大小的的窗口(如下面即将显示的)也相对容易实现(Touzi,et al. 1999)。确定性检测器的表达式为:

$$\gamma_{\mathrm{det}} = \frac{1}{\sqrt{1 + \dfrac{|b|^2}{|a|^2}\dfrac{1}{\mathrm{SCR}_{d2}} + \dfrac{|c|^2}{|a|^2}\dfrac{1}{\mathrm{SCR}_{d3}}}} \tag{4.53}$$

$$\mathrm{SCR}_{d2} = E[|k_1|^2] / E[|k_2|^2], \mathrm{SCR}_{d3} = E[|k_1|^2] / E[|k_3|^2] \tag{4.54}$$

在扰动目标 ω_P(也就是 a,b 和 c 固定之后,式(4.53)是一个仅与渐近信杂比(SCR$_d$)相关的表达式。

图 4.4 绘制出了确定性检测器的曲线,其中 RedR 的值是变化的。请注意图 4.2 中的均值曲线,几乎与图 4.4 中的曲线(针对 $|b|/|a|$ = 0.5 这一情况)完美重叠。这也证实了利用能量项组成的检测器是无偏的。

但是,精确来看,两条曲线不会完全重叠,因为在图 4.2 中,平均曲线是以 $\langle\gamma_d(\mathrm{SCR})\rangle$ 的方式计算得到的。假定样本数足够大,我们可以说 $\langle\gamma_d\rangle\approx E[\gamma_d]$。另一方面,在图 4.4 中,是以 $\langle\gamma_d(\mathrm{SCR}_d)\rangle\approx\gamma_d(E[\mathrm{SCR}])$ 进行计算的。一般情况下,

$$f(E[x]) \neq E[f(x)] \tag{4.55}$$

式中:x 是一个一般的随机变量(Papoulis 1965;Krantz 1999)。

然而,在本学位论文所讨论的特殊情况下,该函数是单调凹的,并且可以应用 Jensen 不等式得到:

$$f(E[x]) \geq E[f(x)] \tag{4.56}$$

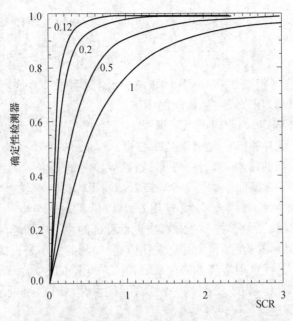

图4.4 确定性检测器(针对各种不同的$|b|/|a|$的值)

当函数f是线性的,或者x的分布退化(例如脉冲分布)时,二者相等的情况成立。函数的线性性与其曲率有关。同时,我们可以基于随机变量x的分布,对它的局部线性特性加以限制(方差越小,局部间隔越小)。

在图4.4中已经予以明示:当饱和以后,曲率几乎为零,而且函数可以很容易地近似为线性函数。但针对图的中间那一部分,这一点是不成立的,那里的曲率更加一致。除此之外,针对退化分布的第二个假设(比如零方差)可以适用。经过平均化处理之后,所得的Γ分布具有一个相对小的方差,这就使曲线看上去更加线性化。为了检验这一性质,我们利用RedR = 0.25和两个大小为5×5和9×9的窗口,对两个检测器进行了仿真。在SCR = 2的情况下,平均检测器和确定性检测器的区别为:针对尺寸为5×5的窗口相差0.001,尺寸为9×9的窗口相差0.0005。这说明确定性检测器是分析参数的一个有效工具。

在一个最初的尝试中,门限可以依据基于待检测的SCR的确定性检测器进行选择。这并非最优解(这一点将在第5章中进行解释),其唯一的目的是提供一个有关门限选择的普遍思路。图4.4同样也允许一些针对RedR的考虑。当信杂比降低时(杂波项更低),检测率增加。关于该比值的选择,较小的值可以降低方差(因为我们是在较高的修正相干值下进行操作运算的),但是目标之间的辨别域将会减少(曲线会较早地变得平坦化)。

关于用于检测的SCR的选择,可以利用附录2中所得的散布方程来进行。改变基之后,如果$\underline{k} = \left[\left(\sigma + \Delta \sigma^I \right) \mathrm{e}^{\mathrm{j}\left(\varphi_1^I + \Delta \varphi_1^I \right)}, \Delta \sigma_2^I \mathrm{e}^{\mathrm{j}\varphi_2^I}, \Delta \sigma_3^I \mathrm{e}^{\mathrm{j}\varphi_3^I} \right]^{\mathrm{T}}$是一个归一化散

射矢量(归一化使极化信息更加明显),散布方程可以被写为:

$$\frac{\langle (\Delta \sigma_2^I)^2 \rangle + \langle (\Delta \sigma_3^I)^2 \rangle}{\langle (\sigma + \Delta \sigma^I)^2 \rangle} = \frac{1}{\text{SCR}} \leqslant \frac{1}{\text{RedR}} \left(\frac{1}{T^2} - 1 \right) \tag{4.57}$$

表达式结合了门限 T 和 RedR 的影响,用图说明了被算法所检测的目标集合。式(4.57)可以用来设置感兴趣的 SCR。

一旦 RedR 固定,门限也可以被设置。针对非常占据主导地位的目标,检测更为容易,因此虚警的极小化结果是中心点。因此,一个较高的 SCR 可以被选择(这会导致较高的门限)。另一方面,如果待检测的是嵌入的(例如树叶穿透的 FOLPEN)(Fleischman,et al. 1996)或者微弱目标(具有低的全部后向散射),必须选择较低的 SCR,因此必须应用一个较低的门限(Kay 1998;Li, Zelnio 1996)。门限选择的影响,将会在对算法进行验证的章节中清晰可见。

有关微弱目标的检测,算法的有关性质是:检测能力不是直接取决于被目标所散射的全部能量(散射矩阵的跨度或者协方差矩阵的迹),而是仅仅依赖于散射分量的倒数加权。为了证明这一性质,我们利用一个实正标量 C 乘以矩阵 $[P]$,产生的检测器不会改变:

$$\gamma_d = \frac{|\underline{\omega}_T^{*\text{T}} C[P] \underline{\omega}_P|}{\sqrt{(\underline{\omega}_T^{*\text{T}} C[P] \underline{\omega}_T)(\underline{\omega}_P^{*\text{T}} C[P] \underline{\omega}_P)}} = \frac{C}{C} \frac{|\underline{\omega}_T^{*\text{T}}[P] \underline{\omega}_P|}{\sqrt{(\underline{\omega}_T^{*\text{T}}[P] \underline{\omega}_T)(\underline{\omega}_P^{*\text{T}}[P] \underline{\omega}_P)}}$$

$$\tag{4.58}$$

针对微弱目标的门限降低是噪声影响的结果,其扰乱了极化特性。为了证明这一性质,我们对一个没有杂波,仅有复高斯零均值的加性非相关白噪声场景进行了仿真(Kay 1998):

$$k' = k_1 + n$$
$$k'_1 = k_1 + n_1, k'_2 = n_2, k'_3 = n_3 \tag{4.59}$$

信噪比(SNR$_\gamma$)可以被计算为:

$$\text{SNR}_\gamma = \frac{\langle |k_1 + n_1|^2 \rangle}{\langle |n_2|^2 \rangle + \langle |n_3|^2 \rangle} \tag{4.60}$$

式中散射矢量的第一个分量,被检测器解释为感兴趣的目标,即使它含有一个噪声分量。因此,为了检测一个嵌入在 SNR$_\gamma$ 约为 1dB 的白噪声中的目标,一个 0.98 的门限是必需的;而当 SNR$_\gamma$ 为 -10dB 时,门限需要 0.88。检测微弱目标的积极表现,是所有分量上的极化白噪声的分布所带来的。因此,部分噪声能量(统计上是三分之一的)有助于获取感兴趣的目标,使系统更加稳健。为了核实这一性质,我们可以将 SNR$_\gamma$ 与信噪比 SNR 的经典定义相比较。

$$\text{SNR} = \frac{\langle |k_1|^2 \rangle}{\langle |n_1|^2 \rangle + \langle |n_2|^2 \rangle + \langle |n_3|^2 \rangle} \leqslant \frac{\langle |k_1 + n_1|^2 \rangle}{\langle |n_2|^2 \rangle + \langle |n_3|^2 \rangle} = \text{SNR}_\gamma$$

$$\tag{4.61}$$

显而易见,SNR_γ[①] 要更高一些。我们将在第 5 章中回归到白杂波的概念上。

4.5.2　扰动目标选择:RedR

以上推导利用了一个默认的假设:也就是 $|b| = |c|$。本小节的目的在于评估 $|b| \neq |c|$ 时的影响。$\underline{\omega}_P$ 的分量是不独立的,因为 $|a|^2 + |b|^2 + |c|^2 = 1$($\underline{\omega}_P$ 是一个归一化的矢量)。为了表明 b 和 c 所扮演的角色,下面将通过一个例子进行说明。如果在整个平均窗上的确定性散射矢量是 $\underline{k} = \kappa [a', b_0, 0]$,各分量的能量可以被计算为:

$$\langle |k_1|^2 \rangle = \langle |\kappa a'|^2 \rangle = |\kappa a'|^2 = |\kappa|^2 |a'|^2$$
$$\langle |k_2|^2 \rangle = \langle |\kappa b_0|^2 \rangle = |\kappa b_0|^2 = |\kappa|^2 |b_0|^2$$
$$\langle |k_3|^2 \rangle = 0 \tag{4.62}$$

式中 $|b_0| = \sqrt{1 - |a'|^2}$。

如果目标和扰动目标的散射机制选择为:

$$\underline{\omega}_P = [a, 0, c_0], \underline{\omega}_T = [1, 0, 0] \tag{4.63}$$

式中 $|c_0| = \sqrt{1 - |a|^2}$,检测器将变为:

$$\gamma_d(\underline{\omega}_T, \underline{\omega}_P) = \frac{1}{\sqrt{1 + \dfrac{0}{|a|^2}\dfrac{|b_0|^2}{|a'|} + \dfrac{|c_0|^2}{|a|^2}\dfrac{0}{|a'|}}} = 1 \tag{4.64}$$

综上所述,杂波分量 $\underline{k}$ 和 $\underline{\omega}_P$ 之间的正交性(或者通常所说的几何关系)可以使检测器产生偏差。特别地,$\underline{k}$ 和 $\underline{\omega}_P$ 在杂波复空间上的投影(与 $\underline{\omega}_T$ 正交的平面)可以表示为:

$$[P_c]\underline{k} = [\underline{0}, \underline{\omega}_{C2}, \underline{\omega}_{C3}]\underline{k} = \begin{bmatrix} 0 & 0 & 0 \\ 0 & 1 & 0 \\ 0 & 0 & 1 \end{bmatrix}\underline{k} = \underline{k}^c = k_2\underline{\omega}_{C2} + k_3\underline{\omega}_{C3} \tag{4.65}$$

$$[P_c]\underline{\omega}_P = [\underline{0}, \underline{\omega}_{C2}, \underline{\omega}_{C3}]\underline{\omega}_P = \begin{bmatrix} 0 & 0 & 0 \\ 0 & 1 & 0 \\ 0 & 0 & 1 \end{bmatrix}\underline{\omega}_P = \underline{\omega}_P^c = b\underline{\omega}_{C2} + c\underline{\omega}_{C3}$$

$$\tag{4.66}$$

式中,$[P_c]$ 表示在杂波复平面上的投影矩阵(Rose 2002; Strang 1988)。$\underline{k}^c$ 和 $\underline{\omega}_P^c$ 之间的几何关系影响了最后的相干,因为分母的第二个部分,可以看作是限制在正象限内的两个矢量的内积(因为所有的值均显示为幅值的平方):

---

① 译者注:原文误为"SNR",已修正。

$$\gamma_d = \cfrac{1}{\sqrt{1 + \cfrac{(C^K)^{*T} C^\omega}{|a|^2 \langle |k_2|^2 \rangle}}} = 1 \qquad (4.67)$$

式中 $C^K = \langle |k_2|^2 \rangle \underline{\omega}_{C2} + \langle |k_3|^2 \rangle \underline{\omega}_{C3}$，$C^\omega = |b|^2 \underline{\omega}_{C2} + |c|^2 \underline{\omega}_{C3}$。

结果，当它们正交时，独立于目标的值，其内积为零且相干为 1。

研究 b 和 c 之间的一个关系，这一关系可以使检测器没有偏差。可以证明：使其成立的选择是 $|b| = |c|$。因为 $\underline{C}^K$ 和 $\underline{C}^\omega$ 是正矢量，唯一正交的方法是它们代表了杂波平面的两个正轴。同时，当 $\underline{\omega}_P^c$ 的两个分量相等时，唯一的选择就是在两个分量之间赋予一个公平的加权。请注意，当我们对待检测目标有一个先验假设时，我们可能感兴趣的是降低一个分量，使其超过另一个分量。例如，当一个杂波成分更可能伴随我们的目标时（同时第二个分量始终是低的），我们可以决定的是 $|b| \neq |c|$。然而在这篇学位论文里，我们将考虑没有先验假设的，更为一般的情况。

采用 $|b| = |c|$，检测器是无偏的。为了证明这一结论，我们考虑一个一般的确定性目标 $\underline{k} = \kappa[a', b', c']$（在整个平均窗内具有相同的值）。代数相乘之后，我们有：

$$\gamma_d = \cfrac{1}{\sqrt{1 + \cfrac{|b|^2}{|a|^2 |a'|^2}(|b'|^2 + |c'|^2)}} \qquad (4.68)$$

式（4.68）表明杂波成分的全部（归一化的）能量保存在 $|b'|^2 + |c'|^2$ 中，b' 和 c' 哪一个较强并不重要，并且去除了偏差。

考虑到这一操作运算的物理可行性：通过围绕着代表感兴趣目标的所在轴的一个扰动目标的旋转，它始终可以与 $|b| = |c|$ 相匹配（也就是一个杂波复空间平面内旋转）。因为我们感兴趣的是幅度，所以变换不需要一个相位的改变。b 和 c 的相位可以是任意的（Cloude 1995a，2009）。

数学上，如果 $\underline{\omega}_P$ 是通过对 $\underline{\omega}_T$ 的扰动而获得的散射机制，那么旋转可以利用酉矩阵得以实现（Hamilton 1989）

$$\begin{bmatrix} 1 & 0 & 0 \\ 0 & \cos(\varphi) & -\sin(\varphi) \\ 0 & \sin(\varphi) & \cos(\varphi) \end{bmatrix} \begin{bmatrix} a' \\ b' \\ c' \end{bmatrix} = \begin{bmatrix} a \\ b \\ c \end{bmatrix} = \underline{\omega}_P \qquad (4.69)$$

式中 a 分量旋转后没有改变（因此 $a' = a$）。

4.6　算法的实现

在 4.5 节中，已经实现了检测器的数学公式化表示，得到了一个最终的数学表达式。然而,4.5 节却没有顾及它的实际实现,而这将是本节的主题。正如下面将清晰说明的那样,最终的算法是快速的(低时耗的),因为基于一个相对较少次数的乘法就可以完成它的实现(因此,它可以在实时场景下实现)。

4.6.1 Gram – Schmidt 正交归一化

式(4.37)中检测器的最终表达式,依赖于用来表示矢量$\underline{\omega}_T$ 和$\underline{\omega}_P$ 的基。特别地,基的改变可以使$\underline{\omega}_T = [1,0,0]^T$ 得以利用。在这个基上,待检测目标仅出现在k_1 分量(也就是k_2, k_3 是杂波)。随后,检测器的最终表达式可以简化为:

$$\gamma_d = \frac{1}{\sqrt{1 + \frac{|b|^2}{|a|^2} \frac{P_{C2}}{P_T} + \frac{|c|^2}{|a|^2} \frac{P_{C3}}{P_T}}} \tag{4.70}$$

基的变化的一个直接的实现,可以通过用于求解三个复方程的一个方程组导出。该操作运算可以被看作是两个刚性旋转和一个相位改变。由于系统的对称性,相位的改变仅需 1 次,因为在两个旋转之后,仅有一个分量可以不同于 0。

为了使处理过程更为简单,我们正寻找一种备选的方式,来寻找检测器的元素,也就是P_T, P_{C2} 和P_{C3}。一种方法考虑了一个 Gram – Schmidt 正交归一化(Strang 1988;Hamilton 1989;Rose 2002)过程,这一过程将$\underline{\omega}_T$ 设置为目标空间中新基下的一个坐标轴。这个新基将由三个单位矢量$u_1 = \underline{\omega}_T, u_2 = \underline{\omega}_{C2}$ 和$u_3 = \underline{\omega}_{C3}$ 组成,其中$\underline{\omega}_T$ 再一次与$\underline{\omega}_{C2}$ 和$\underline{\omega}_{C3}$ 正交,并且它们位于杂波复平面上。其后,P_T,P_{C2} 和P_{C3} 可以利用观测量$\underline{k}$ 和三个基矢量上的幅度平方的平均化来进行计算:

$$P_T = \langle |\underline{k}^T u_1|^2 \rangle, P_{C2} = \langle |\underline{k}^T u_2|^2 \rangle, P_{C3} = \langle |\underline{k}^T u_3|^2 \rangle \tag{4.71}$$

利用这一过程,可以完成使检测器成为一个纯数学运算的过程。

纵观式(4.71),单目标检测的可行性和唯一性是显而易见的。能量项是利用散射矢量在散射机制上的投影所得到的。当散射矢量的所有五个参数都得到利用时,单目标可以被完全地表征(Cloude 1992,1995)。此外,平均操作运算可以使我们考虑到杂波的局部性质。附录 2 中给出了关于检测器唯一性的详细论证。

4.6.2 流程图

图 4.5 以一种对实现检测器直接的尝试,给出了逻辑流程图。第一步是从待检测目标开始,对扰动目标进行定义。随后,目标,扰动目标和散射矢量(也就是观测量)利用使$\underline{\omega}_T = [1,0,0]^T$ 的基进行表示。扰动分析可以利用几种方法来实现。之后,加权矩阵$[A]$ 或者等价的度量矩阵$[P]$,始于新基下的散射矢量而形成。然后,对目标和扰动目标之间的加权内积进行估计和归一化处理。结

果是检测器 γ_d。检测器 γ_d 上的门限将结束该算法。如果检测器低于该门限，最终的面罩将为 0；如果高于该门限，则为相干 γ_d 的值。这样的面罩倾向于一个标准的"1－0"面罩，因为目标的支配地位在一定程度上可以被检测。

在 4.6.2 节中，为解决找到可以使基完成 $\omega_T = [1,0,0]^T$ 的问题，提出了一个 Gram － Schmidt 正交归一化方法，这一方法简化了最终检测器的实现（Rose 2002；Strang 1988）。图 4.6 举例说明了应用正交归一化的算法流程图。主要的差异是在第一步。从任一基下的待检测目标 $\underline{\omega}_T$ 的表达式开始，应用 Gram － Schmidt 过程导出两个正交的杂波分量 ω_{C2} 和 ω_{C3}。通过将矢量 $\underline{k}$ 在产生正交归一化的三个矢量上投影，就可以估计出三个能量项。

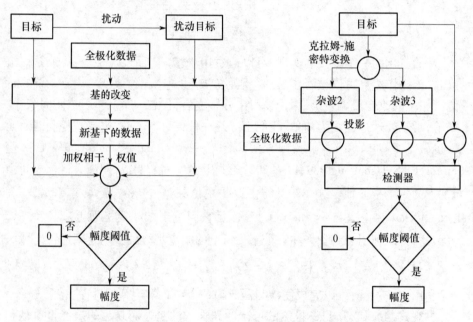

图 4.5　用以完成检测器算法在
逻辑上实现的流程图

图 4.6　用以完成检测器算法在
实际上实现的流程图

4.7　目标检测

理论公式断言：只要知道其表现形式，检测器便可以专注于任一单目标的研究。可以利用几种参数化方法对目标进行刻画：极化叉，Huynen 相干分解或者 α 模型（Cloude 2009；Huynen 1970；Kennaugh，Sloan 1952；Lee，Pottier 2009）。然而，为了检验真实数据情况下的算法，检测器必须是专门的，并且针对特定的目标。一旦在基于参数化方法的基底下，找到待检测目标的散射机制，它一定可以在检测器的基底下被转化。正如前面所阐释的,一个更简单的方法是 Gram - Schmidt 正交归一化。

4.7.1　标准的单目标

我们通过"标准的目标",借指那些在文献中所广泛涉及的目标类型。通常,它们对极化的描述是相对简单的提取,除此之外,它们在一个 SAR 图像上相当普遍。鉴于这一原因,它们将在第 5 章中得到相当广泛的验证。在本节中,这些极化目标将通过利用它们的极化叉予以展现。大量与标准目标相关的真实物理目标的例子,将在验证时给出(参见第 6 章和第 7 章)。

多次反射(奇次散射和偶次散射)和取向偶极子(水平和垂直),将作为第一个尝试进行分析。图 4.7 给出了表现所考虑目标极化特征的 Poincaré 球体。小叉象征交叉极化零空间,圆圈表示共极化零空间或者交叉极化的极大值。

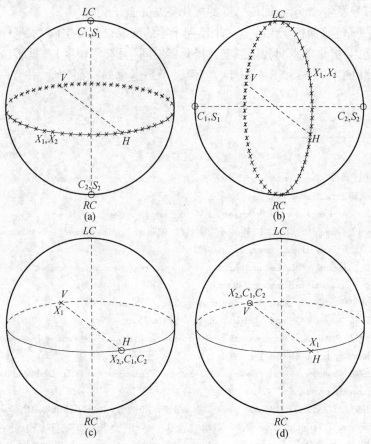

图 4.7　单目标的 Pointcaré 表示

(a) 奇次散射;(b) 偶次散射;(c) 垂直偶极子;(d) 水平偶极子。

如同第 2 章所解释的,反射目标是特殊的目标,这也同样反映在它们的极化叉上(Cloude 1987;Huynen 1970;Kennaugh,Sloan 1952)。

特别地,针对奇次散射的交叉极化零空间是所有的线性极化(如图 4.7 (a))。这意味着有无限多的交叉极化零空间,而一般的目标仅有其中的两个。任何线性极化入射到一个奇次散射(它可以是表面或者一个球体)将会发生不含有去极化作用的反射。共极化零空间或者交叉极化的极大值是圆极化。共极化零空间或者交叉极化的极大值之间的等价性正是一种反射所独有的性质。

在图 4.7(b)中,针对偶次散射的交叉极化零空间,是从线性极化到圆极化的,垂直或者水平取向的极化(在 Poincaré 球体上,它们表示一个通过线性的 H,线性的 V,和圆极化的圆)。因此,如果一个水平极化(和椭圆率无关)从一个水平的拐角入射,它将不受交叉散射的影响而反射。共极化零空间或者交叉极化的极大值是指向 45°的线性极化。当发射一个 45°的线性极化时,由于场的水平分量的符号发生改变,返回传感器的极化将是完全正交的。

水平(垂直)偶极子仅含有一个不同于零的交叉极化零空间,水平(垂直)的线性极化,共极化零空间和第二交叉极化零空间(具有零幅度)是垂直(水平)的线性极化(图 4.7(c)和图 4.7(d))。偶极子是退化的特征矢量,并且一个特征值为零。

参考文献

Bebbington DH. 1992. Target vectors: spinorial concepts. In: Proceedings 2nd international workshop on radar polarimetry, IRESTE, Nantes, France, pp26 – 36.

Boerner WM. 2004. Basics of Radar Polarimetry. RTO SET Lecture Series.

Boerner WM, El – Arini MB, Chan CY, Mastoris PM. 1981. Polarization dependence in electromagnetic inverse problems. IEEE Trans Antenna Propag 29:262 – 271.

Cameron WL, Leung LK. 1990. Feature motivated polarization scattering matrix decomposition. Record of the IEEE international radar conference pp549 – 557.

Cherniakov M. 2008. Bistatic radar: emerging technology. Wiley, Chichester.

Cloude SR. 1986. Group theory and polarization algebra. OPTIK 75:26 – 36.

Cloude SR. 1987. Polarimetry: the characterisation of polarisation effects in EM scatterinig. Electronics engineering department York, University of York, York.

Cloude RS. 1992. Uniqueness of target decomposition theorems in radar polarimetry. In: Direct and inverse methods in radar polarimetry, pp267 – 296.

Cloude SR. 1995a. Lie groups in EM wave propagation and scattering. In: Baum C, Kritikos HN (eds) Electromagnetic symmetry. Taylor and Francis, Washington, pp91 – 142. ISBN 1 – 56032 – 321 – 3.

Cloude SR. 1995b. Symmetry, zero correlations and target decomposition theorems. In: Proceedings of 3rd international workshop on radar polarimetry (JIPR '95). IRESTE pp58 – 68.

Cloude SR. 2009. Polarisation: applications in remote sensing. Oxford University Press, Oxford. 978 – 0 – 19 – 956973 – 1.

Cloude SR, Pottier E. 1996. A review of target decomposition theorems in radar polarimetry. IEEE Trans Geosci Remote Sens 34:498 – 518.

Cloude SR, Pottier E. 1997. An entropy based classification scheme for land applications of polarimetric SAR. IEEE Trans Geosci Remote Sens 35:68 – 78.

Fleischman JG, Ayasli S, Adams EM. 1996. Foliage attenuation and backscatter analysis of SAR imagery. IEEE Trans Aerosp Electron Syst 32:135 – 144.

Franceschetti G, Lanari R. 1999. Synthetic aperture radar processing. CRC Press, Boca Raton.

Freeman A. 1992. SAR calibration: an overview. IEEE Trans Geosci Remote Sens 30:1107 – 1122.

Germond A – L, Pottier E, Saillard J. 2000. Ultra – wideband radar technology: bistitic radar polarimetry theory. CRC.

Gray RM, Davisson LD. 2004. An introduction on statistical signal processing. Cambridge University Press, Cambridge.

Hamilton AG. 1989. Linear algebra: an introduction with concurrent examples. Cambridge University Press, Cambridge.

Hippenstiel RD. 2002. Detection theory: applications and signal processing. CRC Press, Boca Raton.

Huynen JR. 1970. Phenomenological theory of radar targets. Delft, Technical University, Delft.

Kay SM. 1998. Fundamentals of statistical signal processing. vol 2, Detection theory. Prentice Hall, Upper Saddle River.

Kennaugh EM, Sloan RW. 1952. Effects of type of polarization on echo characteristics. Ohio state University, Research Foundation Columbus, Quarterly progress reports (In lab).

Krantz SG. 1999. Jensen's inequality handbook of complex variables. Birkhäuser, Boston.

Krogager E, Czyz ZH. 1995. Properties of the sphere, di – plane and helix decomposition. In: Proceedings of 3rd international workshop on radar polarimetry, IRESTE. University of Nantes, France, pp106 – 114.

Lee JS. 1986. Speckle suppression and analysis for synthetic aperture radar images. SPIE Opt Eng 25:636 – 643.

Lee JS, Pottier E. 2009. Polarimetric radar imaging: from basics to applications. CRC press/Taylor Francis Group, Boca Raton.

Li J, Zelnio EG. 1996. Target detection with synthetic aperture radar. IEEE Trans Aerosp Electron Syst 32:613 – 627.

López – Martínez C, Fàbregas X. 2003. Polarimetric SAR speckle noise model. IEEE Trans Geosci Remote Sens 41:2232 – 2242.

Marino A, Woodhouse IH. 2009. Selectable target detector using the polarization fork. In: IEEE Int Geos and RS Symp IGARSS 2009.

Marino A, Cloude S, Woodhouse IH. 2009. Polarimetric target detector by the use of the polarisation fork. In: Proceedings of 4th ESA international workshop, POLInSAR 2009.

Marino A, Cloude SR, Woodhouse IH. 2010. A polarimetric target detector using the huynen fork. IEEE Trans Geosci Remote Sens 48:2357 – 2366.

Mott H. 2007. Remote Sensing with Polarimetric Radar. Wiley, Hoboken, New Jersey .

Oliver C, Quegan S. 1998. Understanding synthetic aperture radar images. Sci Tech Publishing, Inc. , Raleigh.

Papoulis A. 1965. Probability random variables and stochastic processes. McGraw Hill, New York.

Rose HE. 2002. Linear algebra: a pure mathematical approach. Birkhauser, Berlin.

Strang G. 1988. Linear algebra and its applications. 3rd edn. Thomson Learning, Farmington Hills.

Touzi R, Lopes A, Bruniquel J, Vachon PW. 1999. Coherence estimation for SAR imagery. IEEE Trans Geosci Remote Sens 37:135 – 149.

Willis NJ. 2005. Bistatic radar. SciTech, Releigh.

第5章 极化检测器的统计方法

5.1 引　言

在前面的章节中,我们利用了物理和几何的方法来研究极化检测器。为了设置检测器的初始参数,将有限平均用无限平均来代替,可以推导出一个确定性的公式。然而遗憾的是,上面的处理程序不能提供有关检测器统计性能的信息,因为变化性被完全去除。本章的目标就是以随机过程的形式,对检测器进行深入的研究,并对它的统计性能进行剖析(Kay 1998)。一个随机变量的完全统计表征,可以通过解析地计算其概率密度函数(PDF)来实现。一旦检测器可以描述为一个随机过程,那么它就可以很容易地与其他检测器在理论性的验证上进行对比(Kay 1998;Li,Zelnio 1996;Chaney,et al. 1990)。

5.2　解析的检测器概率密度函数

任何一个统计过程,只要生成它的随机变量可以获得时,都能够被完全地进行表征。换句话说,对于提取概率密度函数来说,需要一个基于目标和杂波的先验假设(Papoulis 1965;Gray,Davisson 2004)。请注意,本学位论文所提出的算法,不需要利用统计的先验信息来进行检测,因为该过程遵循一个物理原理。另一方面,提取将要用来优化参数设置的概率密度函数是必要的。在下面的公式化表达中,术语"色"(coloured)定义了一个可以显示一些极化依存关系的杂波,而术语"白"(white)则意味着一个独立于极化特性之外的杂波,因此是完全去极化的(也就是说任何极化方式均具有相同的散射能量)。

5.2.1　色杂波假设

如果$\underline{k}=[k_1,k_2,k_3]^T$是改变基后的散射矢量,改变后的基使得$\underline{\omega}_T=[1,0,0]^T$,$k_1$分量表示待检测目标,$k_2$和$k_3$是杂波分量。在这一假设下,待检测目标是确定的(例如一个点目标),且两个杂波分量是随机变量,具体来说是高斯零均值的(Franceschetti,Lanari 1999;López–Martínez,Fàbregas 2003;Oliver,Quegan 1998):

$$\mathrm{Re}(k_2),\mathrm{Im}(k_2),\mathrm{Re}(k_3),\mathrm{Im}(k_3)~\sim N(0,\sigma_g) \tag{5.1}$$

由于产生者(也就是杂波分量)的统计变化性,检测器γ_d变成一个定义在

0～1之间的随机变量(Touzi,et al. 1999)。

这是在上一章中所假定的前提假设,因为它提供了一幅可以展示检测器的最好图画,其中杂波的全部能量将在降低检测器的值上发挥作用。正如下面所解释的,这也是最坏的设想情况。

可以利用针对最终检测器中产生者分布的一个变换,推导出检测器的概率密度函数(如式(4.37)所示)(Papoulis 1965)。特别地,检测器是一个关于四个高斯随机变量的函数,也就是 $\gamma_d(\mathrm{Re}(k_2),\mathrm{Im}(k_2),\mathrm{Re}(k_3),\mathrm{Im}(k_3))$,因此变换是 4～1 的。显然地,出现在检测器里的随机变量,专门以能量平均的方式出现。如果假设杂波是均匀的,且独立地实现(iid:独立同分布的),那么,功率项是两个重新标度的 Γ 分布,即:

$$\langle\,|\,k_2\,|^2\,\rangle\,=\,P_{C2}\,\sim\,\Gamma\left(\frac{\sigma}{N},N\right)$$

$$\langle\,|\,k_3\,|^2\,\rangle\,=\,P_{C3}\,\sim\,\Gamma\left(\frac{\sigma}{N},N\right) \tag{5.2}$$

式中:σ 为单个指数型随机变量的均值(单个像素强度);N 为考虑了平均窗的样本个数。与此同时,P_{C2} 和 P_{C3} 是相互独立的(Papoulis 1965;Oliver,Quegan 1998)。

现在变换可以简化为一个 2～1 的形式,即:

$$\gamma\,=\,\frac{1}{\sqrt{1\,+\,\mathrm{RedR}_1\,\dfrac{P_{C2}}{P_T}\,+\,\mathrm{RedR}_1\,\dfrac{P_{C2}}{P_T}}}\,=\,g(P_{C2},P_{C3}) \tag{5.3}$$

式中:RedR 表示降低率。为了推导出概率密度函数 $f_\Gamma(\gamma)$,必须计算出 γ 的累计分布函数(Cumulative Distribution Function,CDF),随后将对其求导。考虑到杂波项解析化表达式的复杂性,我们将不选用这一种方法,因为这个推导将很可能通向一个无法解决的解析表达式。

问题可以进一步地简化。如果变换可以转化成为 1～1 的,那么可以利用随机变量变换的基本定理,从而大大降低计算的复杂度(Gray,Davisson 2004)。在上一章中已经指出,针对两个 RedR 的最优选择是 $\mathrm{RedR}_1=\mathrm{RedR}_2$。将此代入,变换可以变为:

$$\gamma\,=\,\frac{1}{\sqrt{1\,+\,\dfrac{\mathrm{RedR}}{P_T}(P_{C2}\,+\,P_{C3})}}\,=\,g(P_{C2},P_{C3}) \tag{5.4}$$

两个杂波能量可以合并为:

$$P_C\,=\,P_{C2}\,+\,P_{C3} \tag{5.5}$$

产生一个简化的 1～1 变换:

$$\gamma\,=\,\frac{1}{\sqrt{1\,+\,\mathrm{RedR}\,\dfrac{P_C}{P_T}}}\,=\,g(P_C) \tag{5.6}$$

随机变量变换的基本定理表明,对于给定的 $\gamma = g(P_C)$,变换后的变量其概率密度函数可以计算为(Papoulis 1965):

$$f_\Gamma(\gamma) = \begin{cases} 0 & ,\text{方程 } \gamma = g(P_C) \text{ 无解} \\ \sum_i \dfrac{f_{P_C}(p_c^i)}{|g'(p_c^i)|}, & (p_c^i) \text{ 是 } \gamma = g(P_C) \text{ 的解} \end{cases} \qquad (5.7)$$

式中 g' 代表了 g 的导数,也就是:

$$g'(P_C) = \frac{\mathrm{d}g}{\mathrm{d}P_C}① \qquad (5.8)$$

这一处理过程的缺点是,它使计算 P_C 的概率密度函数成为必要,其本身是一个 $2\sim1$ 的变换。幸运的是,新随机变量 P_C 可以颇为直接地描述。单个重新标度的 Γ 分布表示了 N 个独立的指数型变量(强度)的平均,即:

$$P = \frac{1}{N}\sum_{i=1}^{N} I_i = \frac{1}{N}\sum_{i=1}^{N} |k_i^x|^2 \qquad (5.9)$$

式中:I 代表像素强度;k^x 为散射矢量中两个杂波分量中的任一个(也就是 $x=2$, 3)。P 的概率密度函数为:

$$f_P(P) = \frac{1}{\Gamma(N)}\left(\frac{N}{\sigma}\right)^N p^{n-1} \mathrm{e}^{-\frac{Np}{\sigma}} \qquad (5.10)$$

式中:$\Gamma(N) = (n-1)!$ 为 Γ 函数,$!$ 为阶乘。

我们假设两个变量 P_{C2} 和 P_{C3} 独立同分布(iid)的。它们的和可以写为:

$$P_C = P_{C2} + P_{C3} = \frac{1}{N}\left(\sum_{i=1}^{N} |k_i^2|^2 + \sum_{i=1}^{N} |k_i^3|^2\right) \qquad (5.11)$$

考虑到变量是独立同分布的,且任一像素的强度与其他像素相互独立,k^2 和 k^3 可以用一个唯一的随机变量 k 所代替。

杂波能量变为:

$$P_C = \frac{1}{N}\sum_{i=1}^{2N} |k_i|^2 \qquad (5.12)$$

这是一个具有不同归一化因子的 Γ 分布。最后,杂波分量的概率密度函数是:

$$f_{P_C}(P_C) = \frac{1}{\Gamma(2N)}\left(\frac{N}{\sigma}\right)^{2N} p^{2N-1} \mathrm{e}^{-\frac{Np}{\sigma}} \qquad (5.13)$$

式(5.13)可以解释为:对于独立同分布的 Γ 分布,通过一个加法性质就可以得到的结果(Papoulis1965):

---

① 译者注:原文误为"$g'(P_C) = \dfrac{\mathrm{d}g}{\mathrm{d}p_C}$",已修正,下同。

$$\sum_{j=1}^{L} P_{Cj} \sim \Gamma\left(\sigma, \sum_{j=1}^{L} N_j\right) \tag{5.14}$$

$\gamma = g(P_C)$ 的解为：

$$p_C^1 = \frac{P_T}{\text{RedR}}\left(\frac{1}{\gamma^2} - 1\right) \tag{5.15}$$

这个解是唯一的,因为函数是单调凹的。考虑到 γ 在区间 $[0,1]$ 外无解,只有在这个区间内才能定义概率密度函数。

$g(P_C)$ 的导数是：

$$g'(P_C) = -\frac{1}{2}\left(1 + \text{RedR}\frac{P_C}{P_T}\right)^{-\frac{3}{2}}\frac{\text{RedR}}{P_T} \tag{5.16}$$

代入解 p_C^1,该导数变为：

$$g'(p_C^1) = -\frac{1}{2}\frac{\text{RedR}}{P_T}\gamma^3 \tag{5.17}$$

最后,检测器的概率密度函数可以计算为：

$$f_{\Gamma}(\gamma) = \frac{2}{\Gamma(2N)}\left(\frac{N}{\sigma}\right)^{2N}\frac{1}{\gamma^3}\left(\frac{1}{\gamma^2} - 1\right)^{2N-1}\left(\frac{P_T}{\text{RedR}}\right)^{2N}e^{-\frac{N}{\sigma}\frac{P_T}{\text{RedR}}\left(\frac{1}{\gamma^2} - 1\right)} \tag{5.18}$$

所得的概率密度函数取决于目标 P_T 和杂波 2σ 的幅度,因此,它是一个关于 SCR 的函数：

$$f_{\Gamma}(\gamma) = \frac{2}{\Gamma(2N)}\left(\frac{2N}{\text{RedR}}\right)^{2N}\text{SCR}^{2N}\frac{1}{\gamma^3}\left(\frac{1}{\gamma^2} - 1\right)^{2N-1}e^{-\frac{2N}{\text{RedR}}\text{SCR}\left(\frac{1}{\gamma^2} - 1\right)} \tag{5.19}$$

图 5.1 给出了两个不同 SCR 值下的概率密度函数。用于绘制图 5.1 的参数,在表 5.1 中列出(请注意,门限参数将在下面用到)。

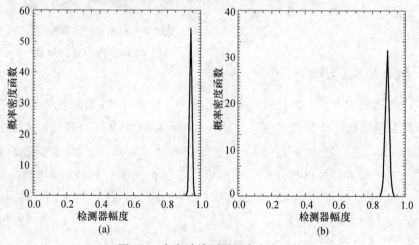

图 5.1　色杂波检测器概率密度函数

（a）SCR = 2；（b）SCR = 1。

表 5.1   检测器的各种参数

SCR	窗的大小（N）	RedR	门限（T）
2	25	0.25	0.95
1			

概率密度函数出现了一种"钟形的"走向,这一走向是由一个小范围的,随之而来的适度可变性的累积而形成的(Papoulis 1965)。在图 4.2 已经给出了一个类似的结果,在图 4.2 中所绘制的模拟检测器包含在标准差界限内。$f_\Gamma(\gamma)$ 的解析表达式与均值检测器所预测的值一致。特别小的方差使得 $f_\Gamma(\gamma)$ 的整点值高于 1(请注意积分依然是 1)。增加 SCR,概率密度函数似乎向右移动而更加靠近 1,并且减少了它的变化性(正如第 4 章所观测到的)。为了更准确地测试对 SCR 的依赖性,$f_\Gamma(\gamma)$ 可以作为 SCR 的函数,在一个三维表面进行绘制(参见图 5.2)。

解析的趋势与前面一章(图 4.2)所观测到的趋势是相符合的。增加 SCR,检测器具有更大的可能性接近于 1,且统计变异性降低,导致 $f_\Gamma(\gamma)$ 的峰值增加。在极限情形下(Riley et al. 2006;Mathews,Howell 2006)有:

$$\lim_{\text{SCR}\to\infty} f_\Gamma(\gamma) = \delta(\gamma - 1)$$

$$(5.20)$$

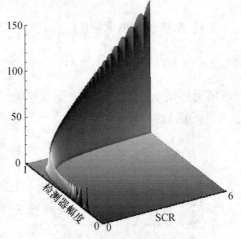

图 5.2   检测器的概率密度函数 $f_\Gamma(\gamma)$ 作为 SCR 的函数

5.2.2   白杂波假设

色杂波的假设看上去是极化杂波影响的最佳表征,因为散射矢量 k_2 和 k_3 的杂波分量收集了全部的能量。然而,这并不是最为普遍的假设。本节的目标是,考虑杂波均匀地分布在散射矢量的所有分量上,以此归纳出更多的处理方式。这样的杂波可以与一般的热噪声或者完全去极化的散射相联系(比如组成球体的随机量)(Fung, Ulaby 1978;Treuhaft, Siqueria 2000;Tsang, et al. 1985)。

此时,影响检测器的三个随机变量为:

$$\langle |k_{C1}|^2 \rangle = P_{C1} \sim \Gamma(\sigma, n)$$
$$\langle |k_{C2}|^2 \rangle = P_{C2} \sim \Gamma(\sigma, n) \qquad (5.21)$$
$$\langle |k_{C3}|^2 \rangle = P_{C3} \sim \Gamma(\sigma, n)$$

式中杂波的散射矢量定义为 $\underline{k}_c = [k_{C1}, k_{C2}, k_{C3}]^T$。

它们同样是独立同分布的。变换可以表示为：

$$\gamma = \frac{1}{\sqrt{1 + \text{RedR}_1 \dfrac{P_{C2}}{\langle |k_T + k_{C1}|^2 \rangle} + \text{RedR}_2 \dfrac{P_{C3}}{\langle |k_T + k_{C1}|^2 \rangle}}}$$
$$= g(k_{C1}, P_{C2}, P_{C3}) \qquad (5.22)$$

这是一个 $3 \sim 1$ 的变换。请注意，目标能量和杂波的第一个分量不能分离为 P_{C2} 和 P_{C3}，因为它们出现在相同的分量里，而且它们进行求和运算是相干的。因此：

$$\langle |k_T + k_{C1}|^2 \rangle = P_T + P_{C1} + \frac{2}{N} \sum_{i=1}^{N} \text{Re}\{k_T k_{iC1}^*\} \qquad (5.23)$$

式中 N 是窗口的大小，且 k_T 是确定的。$\text{Re}\{k_{C1}\}$ 是高斯零均值的，随后，对它的方差平均化通过除以 N 来实现，且当 $N \to \infty$ 时，$\dfrac{2}{N} \sum_{i=1}^{N} \text{Re}\{k_T k_{iC1}^*\}$ 这一项消失（因为它是零均值的）。为了对系统进行简化，我们假定实现的次数 N 足够大（比如不小于 25），使总和中的交叉项可以被忽略。再者，我们假定两个 RedR 是相等的。基于这些假设而生成的函数为

$$\gamma = \frac{1}{\sqrt{1 + \text{RedR} \dfrac{P_{C2} + P_{C3}}{P_T + P_{C1}}}} = \frac{1}{\sqrt{1 + \text{RedR} \dfrac{P_C}{P_T + P_{C1}}}} = g(P_{C1}, P_C)$$

$$(5.24)$$

这仍然是一个 $2 \sim 1$ 的变换。这里没有给出利用累积分布函数（CDF）的推导，因为它会在一个无法解析地解决的表达式上终结。这就需要寻求另一种方法。这种想法将引入另一个感兴趣的随机变量，并应用一个实现 $2 \sim 2$ 变换的转换定理。第二个变量是包含在散射矢量目标分量中的能量，定义为 $P_{TC} = P_T + P_{C1}$。后者可以是相关的，因为现在目标可以被统计地描述。包含这两个变换的方程组可以建立为：

$$\Theta = \begin{cases} \gamma = \dfrac{1}{\sqrt{1 + \text{RedR} \dfrac{P_C}{P_T + P_{C1}}}} = g(P_{C1}, P_C) \\[4mm] P_{TC} = P_T + P_{C1} = h(P_{C1}) \end{cases} \qquad (5.25)$$

2 ~ 2 变换的基本定理表明：

$$f_{\Gamma P_{TC}}(\gamma, p_{TC}) = \begin{cases} 0 & ,\text{系统 } \Theta \text{ 无解} \\ \sum_i \dfrac{f_{P_{C1}P_C}(p_{C1}^i, p_c^i)}{|\det(J(p_{C1}^i, p_c^i))|} & ,(p_{C1}^i, p_c^i) \text{ 是系统 } \Theta \text{ 的解} \end{cases}$$

(5.26)

式中 $f_{P_{C1}P_C}(p_{C1}^i, p_c^i)$ 是两个独立的随机变量 P_{C1} 和 P_C 之间的联合概率密度函数（Papoulis 1965）。因此，联合概率密度函数可以分解为：

$$f_{P_{C1}P_C}(p_{C1}^i, p_c^i) = f_{P_{C1}}(p_{C1}^i) f_{P_C}(p_c^i)$$

(5.27)

矩阵 $J(p_{C1}^i, p_c^i)$ 是 Jacobian 矩阵，并且可以计算为：

$$J(p_{C1}, p_c) = \begin{pmatrix} \dfrac{\partial g}{\partial p_{C1}} & \dfrac{\partial g}{\partial p_c} \\ \dfrac{\partial h}{\partial p_{C1}} & \dfrac{\partial h}{\partial p_c} \end{pmatrix}$$

(5.28)

如果可以获得联合概率密度函数，那么边缘概率密度函数，可以对联合概率密度函数中的其他变量在整个定义域上积分推导得出。

系统 Θ 的解为：

$$\begin{cases} p_c^1 = \dfrac{p_{TC}}{\text{RedR}}\left(\dfrac{1}{\gamma^2} - 1\right) \\ p_{C1}^1 = p_{TC} - P_T \end{cases}$$

(5.29)

上式的解仍然是唯一的，因为二者的趋势均是单调的。

关于 Jacobian 矩阵，四个元素中的其中两个可以很一般地求得，即：

$$\frac{\partial h}{\partial p_{C1}} = 1, \frac{\partial h}{\partial p_c} = 0$$

(5.30)

随后，Jacobian 矩阵变为：

$$J(p_{C1}, p_c) = \begin{pmatrix} \dfrac{\partial g}{\partial p_{C1}} & \dfrac{\partial g}{\partial p_c} \\ 1 & 0 \end{pmatrix}$$

(5.31)

且矩阵行列式的幅度将简单地表示为：

$$|\det(J(p_{C1}, p_c))| = \left|\frac{\partial g}{\partial p_c}\right| = \left|\frac{\partial \gamma}{\partial p_c}\right|$$

(5.32)

导数运算的结果为：

$$\frac{\partial \gamma}{\partial p_c} = -\frac{1}{2}\left(1 + \text{RedR}\frac{p_c}{P_T + p_{C1}}\right)^{-\frac{3}{2}} \frac{\text{RedR}}{P_T + p_{C1}}$$

(5.33)

代入系统的解 P_c^1 和 P_{C1}^1 之后，我们有：

$$\frac{\partial \gamma}{\partial p_C}(p_C^1, p_{C1}^1) = -\frac{1}{2}\frac{\text{RedR}}{p_{TC}}\gamma^3 \tag{5.34}$$

其在形式上等同于目标能量 P_T，被第一个分量 P_{TC} 的实际功率的数量所取代时的有色的情况。

下一步是概率密度函数 $f_{P_{C1}}(p_{C1}^1)$ 和 $f_{P_C}(p_C^1)$ 的定义。f_{P_C} 在 5.2.1 节中已经推导得出。待描述的新变量是 P_{TC}，它可以看作是一个 1~1 的变换。其导数为 1，仅通过代入 $f_{P_{C1}}$ 中的解，就可获得概率密度函数。因此：

$$f_{P_{TC}}(p_{TC}) = f_{P_{C1}}(p_{TC} - P_T) \tag{5.35}$$

$$f_{P_{TC}}(p_{TC}) = \frac{1}{\Gamma(N)}\left(\frac{N}{\sigma}\right)^N (p_{TC} - P_T)^{N-1} e^{-\frac{N}{\sigma}(p_{TC} - P_T)} \tag{5.36}$$

等价地，该变换可以解释为一个随机变量从 0 到 P_T 的简单的变换（Riley et al. 2006）。

将所有的结果放在一起，我们可以求得联合概率密度函数为：

$$f_{\Gamma P_{TC}}(\gamma, p_{TC}) = \frac{2}{\Gamma(2N)\Gamma(N)}\left(\frac{N}{\sigma}\right)^{3N}\left(\frac{p_{TC}}{\text{RedR}}\right)^{2N}(p_{TC} - P_T)^{N-1} \cdot$$

$$\frac{1}{\gamma^3}\left(\frac{1}{\gamma^2} - 1\right)^{2N-1} e^{-\frac{N}{\sigma}\left[\frac{p_{TC}}{\text{RedR}}\left(\frac{1}{\gamma^2} - 1\right) + p_{TC} - P_T\right]} \tag{5.37}$$

为了提取 γ 的边缘概率密度函数，必须解决一个积分，即：

$$f_\Gamma(\gamma) = \int_{P_T}^\infty f_{\Gamma P_{TC}}(\gamma, p_{TC}) \, dp_{TC} \tag{5.38}$$

遗憾的是，该积分没有解析解，但是它可以通过数值求解（Pearson 1986）。

从解析表达式出发，可以计算检测器的特征概率（它们将会在下一节中得到更为彻底而全面的处理）。例如，对于一个给定的信杂比（SCR），当检测器高于一个门限 T 时，解析的检测概率可以计算为：

$$P(\gamma \geqslant T) = \int_T^1 \int_{P_T}^\infty f_{\Gamma P_{TC}}(\gamma, p_{TC}) \, d\gamma dp_{TC} \tag{5.39}$$

这里必须再度利用数值解来求解这一问题。因此，通常需要数值解来计算任何情况下的概率。

在对 P_{TC} 积分之后，概率密度函数 $f_\Gamma(\gamma)$ 在图 5.3 中给出。用来定义 $f_\Gamma(\gamma)$ 的参数和表 5.1 中的相同。比较色杂波和白杂波的概率密度函数，结果显示在白杂波的情况下，对于给定的同一 SCR，检测器接近于 1。换句话说，检测目标的概率较高，因为检测器更有可能越过门限。图 5.4 描述了 $f_\Gamma(\gamma)$ 对 SCR 依存关系。

比较白杂波和色杂波的实质性差异在于：在白杂波情况下，也就是目标不存在（SCR = 0）时，检测器不为零，因为目标分量总是有能量的。概率密度函数的峰值再一次随着 SCR 而增加。一个与之相对应的，针对特征概率计算的场景，

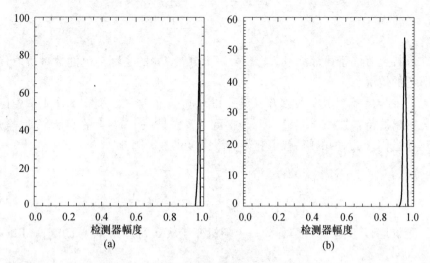

图 5.3　白杂波情况下检测器的概率密度函数 $f_\Gamma(\gamma)$

（a）SCR $=2$；（b）SCR $=1$。

即为当确定性目标的能量为零时（也就是目标不存在时）的情况。图 5.5 给出了目标不存在时 $f_\Gamma(\gamma)$ 的图。

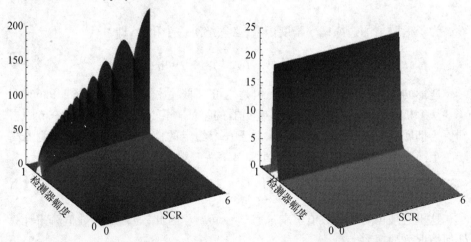

图 5.4　白杂波为 SCR 的函数的检测器概率密度函数 $f_\Gamma(\gamma)$：假设目标加上杂波

图 5.5　白杂波为 SCR 的函数的检测器概率密度函数 $f_\Gamma(\gamma)$：假设只有杂波

5.2.3　杂波上的一般性假设

在前面两个假设中，假定杂波仅仅分布在杂波分量（最坏的情形）中，或者均匀分布在所有的分量上。在这一节中，我们将考虑最为普遍的情况，在此情形中，三种杂波的分量不再具有相同的分布，而目标仍然是确定性的。

杂波的散射矢量可以表示为 $\underline{k}_c = [k_{c1}, k_{c2}, k_{c3}]^T$。显然,分量 $\underline{k}_c = [k_{c1}, 0, 0]^T$（也就是没有杂波成分）不能考虑为杂波,因为从物理的角度来看,它是感兴趣的目标(Cloude 1995)。我们想要再度强调的是:这是一个针对检测器性能的统计学意义下的评价,但是,目标的定义和 SCR 的选择,必须利用一个物理方法加以完成(正如第 4 章和附录 2 所描述的那样)。

在这一假设下,有三个功率的分量,即:

$$P_{Ct} = P_{C1} + P_{C2} + P_{C3} = \langle |k_{C1}|^2 \rangle + \langle |k_{C2}|^2 \rangle + \langle |k_{C3}|^2 \rangle \tag{5.40}$$

它们是利用参数进行重新标度的 Γ 分布,即:

$$P_{C1} \sim \Gamma\left(\frac{\sigma_1}{n}, n\right), P_{C2} \sim \Gamma\left(\frac{\sigma_2}{n}, n\right), P_{C3} \sim \Gamma\left(\frac{\sigma_3}{n}, n\right) \tag{5.41}$$

式中 n 再度成为平均窗口的样本数,σ_1, σ_2 和 σ_3 可以不同。此外,杂波的三个分量可以认为是相互独立的(它们不是同分布的)。

我们希望再度利用随机变量变换的基本定理,并计算联合概率密度函数(Papoulis 1965)。如果 $P_C = P_{C2} + P_{C3}$,那么 P_{C1} 和 P_C 的联合概率密度函数为:

$$f_{P_{C1}P_C}(p_{C1}^i, p_C^i) = f_{P_{C1}}(p_{C1}^i) f_{P_C}(p_C^i) \tag{5.42}$$

通过前面的计算,可以得到 $f_{P_{TC}}(p_{TC}) = f_{P_{C1}}(p_{TC} - P_T)$,即:

$$f_{P_{TC}}(p_{TC}) = \frac{1}{\Gamma(N)}\left(\frac{N}{\sigma_1}\right)^N (p_{TC} - P_T)^{N-1} e^{-\frac{N}{\sigma_1}(p_{TC} - P_T)} \tag{5.43}$$

关于 P_C 的分布,它是两个 Γ 分布的随机变量之和。

这里,我们将考虑以下两种情况:

1) $\sigma_2 = \sigma_3 = \sigma$

这一过程与白杂波情况下的处理非常相似,P_C 有一个如下的分布,即:

$$P_C \sim \Gamma\left(\frac{\sigma}{N}, 2N\right) \tag{5.44}$$

将所有的结果放在一起,联合概率密度函数的表达式可以计算为:

$$f_{\Gamma P_{TC}}(\gamma, p_{TC}) = \frac{2}{\Gamma(2N)\Gamma(N)}\left(\frac{N^{3N}}{\sigma_1^N \sigma^{2N}}\right)\left(\frac{p_{TC}}{\text{RedR}}\right)^{2N} (p_{TC} - P_T)^{N-1} \cdot$$

$$\frac{1}{\gamma^3}\left(\frac{1}{\gamma^2} - 1\right)^{2N-1} e^{-N\left[\frac{1}{\sigma}\frac{p_{TC}}{\text{RedR}}\left(\frac{1}{\gamma^2} - 1\right) + \frac{1}{\sigma_1}(p_{TC} - P_T)\right]} \tag{5.45}$$

这可以解释为介于色杂波和白杂波之间的情况。这里,我们可以将目标上的随机影响和杂波成分上的随机影响分离开来,以提供更多的选择的自由。

这一假设与评估色杂波和热噪声(只要杂波明显强于噪声)下的检测器性能尤其相关。然而,这一假设不是最为普遍的,因为它假定了两个统计上相似的杂波分量。

2）$\sigma_2 \neq \sigma_3$

这是最为普遍的情况。在此条件下，Γ 分布的加法定理不再适用，因为二者的分布不再是相同，且必须考虑一个 $P_C = P_{C2} + P_{C3}$ 的变换（即 2→1）。P_C 的累积分布函数等于（Papoulis 1965；Gray，Davisson 2004）：

$$F_{P_C}(p_C) = P(P_C \leqslant p_C) = P(P_{C2} + P_{C3} \leqslant p_C) \tag{5.46}$$

其中的变换用公式化表示其所在的域为：

$$D_{P_C} = \{(p_{C2}, p_{C3}) \in \mathbb{R}^{2+}, p_{C2} + p_{C3} \leqslant p_C\} \tag{5.47}$$

该域可以具体表示为：

$$D_{P_C} = \{p_{C2} \in \mathbb{R}^+, p_{C3} \leqslant p_C - p_{C2}\} \tag{5.48}$$

通过定义，累积分布函数可以看作是概率密度函数的积分（Papoulis 1965）：

$$F_{P_C}(p_C) = \int\int_{D_{P_C}} f_{P_{C2}P_{C3}}(p_{C2}, p_{C3}) \mathrm{d}p_{C2} \mathrm{d}p_{C3}$$

$$= \int_{-\infty}^{\infty} \mathrm{d}p_{C2} \int_{-\infty}^{p_C - p_{C2}} f_{P_{C2}P_{C3}}(p_{C2}, p_{C3}) \mathrm{d}p_{C3} \tag{5.49}$$

为了提取概率密度函数，必须对累积分布函数的表达式求导，即：

$$f_{P_C}(p_C) = \frac{\mathrm{d}}{\mathrm{d}p_C} \int_{-\infty}^{\infty} \mathrm{d}p_{C2} \int_{-\infty}^{p_C - p_{C2}} f_{P_{C2}P_{C3}}(p_{C2}, p_{C3}) \mathrm{d}p_{C3}$$

$$= \int_{-\infty}^{\infty} f_{P_{C2}P_{C3}}(p_{C2}, p_C - p_{C2}) \mathrm{d}p_{C2} \tag{5.50}$$

由于两个随机变量的独立性，最后的表达式可以写为：

$$f_{P_C}(p_C) = \int_{-\infty}^{\infty} f_{P_{C2}}(p_{C2}) f_{P_{C3}}(p_C - p_{C2}) \mathrm{d}p_{C2} \tag{5.51}$$

这是一个卷积的结果：

$$f_{P_C}(p_C) = f_{P_{C2}}(p_{c2}) * f_{P_{C3}}(p_{c3}) \tag{5.52}$$

式中"$*$"是卷积（Mathews，Howell 2006；Riley et al. 2006）。

傅里叶变换的乘积是解决卷积的一个简单的方法（Riley，et al. 2006）：

$$f_{P_C}(p_c) = f_{P_{C2}}(p_{c2}) * f_{P_{C3}}(p_{c3}) = F^{-1}[F[f_{P_{C2}}(p_{c2})] F[f_{P_{C2}}(p_{c2})]] \tag{5.53}$$

然而，最后的反变换是未知的。

显然，数值方法总是可以利用的（Pearson 1986）。卷积积分可以通过数值方法，将 p_C^1 和 p_{TC}^1 的值代入 $f_{P_{C3}}$ 进行求解。因为一旦参数固定，系统的解就成为已知的了。

不过，我们想要尝试另一种基于近似的不同的方法。服从重新标度 Γ 分布的 P（也就是 $P \sim \Gamma\left(\dfrac{\sigma}{N}, N\right)$）的方差为：

$$\mathrm{VAR}[P] = \frac{\sigma^2}{N} \tag{5.54}$$

因此,通过增加所考虑的样本数(也就是加窗的大小),方差将会降低。对于 $N \gg 1$ 和小的 σ, Γ 分布具有一个趋势,这一趋势可以用一个具有相同方差和均值的标准高斯分布来近似地加以表示(Papoulis 1965)。这一概念遵循中心极限定理,且一般来说,为了得到一个精确的近似,方差必须远小于采样数,也就是:

$$\frac{\sigma^2}{N^2} \ll 1 \text{ 或 } \frac{\sigma}{N} \ll 1 \tag{5.55}$$

在这一假设下, P 的分布可以近似为 $P \sim N\left(\sigma, \frac{\sigma^2}{N}\right)$。如果两个杂波分量都满足这种近似,我们有:

$$P_{C2} \sim N\left(\sigma_2, \frac{\sigma_2^2}{N}\right)$$

$$P_{C3} \sim N\left(\sigma_3, \frac{\sigma_3^2}{N}\right) \tag{5.56}$$

近似的展现是方便的,因为两个高斯随机变量之和的分布仍然是一个高斯分布(或者换句话说,两个高斯过程的卷积仍然是一个高斯过程)(Riley, et al. 2006)。所产生的变量将具有一个等于两均值之和的均值,其方差等于两方差之和,也就是:

$$P_{C2} + P_{C3} = P_C \sim N\left(\sigma_2 + \sigma_3, \frac{\sigma_2^2 + \sigma_3^2}{N}\right) \tag{5.57}$$

P_C 的概率密度函数可以表示为(Papoulis 1965):

$$f_{P_C}(P_C) = \frac{1}{\sqrt{2\pi\left(\frac{\sigma_2^2 + \sigma_3^2}{N}\right)}} \exp\left[-\frac{(P_C - (\sigma_2 + \sigma_3))^2}{2\left(\frac{\sigma_2^2 + \sigma_3^2}{N}\right)}\right] \tag{5.58}$$

如果这个近似值采用联合概率密度函数,则是:

$$f_{\Gamma P_{TC}}(\gamma, p_{TC}) = \frac{2}{\Gamma(N)} \frac{p_{TC}}{\text{RedR}} \frac{1}{\gamma^3} \left(\frac{N}{\sigma_1}\right)^N (p_{TC} - P_T)^{N-1} \frac{1}{\sqrt{2\pi\left(\frac{\sigma_2^2 + \sigma_3^2}{N}\right)}} \cdot$$

$$\exp\left[-\frac{1}{2\left(\frac{\sigma_2^2 + \sigma_3^2}{N}\right)}\left(\frac{p_{TC}}{\text{RedR}}\left(\frac{1}{\gamma^2} - 1\right) - (\sigma_2 + \sigma_3)\right)^2 - \frac{N}{\sigma_1}(P_{TC} - P_T)\right]$$

$$\tag{5.59}$$

当方差相对于采样数较小时,所获得的表达式是检测器的一个良好的近似。考虑到 Γ 的表达式是在系统的解点上被计算得到的,于是可以将式(5.55)中的广义不等式应用到我们这里的具体案例。当解点被取代,该分布的均值被除以目标分量中的能量和 RedR(即使是解析上,在白杂波假设下分离 SCR 参数也

89

更为复杂)。

最后,在系统(p_C^1)的解点上,近似值的精确性依赖于 SCR,即:

$$P_C(p_C^1) \sim \Gamma\left(\frac{\sigma}{N \cdot \text{RedR} \cdot P_T}, N\right) \qquad (5.60)$$

为了利用一个高斯分布对这一分布进行近似,我们需要:

$$\frac{\sigma}{N \cdot \text{RedR} \cdot P_T} = \frac{1}{N \cdot \text{RedR} \cdot \text{SCR}} \ll 1 \qquad (5.61)$$

这可以解释为:

$$\text{SCR} \gg \frac{1}{N \cdot \text{RedR}} \qquad (5.62)$$

后者表明,这一近似在 SCR 和 N 较高的时候效果较好。如果利用一个 5×5 的滑动窗口,且 $\text{RedR} = 0.25$,SCR 的极限约为 0.8,其相对下面将展现的情况是较小的。无论如何,如果我们想要利用解析的表达式来对微弱目标的检测算法进行优化,可以通过调整 RedR 来改善近似的精确度。然而,从物理角度来说,针对 SCR 小于 2 的目标通常不是我们所感兴趣的,因为它们允许一种目标的过度分散(参见附录 2)。

5.2.4　针对目标和杂波的一般性假设

在前面的各节中,这些假设所考虑的是确定性(点)目标的检测。检测器的物理研发揭示了检测分布式目标的可能性:只要它们的极化特性是单一的,比如协方差矩阵的秩为 1(这也将在现实的数据上进行验证)。分布式目标出现了斑状变化,且它们是不确定的(López – Martínez, Fàbregas 2003; Oliver, Quegan 1998)。下面介绍当后一假设被采用时,概率密度函数的表达式。

现在,散射矢量为 $\underline{k} = [k_T + k_{C1}, k_{C2}, k_{C3}]^T$,其中:

$$\langle |k_T|^2 \rangle = P_T \sim \Gamma\left(\frac{\sigma_T}{N}, N\right), \langle |k_{C1}|^2 \rangle = P_{C1} \sim \Gamma\left(\frac{\sigma_1}{N}, N\right)$$

$$\langle |k_{C2}|^2 \rangle = P_{C2} \sim \Gamma\left(\frac{\sigma_2}{N}, N\right), \langle |k_{C3}|^2 \rangle = P_{C3} \sim \Gamma\left(\frac{\sigma_3}{N}, N\right) \qquad (5.63)$$

系统将要解决的问题和 Θ 是相同的。现在,忽略交叉项的近似甚至更加有效,因为 k_T 也是一个零均值的随机变量。然而,此时 $P_{TC} = P_T + P_{C1}$ 的概率密度函数不能作为 $f_{P_{C1}}$ 的变换来进行计算,且必须利用高斯分布的近似来完成。近似的精确性同样与 SCR 相关。概率密度函数的最终表达式为:

$$f_{\Gamma P_{TC}}(\gamma, p_{TC}) = \frac{p_{TC}}{N\pi\text{RedR}} \frac{1}{\sqrt{(\sigma_T^2 + \sigma_1^2)(\sigma_2^2 + \sigma_3^2)}} \frac{1}{\gamma^3} \cdot$$

$$\exp\left\{-\frac{n}{2}\left[\frac{\left(p_{TC}\left(\frac{1}{\gamma^2}-1\right)-\sigma_2-\sigma_3\right)^2}{\mathrm{RedR}(\sigma_2^2+\sigma_3^2)}+\frac{(P_{TC}-\sigma_T-\sigma_1)^2}{(\sigma_T^2+\sigma_1^2)}\right]\right\}$$

$$(5.64)$$

5.3　各种概率

对于一个固定的 SCR = SCR_0,$f_\Gamma(\gamma)$ 可以用来计算检测器定义在值域 $\Omega_\Gamma \equiv$ $[\gamma_0,\gamma_1]$ 上的概率,即:

$$P(\gamma_0 \leqslant \gamma \leqslant \gamma_1 \mid s = \mathrm{SCR}_0) = \int_{\gamma_0}^{\gamma_1} f_\Gamma(\gamma \mid \mathrm{SCR}_0)\,\mathrm{d}\gamma \qquad (5.65)$$

其中 $s = \mathrm{SCR}$。

在上面的等式中,采用了条件概率的符号,尽管其数量并不是一个精确的条件概率(Kay 1998)。实际上,变量 s 是固定的(也就是确定性的),而不是一个随机变量。然而,我们决定采用使表达式看上去更为熟悉的符号。

概率密度函数的归一化性质表明(Papoulis 1965)即为:

$$\int_0^1 f_\Gamma(\gamma \mid s)\,\mathrm{d}\gamma = 1 \qquad (5.66)$$

然而遗憾的是,我们不能提取出所定义的 $f_\Gamma(\gamma \mid s)$ 积分的解析表达式。因此,所有的积分将通过数值方法来完成(Pearson 1986)。

因为采用不同的假设使得概率通常也不一样,所以针对色杂波和白杂波假设的检验将会分别给出。为了保留原有表达式所包含的信息,针对最为普遍的假设情况下的结果,我们没有举例说明。然而,它的走向应该介于色杂波和白杂波两种极端情况之间。

5.3.1　色杂波假设

在特征概率的计算中,第一步是需要定义检测器的工作假设(Kay 1998)。在这样一系列的测试中,我们想在一个散射矢量中的杂波分量,在统计杂波中均匀分布的情况下,检测确定性目标存在或者不存在。换句话说,即假设可以被归纳为:

$$H_0: \underline{k} = [k_T, k_{C2}, k_{C3}]^\mathrm{T}$$
$$H_1: \underline{k} = [0, k_{C2}, k_{C3}]^\mathrm{T} \qquad (5.67)$$

其中 k_T 代表目标,k_{C2} 和 k_{C3} 是杂波。这些假设可以转变为一个取决于 SCR 的表达式:

$$H_0 : SCR_0 = \frac{\langle |k_T|^2 \rangle}{\langle |k_{C2}|^2 \rangle + \langle |k_{C3}|^2 \rangle} = 2$$

$$H_1 : SCR_1 = \frac{0}{\langle |k_{C2}|^2 \rangle + \langle |k_{C3}|^2 \rangle} = 0 \tag{5.68}$$

特别地,当它没有明确指明时,目标的 SCR 为 2。

当检测器高于门限时检测为正,即:

$$\gamma \geq T \tag{5.69}$$

在检测理论里,有三个概率可以被认为是在评估检测器的能力时尤为相关的。

1) 检测概率 P_D

检测概率正是判定感兴趣目标存在的这样一种概率,且检测值为正(Kay 1998)。因此,概率 P_D 可以计算为:

$$P_D(\gamma \geq T | s = SCR_0) = \int_T^1 f_\Gamma(\gamma | SCR_0) \, d\gamma \tag{5.70}$$

显然,一旦门限固定,P_D 是一个关于 SCR 的函数。这一性质在图 5.6 中得到了检验,其中 P_D 是根据两个不同门限下的 SCR 而绘制出的。请注意,在本学位论文中,概率的绘制采用了一个 dB(分贝)标度下的 SCR,因为这能够使得针对它们的解释更为直观。然而,在本学位论文的余下部分,SCR 总是以其线性标度进行展示的(除非特别标明)。表 5.2 举例说明了所选择的检测器的参数。

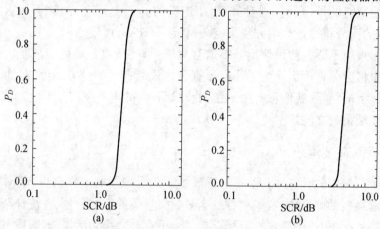

图 5.6 针对两个门限下的 SCR(以 dB 表示)的检测概率 P_D

(a) $T = 0.95$;(b) $T = 0.98$。

表 5.2 检测器的各种参数

SCR	RedR	门限	窗的大小
可变的	0.25	0.95(图 5.6(a))	25
		0.98(图 5.6(b))	25

当门限增加时,概率 P_D 降低,因为需要一个占据更多主导地位的目标,使相干得以通过门限(也就是更高的 SCR)。

P_D 显示了一个特殊的 $0-1$(或者开 – 关)的走向,其中它近似为 0 直到一个交点处,在这一交点处它以一种类似高阶导数的形式切换为 1。这一结果对于一个检测器是有利的(这将会在后文中展示),且它是由于 $f_\Gamma(\gamma|s)$ 的小方差所产生的(Kay 1998;Papoulis 1965)。

针对 $T=0.95$ 时的交叉点在 SCR $=2$ 之后有一点距离,这意味着 $f_\Gamma(\gamma|s)$ 分布的均值大概在 SCR $=2$ 附近。同样的结果可以在图 5.1(或者图 4.2)中得到。

第二个测试分析了降低率(RedR)和窗口大小(图 5.7 和表 5.3)的影响。增加 RedR,可以使检测器更具选择性,检测概率 P_D 降低。因此,目标必须具有一个更高的 SCR 才能够被检测到(针对这一现象的物理解释在前一章中已经给出)。从另一方面来说,降低窗口大小的效应,使得概率密度函数的方差增大(因为生成检测器的随机变量,其概率密度函数具有更高的方差)。因而,检测概率具有一个不太尖锐的走向,但是交叉点仍保持在 0.5 附近,因为 $f_\Gamma(\gamma|s)$ 的均值是不变的。当 SCR(或者相干值)低于均值时,P_D 的导数增加,当它较高时其自身开始减少。换句话说,当 SCR 等于均值时,P_D 具有一个弯曲。

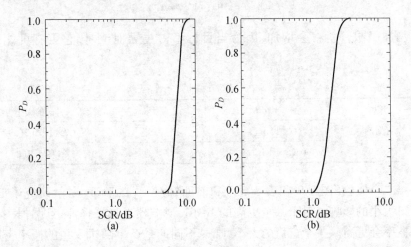

图 5.7　针对 SCR/dB 的检测概率,色杂波假设:RedR 和窗口可变(参见表 5.3)

2)漏报概率 P_M

漏报概率是一个感兴趣目标存在(比如 $s=\text{SCR}_0$),但检测器却发出一个负的响应 $\gamma<T$ 时的概率。它也被称为伪负的。

$$P_M(\gamma < T|s = \text{SCR}_0) = \int_0^T f_\Gamma(\gamma|\text{SCR}_0)\mathrm{d}\gamma = 1 - P_D \qquad (5.71)$$

正如前面的情况,图 5.8 绘制了 SCR 的函数 P_M,同时,将所采用的参数列在表5.3[①]中。在开始的时候,门限是变化的。

图5.8清晰地显示了P_D和P_M之间的互补性(即$P_M = 1 - P_D$)(Kay 1998)。结果是两个概率都必须具有相同的交叉点(比如当SCR = 2时,$T = 0.95$)。

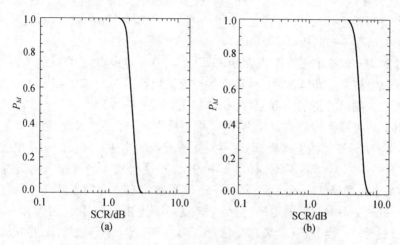

图5.8 针对两个门限下的SCR/dB的漏报概率P_M

(a) $T = 0.95$;(b) $T = 0.98$。

增加门限,P_M将会增加,因为当目标不占主导地位时,它更有可能漏掉目标。

表5.3 检测器的各种参数

SCR	RedR	门限	窗的大小
可变的	1(图5.7(a))	0.95	25(图5.7(a))
	0.25(图5.7(b))		9(图5.7(b))

第二个实验(图5.9和表5.3),和前面针对P_D的验证一样,研究了RedR和窗口大小的影响。对于一个更高的RedR,滤波器更具选择性,且漏掉一个目标的概率会更高。关于窗口的大小,唯一不同的是产生随机变量的概率密度函数的变化,将会导致P_M具有不太尖锐的走向。

3)虚警概率P_F

虚警概率是一个感兴趣目标不存在,即$s = 0$,但检测器却具有一个正的响应$\gamma \geqslant T$时的概率(Kay 1998)。它也被认为是伪正的。

$$P_F(\gamma \geqslant T | s = 0) \tag{5.72}$$

色杂波的假设在这一概率P_F的估计上,具有一个强烈的反响。事实上,当

---

① 译者注:原文误为"表5.2",已修正。

目标不存在时,散射矢量的第一个分量完全为零(除非热噪声存在)。因此,检测器被将确定无疑地等于零,即:

$$\gamma_d = \frac{1}{\sqrt{1 + \text{RedR}\dfrac{P_{C2} + P_{C3}}{0}}} = \frac{1}{\sqrt{1 + \infty}} = 0 \tag{5.73}$$

和虚警概率一样。这里没有给出 P_F 的图,因为它们总是等于零。

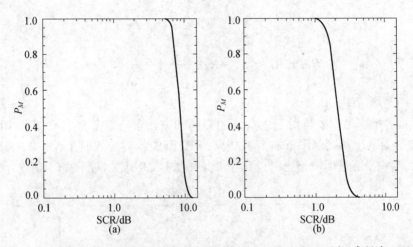

图 5.9　针对 SCR/dB 的漏报概率 P_M,色杂波假设:RedR 和窗口可变(参见表 5.3)

为了简洁起见,在本节中没有考虑热噪声。但是,为了优化色杂波实际情况下的检测器,必须引入热噪声进行处理。式(5.45)给出了概率密度函数的解析表达式,这里考虑了 $\sigma_1 \neq \sigma_2 = \sigma_3$ 的情况。关于杂噪比(CNR)的信息为:

$$\text{CNR} = \frac{\sigma_2 + \sigma_3}{\sigma_1} \tag{5.74}$$

此外,为了能够利用这一公式,我们需要有 CNR≫1。在 CNR≪1 的情况下,色杂波可以被忽略,且可以采用白杂波假设。为了简洁起见,此处没有给出这一处理方法。

5.3.2　白杂波假设

在更为一般的白杂波的情况下,这些用于工作上的假设是:

$$\begin{aligned} H_0 : \underline{k} &= \left[k_T + k_{C1}, k_{C2}, k_{C3} \right]^{\mathrm{T}} \\ H_1 : \underline{k} &= \left[k_{C1}, k_{C2}, k_{C3} \right]^{\mathrm{T}} \end{aligned} \tag{5.75}$$

其中一个杂波分量被加入到目标之中。

在 SCR 方面,假设看起来与前面所表现的较为相似,即:

$$H_0:SCR_0 = \frac{\langle |k_T|^2 \rangle}{\langle |k_{C2}|^2 \rangle + \langle |k_{C3}|^2 \rangle} = 2$$

$$H_1:SCR_1 = \frac{0}{\langle |k_{C2}|^2 \rangle + \langle |k_{C3}|^2 \rangle} = 0 \tag{5.76}$$

但是,利用检测器观测的和基于分量比值定义的 SCR 是不同的。那些用于工作上的假设可以转换为一个显见的 SCR,即:

$$H_0:SCR_0^A = \frac{\langle |k_T|^2 \rangle + \langle |k_{C1}|^2 \rangle}{\langle |k_{C2}|^2 \rangle + \langle |k_{C3}|^2 \rangle} \geqslant 2$$

$$H_1:SCR_1^A = \frac{\langle |k_{C1}|^2 \rangle}{\langle |k_{C2}|^2 \rangle + \langle |k_{C3}|^2 \rangle} = \frac{1}{2} \tag{5.77}$$

1) 检测概率(P_D)

检测概率是按照与用于色杂波的相同的方法进行计算的。在图 5.10 中,P_D 是针对两个不同门限下的 SCR 得到的图(其中各种参数列在表 5.2 中)。请注意,当它没有被明确指出时,将会考虑标准的 SCR(比如对于式(5.76))。

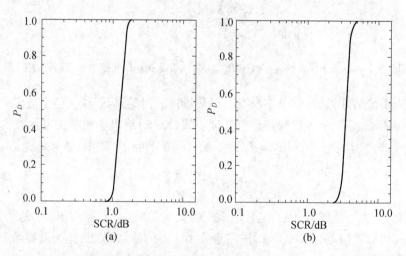

图 5.10 针对两个门限下的 SCR/dB 的检测概率 P_D

(a) $T = 0.95$;(b) $T = 0.98$。

另外,门限的增加会使得 P_D 降低。相比色杂波情况,交叉点不再位于 SCR = 2 处,而是在更小的值附近。这是因为对于显见的 SCR,杂波的能量成分对于检测也有贡献。

改变降低率和窗口大小的影响,将在图 5.11(其中各参数的选取参见表 5.3)中给出。这两个参数的影响等价于有色的假设。最后,色杂波和白杂波之间仅有的实质区别似乎是显见的 SCR 的增加。

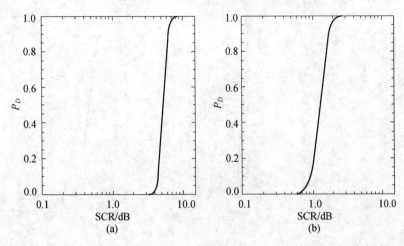

图 5.11　针对 SCR/dB 的检测概率 P_D，白杂波假设：RedR 和窗口可变（参见表 5.3）

2）漏报概率（P_M）

P_M 具有和色杂波相同的定义和估计过程。图 5.12 描绘了在两个不同门限下的结果（表 5.2[①]）。

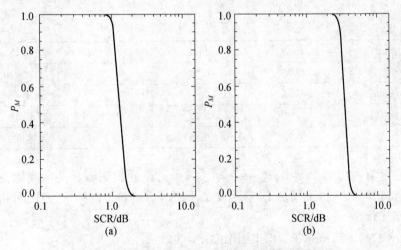

图 5.12　针对两个门限下的 SCR/dB 的漏报概率 P_M

（a）$T = 0.95$；（b）$T = 0.98$。

图 5.13 给出了 RedR 和窗口大小发生变化时的图（其中各参数的选取参见表 5.3）。

---

① 译者注：原文误为"表 5.1"，已修正。

所有的图似乎与检测概率的结果相一致,且与色杂波的情况一致。

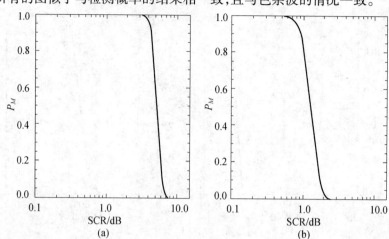

图 5.13　针对 SCR/dB 的漏报概率 P_M,白杂波假设:RedR 和窗口可变(参见表 5.3)

3) 虚警概率(P_F)

当杂波是白极化时,0 假设(即目标不存在的假设)有一个相应的 $SCR^A = 1/3$,且虚警概率不为零。对于目标不存在的情况,SCR^A 对于 SCR 来说,是一个常数,因此虚警概率 P_F 同样也是一个常数。表 5.4 总结了一些例子。

表 5.4　针对不同参数的误警概率 P_F

SCR	RedR	门限	窗的大小	P_F
任意的	0.25	0.95	25	7.2×10^{-15}
任意的	0.25	0.98	25	1.8×10^{-31}
任意的	1	0.95	25	4×10^{-39}
任意的	0.25	0.95	9	8×10^{-6}

在所有考虑的情形中,P_F 特别小。一个与设计检测器相关的问题是要让 P_F 保持很小。在这种情况下,该算法似乎将具有所希望的结果(这一分析将在下一节中给出)。

下面,针对这些结果,我们提出进一步的讨论:

(1)如果门限增加,则 P_F 降低。将检测器设置为上限是十分失衡的,这不太可能实现。

(2)增加 RedR,相干将降低,同时降低 P_F,并且仅有占主导地位的目标才能被检测出来(Riley,et al. 2006),即:

$$\lim_{RedR \to \infty} \gamma_d = \lim_{RedR \to \infty} \frac{1}{\sqrt{1 + RedR\left(\dfrac{P_{C2} + P_{C3}}{P_T}\right)}} = 0 \tag{5.78}$$

效果与提高门限相似。

（3）当采样样本数对于显示杂波幅度的变化性不足时，随着 P_F 的增加，这一实现将更不平衡。但 P_F 仍然低，尽管如此，通常仍将较大的窗口作为首选（Touzi，et al. 1999；Lee，et al. 1994）。

5.4　接收机工作特性

一旦检测器的解析化统计表达式推导得出并通过测试，就可以着手处理检测器参数的优化这一更吸引人的问题。一般来说，优化的目的是为了保持高的检测概率和低的虚警概率。这一处理过程通常涉及到门限的选择（Kay 1998）。P_F 和 P_D 之间互相关联的权重，可以设想为不同的门限，这些门限为检测器的性能提供了一个直接的表现。后者被视为接收机工作特性（Receiver Operative Characteristic，ROC）。接收机工作特性的相关性在于：它可以被用来比较几个不同出身的检测器的统计特性（Chaney et al. 1990；Kay 1998；Novak，et al. 1993，1999）。本节的主要目标就是生成各种接收机工作特性曲线，并将它们与第 3 章中所给出的结果进行对比。

5.4.1　色杂波假设

在色杂波的情况下，接收机工作特性没有意义，因为虚警概率总是为零的。因此，接收机工作特性曲线似乎与一个确定性检测器相同。显然，实际性能永远不会是确定性的，且热噪声的出现将促成 P_F 的计算。正如前面所解释的，如果杂波明显强于热噪声，可以利用式（5.45）（也就是 $k_{C1} \neq k_{C2} = k_{C3}$）推导得出概率密度函数。

5.4.2　白杂波假设

正如 5.3 节所提到的，虚警概率尤其要小，但它不为零，且 ROC 可以被估计出来。

图 5.14 针对 SCR = 2 和一个 25 个样本（也就是 5 × 5）的平均窗口，给出了检测器的 ROC。其中所利用的参数列在表 5.5 中。在线性标度的情况下，ROC 曲线还不太引人注目，因为它太接近于 [0,1] 上的点。后者是利用确定性检测器如期得到的，因为检测器的概率始终为 1，且虚警概率总是为 0。为了能使 ROC 适合可见，我们需要显示将虚警概率表示为 dB（分贝）能量的版本：

$$P_F^{dB} = 10\log_{10}P_F \qquad (5.79)$$

表 5.5　针对 ROC 的检测器参数

SCR	RedR	门限	窗的大小
2	0.25	可变的	25

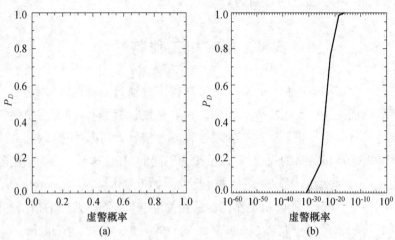

图 5.14　SCR = 2 时的 ROC
(a) 线性标度；(b) dB 标度。

为了获得明显不同于 1 的 P_D，P_F 必须小于 10^{-20}。考虑到通常要求 $P_F = 10^{-5}$ 是可以接受的，所得的结果似乎是最佳的（Kay 1998，Chaney，et al. 1990）。

事实上，它的性能与确定性检测器的性能是如此的相似，因为这一算法不是一个纯粹的统计检测器。利用散射的物理规律来工作，变化性可以通过两个主要的方法加以约束：

（1）它在基组中将目标和杂波分离开来，该基组建立了一个变化的杂波被归一化为目标的比值。

（2）平均化降低了杂波项的可变性，使他们局限在均值周围（López - Martínez，Fàbregas 2003；Oliver，Quegan，1998）。一个更大的窗口将产生一个更加确定的检测器。另一方面，一个大窗口使系统的分辨率退化，尽管分辨率在目标检测中发挥了核心作用。事实上，单目标通常包含在数量较小的像素中；通过扩大窗口的维数，目标的能量将分散在一个较大的面积上，同时可以降低显见的 SCR。综上所述，在有些扩展目标的情况下，一个大的窗口是首选，不过必须照顾到那些小目标（Novak，et al. 1999）。

统计上，极好的结果应归于作为门限的函数的概率，它的急剧变化（Kay 1998）。在图 5.15 中，P_D、P_F 是随着门限而变化的图（表 5.5）。

当门限增加的时候（它们从 1 变到 0），两个概率均减少，这些反应的解释为：

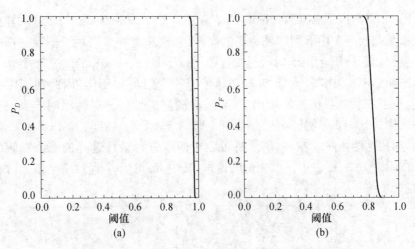

图 5.15　检测概率(a)和虚警概率(b)当门限变化时

（1）P_D：固定 SCR，相干高于门限的可能性小于较高门限时的情况（即需要较高的 SCR）。

（2）P_F：当门限增加时，一个不恰当的杂波实现的可能性高于门限较小时的情况。

两个走向似乎极其尖锐，几乎又是"开 – 关"的趋向。这在图中创造了一个 P_D 几乎为 1，并且 P_F 几乎为 0 的区域。最优的门限可以在这个区域内选择。

为了测试在更具挑战性的场景下检测器的性能，图 5.16 显示了一个 SCR = 1 的目标的 ROC（与表 5.5 中的参数是一样的）。ROC 的性能仍然是最杰出的，优于常见要求几个数量级。然而，与针对 SCR = 2 计算的结果相比，它显示出更低一些。特别地，我们有 $P_F = 10^{-12}$ 时 $P_D \approx 1$ 的潜能。

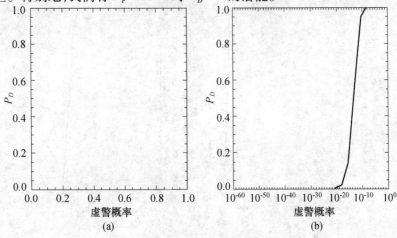

图 5.16　SCR = 1 时的 ROC

（a）线性标度；（b）dB 标度。

　　图 5.17 测试了 ROC 对 RedR 的依赖性。除了现在 RedR = 1 以外,其余的
检测参数与表 5.5 中所列的是一样的。同样,这里有一个可用于门限选择的最
佳区域;且与 RedR = 0.25 时所得的性能进行了对比。RedR 的改变似乎对 ROC
没有影响。ROC 中的一个变化看来等价于一个门限的变化(因此在图中不可
见)。一旦在新的最优区域采用了门限,检测器的性能将保持相同。为了证明
这一推测,图 5.18 举例证明了 RedR = 1 时的 P_D 和 P_F。在与 RedR = 0.25 的情
况比较时,这两条曲线左移,仍然有可以对门限进行最优选择的一个宽阔的区
域。在附录 2 中,提供了一个相似的论据,其中 RedR 和 T 通过一个散布方程联
系起来。

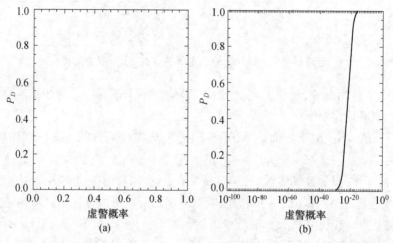

图 5.17　RedR = 1 时的 ROC

(a)线性标度;(b)dB 标度。

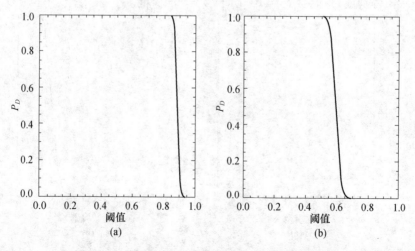

图 5.18　检测概率(a)和虚警概率(b)当门限变化时

最后的测试所关注的是窗的口的大小（图 5.19）。在上一节中已经表明：样本数的降低，将扩大概率密度函数的方差。因此，我们期望窗口尺寸对 ROC 具有影响，以使概率曲线的走向不那么尖锐。除了窗口尺寸为 9 之外（即 3 × 3），测试中所设置的检测参数和表 5.5 一样。ROC 的右移呈现出略低的性能，然而我们可以获得 $P_F = 10^{-12}$ 时的 $P_D \approx 1$，其性能仍优于 10^{-5} 一个数量级。

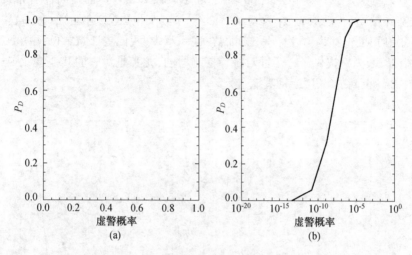

图 5.19　窗口大小为 9 时的 ROC
（a）线性标度；（b）dB 标度。

在最后的实验中，检测器的性能是在一个更具挑战性的场景（图 5.20）下进行了测试。选择了一个小的窗口（9 个样本）和一个具有 SCR = 0.5 的待检测目标（表 5.6）。检测器的限制条件是 SCR = 0.3，因为低于这个条件，白杂波就会被检测出来。显然，在缺少特别的先验信息的情况下，这一最后的实验更多地体现了指导性，而并不太具有实际意义。事实上，一个具有感兴趣成分一半能量的相干目标，也同样可以被检测出来（Cloude，Pottier 1996）。SCR 的选择必须以一个物理原理为指导，且须考虑附录 2 中推导出的散布方程。在这一章中，以优化算法性能为目的，我们从统计学的观点对算法进行了专门的剖析。但是，在检测器的设计中，物理部分不能被忽略。

表 5.6　针对 ROC 的检测器参数

SCR	RedR	门限	窗的大小
0.5	0.25	可变的	9

确切地说，将 SCR 转换成角距离 $\Delta\varphi$，我们可以定义一个关于检测目标的圆锥体（正如附录 2 所给出的），我们有：

$$SCR = 2 \Rightarrow \Delta\varphi = 35$$
$$SCR = 1 \Rightarrow \Delta\varphi = 45 \quad (5.80)$$
$$SCR = 0.5 \Rightarrow \Delta\varphi = 54$$

54°的角距离,对于许多情况来说是过大的,显然,某些不寻常的先验信息可以允许选择 SCR = 0.5 而没有实际的虚警问题,这种可能性是不能排除的。前面所介绍的关于物理扩散的计算,对于考虑假设 SCR = 2 也是同样有帮助的。针对实际检测,我们认为 $\Delta\varphi = 35$ 对于实际检测来说太大,在验证那一章中,我们将限制角度偏移为 15°。另一方面,在这一章中,我们更愿意举例证明 SCR = 2 的结果,因为它提供了一个针对统计检测器的,尤其是对它的其他变化形式更好的描绘(更高的 SCR 会将其掩盖)。

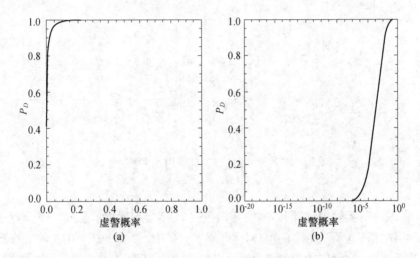

图 5.20　面对挑战性的检测时的 ROC
(a) 线性标度; (b) dB 标度。

现在,ROC 曲线在线性绘图中是可见的,显示出它仍然有足以胜任的性能(Chaney et al. 1990),即:

$$P_F = 10^{-3} \text{ 时}, P_D = 0.75$$
$$P_F = 10^{-2} \text{ 时}, P_D = 0.85 \quad (5.81)$$

5.4.3　门限的选择

在这一节中,提出了一个选择门限的实际过程。在检测理论中,设计了几种优化门限选择的方法。它们主要考虑了最小化 P_F 和最大化 P_D 的纽曼—皮尔逊(Neyman – Pearson)或者贝叶斯(Bayesian)方法(Kay 1998)。

幸运的是,所提出的检测器具有极好的 ROC,且可以采用一个直接的策略。这一想法会在 $P_D \approx 1$ 和 $P_F \approx 0$ 所在区域选择门限。正如前一小节中所显示的,这些区域相对较宽,且通过绘制在一起的两个概率,可以较为容易地作出选择。图 5.21 举例说明了这一过程,其中的点线和虚线分别代表了 P_F 和 P_D,而实线就是所选择的门限。

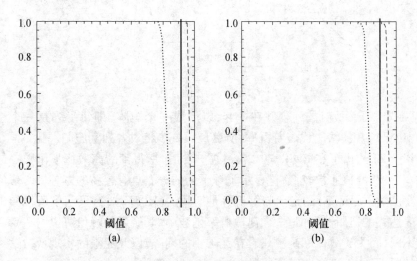

图 5.21　检测器的门限选择。点线:P_F;虚线:P_D
(a) SCR = 2;(b) SCR = 1。

5.5　通过数值仿真估计离散概率函数(DF)

为了证明推导出的解析表达式是有价值的,我们从复高斯零均值的散射矢量开始,针对检测器进行了一系列的数值仿真。在数值仿真中,不能获得精确的概率密度函数,但可以获得一个近似,这一近似被认为是离散概率函数(Discrete Probability Function, DF)(Pearson1986;Gray, Davisson 2004)。和上一节一样,我们感兴趣的是作为 SCR 的函数的 $p_\Gamma(\gamma)$。因此,将对 $p_\Gamma(\gamma|s = SCR)$进行估计。和前面一样,由于 SCR 是确定性地固定的,因此后者并不是一个条件概率密度。

5.5.1　色杂波假设

第一个假设仔细研究了色杂波的情况,图 5.22 说明了生成离散概率函数的方框图。第一步在给定一个 SCR 的情况下,定义了检测器的一组 250 次实现。通过增加最初的随机变量的均值来对 SCR 进行定义,这些随机变量被用以产生相干。换句话说,250 个相干 γ_i 用于生成 SCR。随后,对于任一给定的 SCR,250 次相干 γ_i 的柱状图被计算得出。这利用了 γ_i 的分布信息。

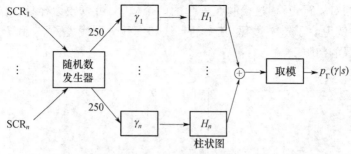

图 5.22　检测器的方框图

"+"方框将所有的列合并在一起,以形成一个矩阵(即每一列是一个柱状图)。由于这些柱状图代表着概率,所以最后一步将对各列实施归一化。

图 5.23 给出了在 RedR = 0. 25 和 N = 25 时,所得到的离散概率函数。针对低的相干值,峰值通常较低,这显示了单个列的分布具有较高的方差。一般的离散概率函数(图 5.23)的走向与解析解是一致的(图 5.2),这显示了所推导出的解析表达式的适用性。但是,在离散概率函数中,其概率的峰值可以与概率密度函数不同,因为离散概率函数只有在无限小的间隔,以及无限的实现次数这一极限的情况下,才等于概率密度函数(Antoniou 2005),即:

$$\lim_{\substack{\Delta \to 0 \\ N \to \infty}} DF = PDF \tag{5.82}$$

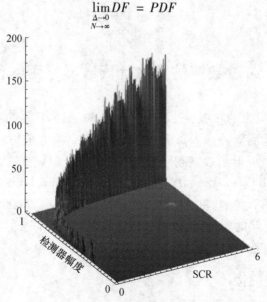

图 5.23　检测器的离散概率函数(DF)。仿真:色杂波

式中:Δ 是用来计算概率的间隔;N 是实现次数。

一旦可以获得离散概率函数,那么它就可以用来计算特征概率:

$$P_D(\gamma \geq T | s = \mathrm{SCR}_0), P_M(\gamma < T | s = \mathrm{SCR}_0), P_F(\gamma \geq T | s = 0)$$

$$\tag{5.83}$$

在图 5.24 中,给出了检测概率 P_D 的趋势。表 5.7 给出了仿真中所使用到的参数。

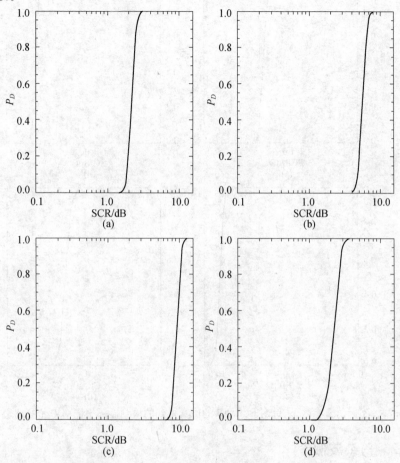

图 5.24 不同仿真参数下,针对 SCR/dB 的仿真得到的检测器检测概率 P_D(参见表 5.7)

按照相同的处理方式,可以估计出漏报概率 P_M(图 5.25 和表 5.7)。

表 5.7 检测器参数

	SCR	RedR	门限	窗的大小
(a)	可变的	0.25	0.95	25
(b)	可变的	0.25	0.98	25
(c)	可变的	1	0.95	25
(d)	可变的	0.25	0.95	9

仿真和解析相比的结果表明了二者令人惊奇的一致(所得的图像彼此相互重叠),这也再一次证明了解析表达式的适用性。

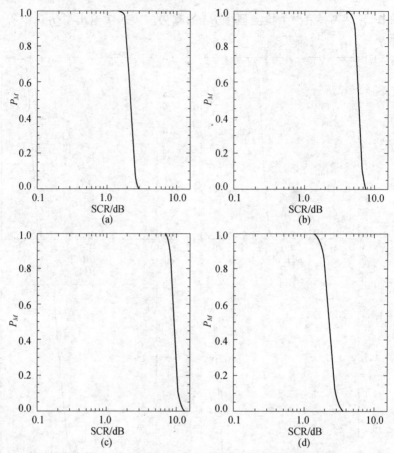

图 5.25　不同仿真参数下,针对 SCR/dB 的仿真得到的检测器漏报概率 P_M(参见表 5.7)

5.5.2　白杂波假设

假定针对白杂波的更为一般假设。仿真中,除了在目标上再一次增加杂波分量之外,其他地方采用与色杂波完全相同的处理方式。图 5.26 和图 5.27 说明了离散概率函数分别是针对假设 0(也就是目标加上杂波)和假设 1(也就是仅有杂波)下 SCR 的函数。

参数值和表 5.1 中的相同(但 SCR 变化)。

通过仿真得到的结果的外观,与对应的解析的曲线外观充分地重叠,显示了一个不同于零的特征起始点。另外,峰值再度是相似的,但我们不能期望其完全匹配。至于解析的情况,当目标不存在的时候,尽管杂波的能量在增加,离散概率函数对于 SCR 而言,是一个常数。

下面一个分析考虑了对检测概率 P_D 的仿真(图 5.28 和表 5.6),仿真得到的结果和解析得到的结果二者之间的对比图再一次揭示了很大的一致性(图可以是重叠的)。

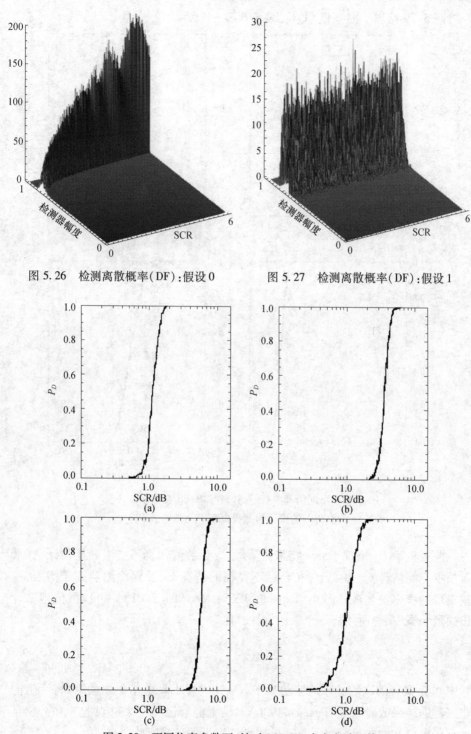

图 5.26　检测离散概率(DF):假设 0　　　图 5.27　检测离散概率(DF):假设 1

图 5.28　不同仿真参数下,针对 SCR/dB 在白杂波环境
下仿真得到的检测器检测概率 P_D(参见表 5.7)

图 5.29 给出了漏报概率 P_D（表 5.6）。

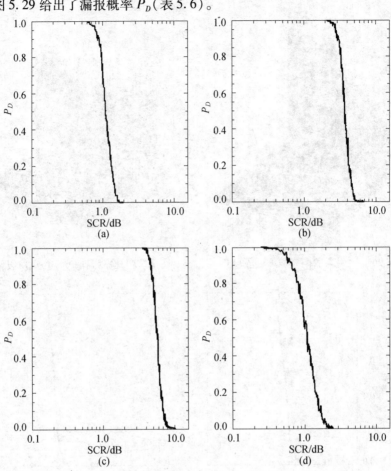

(a)

(b)

(c)

(d)

图 5.29　不同仿真参数下，针对 SCR/dB 在白杂波环境
下仿真得到的检测器漏报概率 P_D（参见表 5.7）

　　漏报概率 P_D 出现了一个特殊的情形，因为数值仿真不能正确地估计它（或者根本不能估计）。事实上，在目标不存在的情况下，设置检测器高于门限，一些实现的概率就会极其渺小（Papoulis 1965；Monahan 2001）。可以数值地估计出的最小概率，是所用样本个数的倒数，即：

$$P_{\min} = \frac{1}{N} \tag{5.84}$$

其中 N 是实现的次数。在这些仿真中，P_F 比 $P_{\min}$ 还要小几个数量级，将产生的非正常的结果或者为零（Pearson 1986）。结果能够返回一个可观的 P_F 的，仅是具有小窗口和微弱目标这一具有挑战性情形下的仿真实验。

　　最后的实验所关注的是各种 ROC 曲线。利用先前处理解析解所用到的相同的参数进行了仿真。考虑非常小的虚警,我们能够绘制的唯一一个 ROC 曲线,正是窗口大小等于 9,且 SCR =0.5 的最后一个(图 5.30 和表 5.6)。

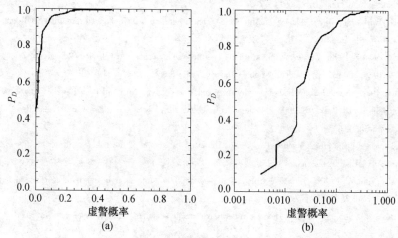

图 5.30 SCR =0.5 和窗口大小为 9 时,仿真得到的 ROC
(a) 线性标度;(b) dB 标度。

参考文献

Antoniou A. 2005. Digital signal processing: signals, systems and filters. McGraw Hill, New York.

Chaney RD, Bud MC, Novak LM. 1990. On the performance of polarimetric target detection algorithms. Aerosp Electron Syst Mag IEEE 5:10 – 15.

Cloude SR. 1995. Lie groups in EM wave propagation and scattering, Chap. 3. In: Baum C, Kritikos HN (eds) Electromagnetic symmetry. Taylor and Francis, Washington, pp91 – 142, ISBN 1 – 56032 – 321 – 3.

Cloude SR, Pottier E. 1996. A review of target decomposition theorems in radar polarimetry. IEEE Trans Geosci Remote Sens 34:498 –518.

Franceschetti G, Lanari R. 1999. Synthetic aperture radar processing. CRC Press, Boca Raton.

Fung AK, Ulaby FT. 1978. A scatter model for leafy vegetation. IEEE Trans Geosci Electron 16:281 – 286.

Gray RM, Davisson LD. 2004. An introduction on statistical signal processing. Cambridge University Press, Cambridge.

Kay SM. 1998. Fundamentals of statistical signal processing, vol 2: detection theory. Prentice Hall, Upper Saddle River.

Lee JS, Jurkevich I, Dewaele P, Wambacq P, Oosterlinck A. 1994. Speckle filtering of synthetic aperture radar images: a review. Remote Sens Rev 8:313 – 340.

Li J, Zelnio EG. 1996. Target detection with synthetic aperture radar. IEEE Trans Aerosp Electron Syst 32:613 – 627.

López – Martínez C, Fàbregas X. 2003. Polarimetric SAR speckle noise model. IEEE Trans Geosci Remote Sens 41:2232 – 2242.

Mathews JH, Howell RW. 2006. Complex analysis for mathematics and engineering. Jones and Bartlett, London.

Monahan JF. 2001. Numerical methods of statistics. Cambridge University Press, Cambridge.

Novak LM, Owirka GJ, Netishen CM. 1993. Performance of a high – resolution polarimetric SAR automatic target recognition system. Linc Lab J 6:11 – 24.

Novak LM, Owirka GJ, Weaver AL. 1999. Automatic target recognition using enhanced resolution SAR data. IEEE Trans Aerosp Electron Syst 35:157 – 175.

Oliver C, Quegan S. 1998. Understanding synthetic aperture radar images. Artech House, Boston.

Papoulis A. 1965. Probability, random variables and stochastic processes. McGraw Hill, New York.

Pearson CE. 1986. Numerical methods in engineering and science. Van Nostrand Reinhold Company, New York.

Riley KF, Hobson MP, Bence SJ. 2006. Mathematical methods for physics and engineering. Cambridge University Press, Cambridge.

Touzi R, Lopes A, Bruniquel J, Vachon PW. 1999. Unbiased estimation of the coherence from multi – look SAR data imagery. IEEE Trans Geosci Remote Sens 37:135 – 139.

Treuhaft RN, Siqueria P. 2000. Vertical structure of vegetated land surfaces from interferometric and polarimetric radar. Radio Sci 35:141 – 177.

Tsang L, Kong JA, Shin RT. 1985. Theory of microwave remote sensing. Wiley Interscience, New York.

第6章 机载数据的验证

6.1 引 言

在第5章中,我们推导了极化检测器的统计特征,并将其用以证实极化检测器的理论性能。尽管性能评估反馈回了满意的结果,但是利用实测数据对其进行验证是必不可免的一步:这是因为理论模型未能考虑到多方面因素的影响,而这些因素在真实情况下,可以使一个算法的性能急剧恶化(Campbel 2007)。

为了完成一个全面、透彻的验证,我们将会把几种类型的目标和数据集纳入考虑之中:利用机载和星载传感器,延伸至多个频率和分辨率。在本学位论文中,验证过程将分为两个主要的章节。本章将专注于条件较为适宜的机载数据场景,而在下一章中,我们将应对更具挑战性的星载数据场景(Campbel 2007)。

在验证的第一部分中,本章将会研究标准目标(正如前面部分中所解释的那样)存在的情形。由于标准目标易于与真正的目标相关联,因此它们代表了本领域相关讨论中一个令人关注的切入点。在第二部分中,我们将利用广义目标,对最佳单目标所关注的、相应的真实目标的检测进行剖析。这里我们想要强调的是,本学位论文并没有给出针对一个具体的实际目标(例如,相对于飞行方向,一个具有特定取向的具体的汽车)所进行的特别的研究,因为我们想要提出一种具有普遍性的探测器。对来自于一个特定目标的后向散射的检测与识别,并不在本学位论文的既定目标之内。

6.2 E-SAR 数据介绍和总体考虑

在第一个系列的实验中,检测器将应用于一个四极化(也就是 HH,VV,HV 和 VH)的 L 波段的 SAR 数据集。L 波段由于其具有可以穿透植被的枝叶的能力,因此,目标检测常常涉及到该波段的应用(Fleischman et al. 1996)。数据集是由 DLR(German Aerospace Centre)在 2006 年 SARTOM 的活动期间,利用 E-SAR 机载系统所获得的(Horn et al. 2006)。E-SAR 雷达传感器的一个值得注意的特点是它的空间分辨率:2.2m(距离方向)和 0.9m(方位角方向)。正如前面部分所示,增大平均窗的尺寸用以估计相干,同时也使得理论上的检测性能得到改善;其缺点是分辨率的损失。由于这个原因,一个高分辨率的传感器,允许产生可用的最终分辨率的充分平均处理。考虑使用一个 5×5 的可移动窗口,最终的平均单元将会是 11m×4.5m,对于车辆和小型建筑来说,这样的分辨率足矣(Novak et al. 1999)。

　　SARTOM 活动设计的初衷是用以测试高级 SAR 技术的检测能力,这些高级的 SAR 技术可用于 X 射线断层摄影术和与极化相关的技术。为此,一组人工目标被部署在露天和树冠层下,这使得该测试数据集特别适合于我们的实验(Horn et al. 2006)。

　　图 6.1 给出了试验基地(Google Earth)的航拍照片,并对目标在场景中的位置进行了标注。图 6.2 是一幅彩色复合的 RGB 图像,其中的三种颜色对应 Pauli 矢量的各分量(红色:HH－VV;绿色:2HV;蓝色:HH＋VV)(Cloude 2009;Lee,Pottier 2009;Mott 2007;Ulaby,Elachi 1990;Zebker,Van Zyl 1991)。

图 6.1　测试区域(Google Earth)的航拍图

　　将雷达图像与航拍照片相比,可以发现影响雷达图像的几何失真是明显的。特别是由于方位角方向的分辨率更高,因而使得雷达图象沿着距离方向被压缩(Horn et al. 2006)。

图 6.2　测试区域的 L 波段 RGB Pauli 组合图像(可见书后彩图),
红色:HH – VV;绿色:2HV;蓝色:HH + VV

在我们的 SAR 图像中,最为明亮的区域所对应的主要是森林。如此的明亮是由于存在一些可以与波长的尺寸相比拟的散射体(比如树枝、树叶等)(Attema,Ulaby 1978;Durden,et al. 1999;Fung,Ulaby 1978;Lang 1981;Treuhaft,Cloude 1999;Treuhaft,Siqueria 2000;Tsang,et al. 1985;Woodhouse 2006)。由这些成分所产生的多重散射,是一致且相对各向同性的(也就是在所有方向),所以,一个能量中的显著部分被后向散射(也就是朝着接收天线)。从极化的角度来说,可将树冠建模为一个统计性的体积,这一体积由一些有或者没有最佳取向的扁圆微粒所构成(Fung,Ulaby 1978;Treuhaft,Cloude 1999;Treuhaft,Siqueria 2000)。

在已有的文献中,科研人员已经研发了不同的模型用来描述体积散射,最为常见的一种是随机体积(Random Volume,RV)模型,这一模型认为颗粒(比如球形或者偶极子)取向随机;或者是取向体积(Oriented Volume,OV)模型,在这一模型中,颗粒具有一个优先选择好的排列方向。

来自裸露地面的后向散射通常不太明亮,它可以被建模成一个粗糙的表面(也就是 Bragg 散射),在这一表面上,大部分能量被向前散射(Cloude 2009)。如果和波长相比,粗糙性非常小,那么大部分入射波(它没有被吸收或者向内部折射)的能量,将按照菲涅耳定律(Fresnel Laws)在镜像方向上反射(Stratton 1941;Rothwell,Cloud 2001)。在某些限制下,粗糙性(与波长相比)与后向散射到传感器的能量是直接相关的。从极化角度来讲,裸露的地面就像一个表面,因此,Pauli 散射矢量的第一个分量(也就是 HH + VV)所代表的偶次散射是非常强的(Cloude 2009;Hajnsek et al. 2007)。要理解从一个粗糙的介质表面所产生的散射,一种方法是从一个理想的表面开始考虑,逐步过度到并不理想的表面。

(1)一个仅在前向上的无限光滑的金属表面,HH 和 VV 具有完全相同的幅度和截然相反的相位(只要入射波是同相的)。这是因为垂直分量的反射改变了符号。然而,利用 BSA 坐标系统,水平轴方向的改变将引起 HH 和 VV 相位的一个双重改变(Cloude 1987;Huynen 1970)。

(2)一个无限光滑的介质表面仍然只存在前向散射,但是由于这将会让 VV 分量小于 HH 分量的 Brewster 角,使得目前在幅度上 HH 与 VV 二者是不相等的。和金属表面的情况一样,光滑的介质表面不会引入去极化(Cloude 2009;Rothwell,Cloud 2001)。

(3)表面粗糙性的引入,产生了远离前向的散射能量的扩散(同样也涵盖了后向的)。

最后,对于裸露地面的情形,表面是非传导性和粗糙的。表面的粗糙性产生了去极化,因此,HV 和 VH 不再为零,并且 HH 和 VV 不是完全同相的。对于 Bragg 散射,在后向散射上,VV 和 HH 之间的平衡反转,且 VV 高于 HH。Brewster 角对地表多重反射目标检测的影响,将在下一节中更为详细地介绍。

在图 6.2 中,部署在露天环境中的人造目标(比如角形反射器、容器和车辆)是相当明显的,因为它们通常都是明亮的。亮度主要和它们的几何形状有关,这一几何形状有利于镜面和拐角的形成(Curlander, McDonough 1991;Li, Zelnio 1996;Novak et al. 1999)。显而易见,后向散射的强度取决于拐角的尺寸,其雷达散射截面积可以根据第 1 章所给出的方法进行计算。人造目标和金属拐角之间的联系正是检测器的核心思想所在,这一思想将对线性共极化 HH 或者 VV 上的后向散射的幅度设置门限(如第 3 章所介绍的)。一个稍微精炼的方法是考虑 Pauli 散射矩阵(也就是奇次散射和偶次散射)前两个分量的门限。

图 6.2 中,在露天环境下,作为几何形状显现的特征正是那些金属网(请注意,它们在图 6.1 中都没有标注出来)。

至于部署在树冠下的目标,在 RGB 图像中通常是不可见的,且不能从周围的杂波中分离出来(Fleischman et al. 1996;Cloude et al. 2004)。这是由于以下两个主要的原因:

(1)微波辐射能够穿透电介媒质,其穿透深度与媒质的介电常数有关(在集群介质中和密度有关)(Rothwell,Cloud 2001;Stratton 1941)。一个树冠是由可以被空气隙(占据了大部分体积)所分离的一些微粒所组成的。L 波段的电磁辐射可以渗透树冠,但是,由于颗粒物的吸收和散布(在不同方向上散射能量)使它受到衰减。因此,能够到达树冠层下地面的能量的数量,只是入射波的一小部分(Fung,Ulaby 1978;Treuhaft,Siqueria 2000;Tsang et al. 1985)。一旦到达目标,电磁波只好沿着和刚才相同的,穿透树冠的路径,反向传送到传感器。这种经历树冠层的两路衰减,将会大大降低来自目标的后向散射。

(2)在一个树木丛生的区域,由于丛林具有高散射特性(正如先前所述),周围的杂波远高于裸露地面(Kay 1998)。

综上所述,当周围杂波能量增加时,树冠下目标的后向散射能量将减少。在某些情况下,这将导致一个目标的后向散射能量低于背景,这使得仅仅利用后向散射的幅度检测难以施行。

在第一个实验中,为了检测车辆和角形反射器,将对多重反射的存在性进行研究。此外,将利用取向偶极子洞察金属丝。在第二部分中,将研究广义目标,其目的是剖析用于相应的真实目标检测的最合适的单目标。

6.3　标准目标检测

正如前面所提及的,人造目标主要由基本的形状和角形反射器所组成,这可以在初次尝试中进行选择。在第 4 章中,我们剖析了标准目标的极化特性,这里,一个期望的真实目标将会与理论上所对应的目标相联系。该检测将以下各项为目标:

(1)奇次散射。这些是由金属面所构成的各种拐角,在这里,在电磁波改变方向直到抵达传感器之前,经历了奇数次的反射。这种分类的实例是面向传感器和三面角的那些表面。

(2)偶次散射(水平的)。和上面一样,这些是由金属面所构成的拐角,而在这里,在电波重新到达传感器之前,经历了偶数次的反射。尤其是,拐角线的水平方向是一个重要的指标,因为目标沿视线(Line of Sight,LOS)的旋转不是固定不变的。偶次反弹的实例是类似墙壁的二面角的拐角,或者沿着方位角方向的车辆。

(3)水平偶极子。一行电流产生一个偶极子。偶极子将沿着导线的朝向,散射出线极化(也就是椭圆率为零)的电磁波。和上面一样,偶极子的取向是一个重要的指标。具体的实例包括了沿方位角方向且与地面相平行的导线,狭窄的圆柱,比如长而细的树枝。

(4)垂直偶极子。与水平偶极子一样,但取向沿着垂直方向。垂直方向的意思是任一通过距离方向的平面的,且垂直于水平面的方向。虽然该平面上的任意导线都可以被解释为垂直偶极子,但是来自目标后向散射的数量,是其在该平面上取向的函数(因为偶极子沿其轴线方向并不是各向同性的)。比如,当导线正交于距离方向时,回波尤其强劲。另一个垂直偶极子出现的例子,是当导线的方向与水平地表平面的法线相一致的时候,因为它与地面产生偶次散射(只要地面足够光滑和平坦)。

标准目标代表了理想的金属目标,然而,实际目标一般会与标准目标略有不同。从一种几何的观点来看,一个真实的单目标仍然可以由目标空间中的一个矢量来表示,因为它是确定性的,且为相干的。但是,作为目标非理想天然属性的后果,其矢量与理想目标的矢量将会略有不同(Cloude 1995b)。这种差异可以用两个矢量之间的角距离来进行描述(Rose 2002;Strang 1988)。在检测器中,当对理想目标的扰动为 ω_T 时(并且设置了门限),检测会被限制在将待检测目标作为轴的矢量锥之内(一系列到目标的角距离)。如果真实目标位于检测锥内部,它仍将会被检测到;否则,针对真实目标,必须采用一种不同类型的单目标。在这种情况下,扰动(以及门限的设置)是一种手段,这种手段可以用来调整其与被假定是可以接受的理想目标之间的角度变化(正如附录2中所给出的散布方程)。

该检测的结果是面罩(masks)。当一个目标引发检测,是因为 ω_T 和 ω_P 之间的相干性大于门限,面罩记录了相干性的值,这一取值在门限与1之间是线性标度的。这样,一个基于相干幅度的目标优势性的测度就被制定了(Kay 1998)。面罩将是:

$$m(\mathrm{rg},\mathrm{az}) = 0, \gamma_d < T$$
$$m(\mathrm{rg},\mathrm{az}) = \gamma_d, \gamma_d \geq T$$

$$(6.1)$$

式中:rg 代表距离;az 表示方位;γ_d 就是上一章所给出的检测器;T 为门限值。

表 6.1 显示了检测中所选用的主要参数。关于两个门限值的选择,必须给出一种分类的方法。在前面的章节中,研发了一种选择门限值的方法,并在 SCR=2 和这两种情形下进行了测试。之所以选择这两个例子,是因为它们对统计性的检测器提供了一个有利且具有教导性的情景。然而,在一个实际的检测中,我们也许对 SCR=2 的目标并不感兴趣,因为散布方程显示了目标与类似的相干目标可能的检测之间,相对大的变化(35°的角度变化)。出于这一原因,所用的门限值对于白杂波和 SCR=4 和 SCR=6 而言是最佳的。这两个 SCR 的值在统计计算中并不加以处理,因为对于它们,检测器表现出了一个很强的确定性的反应,变化的效果并不是十分明显可见的。

表 6.1 检测器所使用的参数

窗口	区域大小(rg,az)	T 反射	T 偶极子	RedR
5×5	250 像素×250 像素	0.97	0.95	0.25

此外,反射和偶极子采用两个不同门限值的原因,与露天条件下的多重反射的亮度有关。这使得对它们的反馈明显优于周围的杂波;在高信杂比 SCR(Signal to Clutter Ration)的场景下,一个较高的门限将是首选,因为它降低了虚警率。最后,如果我们有一个关于场景类型的先验信息(比如露天场景),就可以更为明智地对门限进行选择。偶极子通常并不是特别地明亮,因此必须选择一个标准的门限(即 SCR)。

图 6.3 给出了多重反射与取向偶极子的检测结果。除此之外,图 6.4 给出了一些检测目标的照片,这些照片是在对测试区域进行的一次勘测中所获得的。为了鉴别感兴趣的目标(250 像素 ×250 像素),这里给出了 L 波段的 RGB Pauli,也就是图 6.3(a),作为与那些标识的对比。一辆吉普车被部署在图像的中间(Mercedes Benz 250 GD,以"Wolf"闻名),位于吉普车上方和下方的两个亮点是三面角反射器,安置在此用于校准(顶部 149cm,底部 70cm)。

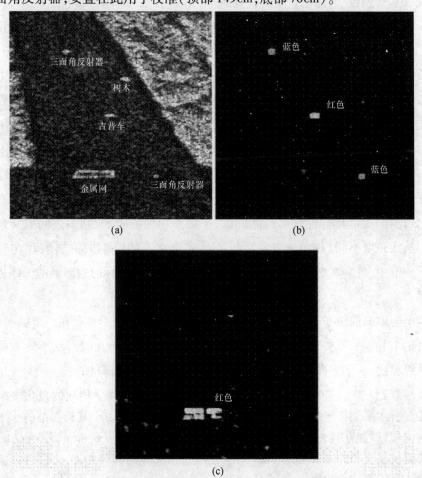

(a)　　　　　　　　　　(b)

(c)

图 6.3　露天区域的检测,面罩的强度和探测器的幅度有关

(a) 对一些目标进行标识的 L 波段 RGB Pauli 图像(可见书后彩图),红色:HH − VV;绿色:2HV;蓝色:HH + VV;

(b) 对于多重反射掩盖下的 RGB 图像,红色:偶次散射;绿色:零;蓝色:奇次散射;

(c) 对于取向偶极子检测器掩盖下的 RGB 图像,红色:水平偶极子;绿色:零;蓝色:垂直偶极子。

最后,在图像的底部,有一个垂直的金属网(它们被用来限定区域),距离方向是沿着垂直轴的(由底到顶部)(Horn et al. 2006)。

任意的面罩显示了关于两个不同的检测器,在一幅 RGB 复合的彩色图像中汇聚在一起的信息。这些面罩是:

(1) 多重反射(图 6.3(b)):由金属面和拐角所构成的目标,都可以表现为相同的面罩。红色代表偶次散射,蓝色代表奇次散射(正如 Pauli 基中的惯例的那样)。

(2) 取向偶极子(图 6.3(c)):导线或狭窄的圆柱,在面罩上是可见的。红色代表水平偶极子,蓝色代表垂直偶极子(正如字典式基础公约所示)。

该算法可以正确地将三面角反射器(CR)(面罩上的蓝色斑点)作为目标源的奇次散射来进行检测。来自那些角形反射器的回波,尤其纯净和强烈,因为反射面是金属的。边缘上的衍射是一个使纯度稍许降低的因素,但是在 L 波段,这一因素的影响可以忽略不计(Rothwell,Cloud 2001)。吉普车主要表现出偶次散射,这大概是由于地面与吉普车的垂直面之间的双重反射所致(反之亦然)。此外,有一些位于丛林边缘的偶次散射目标,由于"树干 – 地面"间的双重反射,当树干平面未被树冠或者其他树干遮蔽时,在丛林边缘特别强。这些类型的目标(除去 CRs 之外)是不太纯的,因为至少有一个平面(比如地面)是非传导性的。与此同时,平面是粗糙的表面,它们之间的夹角可以与法线稍微不同;拐角线方向可以不是完全水平的(例如,有斜坡存在时)。在下一节中,将会对对一个明确的、针对感兴趣的真实目标的检测器的工序进行描述。

至于取向偶极子,由反射面(CRs)所组成的目标完全不复存在。金属网(图 6.4(b))作为一个水平的偶极子被检测到,与由于雷达的几何形状所导致的垂直导线相比,水平方向的导线散射得更多(恰如前面所解释过的)。

注意到一个有趣的现象:数据集中了所有的金属网共享相同的极化表现方式,因此,水平偶极子得以可靠地用以对它们进行检测。由于其长而细的水平方向的树枝,孤立在森林边缘的树可以被检测到(正如在图 6.4(c)中可见的)。这些树枝是直径为 1cm 或者 2cm 的圆柱体,与 24cm 的波长相比,它们可以被解释为狭窄的圆柱体(Cloude 1995a,2009)。

几个垂直偶极子被地面所检测到。一个测试区域的勘察显露了灌木丛的存在,这些灌木丛由约为 1.5m 高的,大且垂直的木质茎所组成(图 6.4(d))。

图 6.4　一些检测到的目标的照片(承蒙 DLR 提供)

(a) Wolf1;(b) 金属网;(c) 具有向水平方向铺展开的树枝的稀疏的树;(d) 具有木质茎的灌木丛。

在下一个检测预演中,目标旨在一个更具挑战性的环境中对算法的性能进行测试,这一环境就是当目标被部署在灌木丛掩饰下的情形(图 6.5)。在这种情况下,多反射和取向偶极子的门限均设为 0.95,因为并不期望目标占据特别主导的地位,而杂波的反射是一个主要的议题。一般来说,森林杂波不应该将虚警率显著地放大,因为体积的贡献(特别随机取向的颗粒)被扩展到所有的目标空间,结果将使极化信息混乱不清(比如使熵增大)、同时降低了检测器超过门限的可能性(Tsang et al. 1985)。

部署的目标是三面角反射器(顶部:149cm;底部左侧:70cm;底部右侧:90cm)。在 RGB Pauli 图像(图 6.5(a))中,角形反射器是不可识别的,因为周围的杂波(比如森林)具有一个明亮的反馈,这一反馈足以将角形反射器掩盖。相反地,在多重反射面罩(图 6.5(b))下,作为奇次散射可以很容易地被检测到。此外,该算法能够检测到位于图像上部的裸露地面。正如前面所提到的,地面的回波可以建模成 Bragg 表面(Cloude 2009)。在这一最后的测试中,由于门限比以前低,且可以检测到微弱目标,所以我们能够检测到裸露的地面。

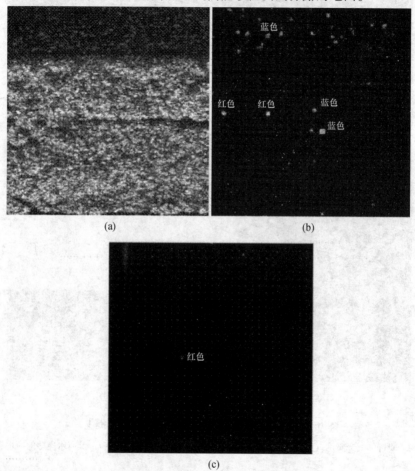

图 6.5　森林区域的检测,面罩的强度和探测器的幅度有关
(a) L 波段的 RGB Pauli 图像(可见书后彩图),红色:HH − VV;绿色:2HV;蓝色:HH + VV;
(b) 对于多重反射掩盖下的 RGB 图像,红色:偶次散射;绿色:零;蓝色:奇次散射;
(c) 对于取向偶极子检测器掩盖下的 RGB 图像,红色:水平偶极子;绿色:零;蓝色:垂直偶极子。

至于偶次散射,一些"树干 – 地面"的双重散射可以被识别出来,特别是在靠近森林中的小块空地上的角形反射器(也就是沿着方位角方向延伸的深色的线),可以对其顶部和底部进行分离。当森林密度较低时,树干表面与地面产生的二面角的可能性更大。

最后,对森林中有标识的,优先选择了方向的偶极子进行检测是不可能的

（如图 6.5(c)）。这是符合 L 波段的 RVoG 模型的，在这一模型中，森林的结构是随机的，且没有出现特定的方向(Fung, Ulaby 1978；Treuhaft, Siqueria 2000；Papathanassiou, Cloude 2001)。至于垂直偶极子，再也不能出现地面对它的任何检测了，实际上，它是以单次散射(实地调查证实了在那一区域中并没有灌木丛)的形式被检测的。三个角形反射器中的两个(有两个在底部)的照片如图 6.6 所示。

图 6.6　森林中的三个三面角反射器的照片(承蒙 DLR 提供)

为了提供在植被的叶冠下进行检测的另外一个例子，图 6.7 给出了检测的情况；在这一检测中，研究了一种不同类型的目标：如图 6.8(b)所示，清楚地看到一个 20 英尺的钢集装箱被部署在森林的空地。雷达的侧视安排，使得集装箱完全在树冠(在其左手边)的笼罩之下。照片也给出了一个森林密度的观点。图 6.7(b)清楚地揭示了集装箱作为偶次散射目标源的检测(也就是一个地面之上的金属墙)。在这一有幸的情况下，来自集装箱的后向散射是相对明亮的，因此，对于多重反射，我们可以使用较高的门限 0.97。这使得最终的面罩更加干净，摒弃了所有微弱的和非理想的目标(比如裸露的地面或者树干)。

至于奇次散射，接近森林左下角来看，可以发现两个极具吸引力的特点。这一成条纹样的形状是一个用于训练坦克驾驶员的斜坡(图 6.8(c))。主要的斜坡面朝传感器，虽然其并不是金属的，但它也像一面镜子(也就是单个的散射)所充当的角色那样。另外一个蓝点是一个地堡，如图 6.8(d)所示。在这里，面向传感器的一侧，是这个洞穴的内部和正面突出的边缘。

正如预期的那样，森林边缘的水平树枝产生了水平偶极子。至于从森林左下角的角度看到的检测点，它们对应于一个军用的瞭望塔楼，如图 6.8(a)所示。

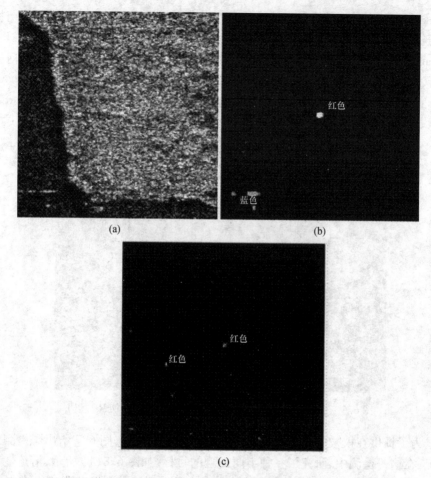

图 6.7　森林区域的检测:集装箱,面罩的强度和探测器的幅度有关
(a) L 波段的 RGB Pauli 图像(可见书后彩图),红色:HH − VV;绿色:2HV;蓝色:HH + VV;
(b) 对于多重反射掩盖下的 RGB 图像,红色:偶次散射;绿色:零;蓝色:奇次散射;
(c) 对于取向偶极子检测器掩盖下的 RGB 图像,红色:水平偶极子;绿色:零;蓝色:垂直偶极子。

　　塔楼是复杂的目标中一个值得注意的实例。它被检测为一个水平偶极子,因此,相对于其他所有的分量,HH 分量(或者某些接近它的)是占主导地位的。然而,对于塔楼和入射波之间的独特的相互作用的解释,不能够很一般地从一个极小的目标可视化的视角进行解读(Stratton 1941)。这是我们将标准目标纳入测试检测器的原因之一,因为它们通常具有一个简单的物理对应(除开很少的例外,比如塔楼这一情形)。我们略去其他理论上的目标(比如螺旋结构)不表,因为我们期望基于一个目视检查,就能得到一个与真实目标更加复杂的联系。这会产生对验证增加模糊性的结果(Cloude 2009;Rothwell,Cloud 2001;Stratton 1941)。很显然,如果知道感兴趣目标的确切特征,那么,检测器可以聚焦于此(因为我们知道,理论上的目标与真实的我们所感兴趣的目标有关)。

图 6.8　一些检测到的目标的照片图(承蒙 DLR 提供)

(a) 一个军事瞭望塔;(b) 森林中的集装箱;(c) 坦克训练的斜坡;(d) 地堡。

最后,因为灌木丛的原因,地面上还有一些垂直偶极子,但与前面的例子相比并不那么多。

在利用 E – SAR 数据的最后一个实验中,剖析了一个不同类型的目标。整个数学推导是基于描述目标的极化表现方式的可能性而得到的,而这种目标的极化方式是通过一个单一的散射矢量(因为它是一个单目标)来诠释的。换句话说,目标必须是极化稳定的或者是确定性的,通常将其转化成点目标或者由分辨单元中一组稳定复合物(具有相同的极化表现方式)所组成的目标。因为它们是确定性的,单目标往往与不出现斑点变化的相干目标相关联(有时是混杂的)。正如在第一章中所说明的,斑点是由于数个散射体的相干总和而产生的,这些散射体在同一个分辨单元里,但却有不同可能的组合。即使在实际情况下,单目标与相干目标之间的对应关系是普遍接受的,但是有时可以观察到的雷达数据,存在一个理论上的

125

差异(Dong,Forster 1996)。所提供的例子是分布于多个像素(也就是由多个散射体所组成的)上的目标,其中所有的散射体具有完全相同的极化响应。这样一个目标仍然可以用一个单散射矩阵来表征,即使它是分布式的。换句话说,如果在 n 个相邻的像素中,散射矩阵有相同的极化信息,但不同的总体幅度和相位(由散射体的数量和位置所致),平均处理后的散射矩阵变为:

$$\kappa \begin{bmatrix} a & c \\ c & d \end{bmatrix} = \frac{1}{n}\left(C_1 e^{j\phi_1}\begin{bmatrix} a & c \\ c & b \end{bmatrix} + \cdots + C_n e^{j\phi_n}\begin{bmatrix} a & c \\ c & b \end{bmatrix}\right) \tag{6.2}$$

综上所述,除了一个乘法的复数因子(在极化背景下,可以忽略不计)以外,总目标的散射矩阵依然如故。显然,尽管散射矩阵的使用是直观有效的,但是它并没有通过正规的证明来表明它是完全正确的,因为我们应该通过协方差矩阵来对其进行证明。为了取得一个更为严密的论证,我们提出以下的证明。

如果从字典式散射矢量得到协方差矩阵,那么矩阵的第一个元素将会是:

$$\langle |a|^2\rangle = \frac{1}{n}\left[(aC_1 e^{j\phi_1} + \cdots + aC_n e^{j\phi_n})(aC_1 e^{j\phi_1} + \cdots + aC_n e^{j\phi_n})^* \right]$$

$$= \frac{1}{n}\left[a(C_1 e^{j\phi_1} + \cdots + C_n e^{j\phi_n})a^*(C_1 e^{j\phi_1} + \cdots + C_n e^{j\phi_n})^* \right]$$

$$= \frac{|a|^2}{n}\left[(C_1 e^{j\phi_1} + \cdots + C_n e^{j\phi_n})(C_1 e^{j\phi_1} + \cdots + aC_n e^{j\phi_n})^* \right]$$

$$= \kappa \frac{|a|^2}{n} \tag{6.3}$$

同样的工序可以应用到所有其它对角项上,结果是

$$\langle |a|^2\rangle = \kappa\frac{|a|^2}{n},\langle |b|^2\rangle = \kappa\frac{|b|^2}{n},\langle |c|^2\rangle = \kappa\frac{|c|^2}{n} \tag{6.4}$$

至于交叉项,我们可以写为

$$\langle ab^*\rangle = \frac{1}{n}\left[(aC_1 e^{j\phi_1} + \cdots + aC_n e^{j\phi_n})(bC_1 e^{j\phi_1} + \cdots + bC_n e^{j\phi_n})^* \right]$$

$$= \frac{1}{n}\left[a(C_1 e^{j\phi_1} + \cdots + C_n e^{j\phi_n})b^*(C_1 e^{j\phi_1} + \cdots + C_n e^{j\phi_n})^* \right]$$

$$= \frac{ab^*}{n}\left[(C_1 e^{j\phi_1} + \cdots + C_n e^{j\phi_n})(C_1 e^{j\phi_1} + \cdots + aC_n e^{j\phi_n})^* \right]$$

$$= \kappa\frac{ab^*}{n} \tag{6.5}$$

它可以进一步转化为:

$$\langle ab^*\rangle = \frac{\kappa}{n}ab^*,\langle ac^*\rangle = \frac{\kappa}{n}ac^*,\langle cb^*\rangle = \frac{\kappa}{n}cb^* \tag{6.6}$$

总结下来,运算可以理解为:

$$[C] = \frac{\kappa}{n}[C_s] \tag{6.7}$$

126

这是一个复标量因子与协方差矩阵的乘法(这并不改变目标的极化特性)。从几何的角度来看,最终的协方差矩阵可以从相同的散射矢量(散射体中的一项)中获得,所以,它的秩为 1 并且代表一个单目标。由于它的分布式结构,这样一个目标出现了斑点,但是由于其极化的单一特性,所以仍然可以被检测到。

为了测试分布式单目标的检测效果,我们将算法聚焦于农业区域(图 6.9)。图 6.9(d)显示了这一区域的航拍照片(Google Earth),在图中,雷达景象包含在两条黑线之间。这里,可以看见位于两个林段之间的三个条纹状的场地。为了便于解释,在面罩检测中,这些线表明了森林的边缘。

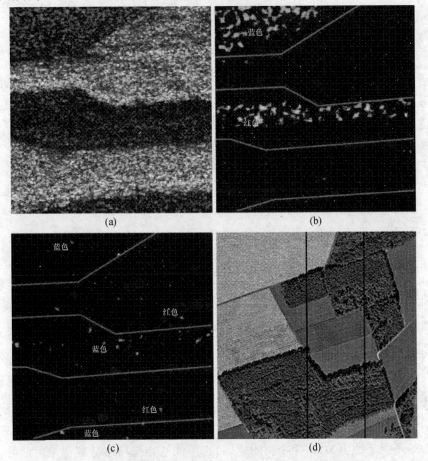

图 6.9　树木丛生区域的检测,面罩中的那些线条代表了森林的边缘,
面罩的强度和检测器的幅度有关

(a) L 波段的 RGB Pauli 图像(可见书后彩图),红色:HH − VV;绿色:2HV;蓝色:HH + VV;

(b) 对于多重反射掩盖下的 RGB 图像,红色:偶次散射;绿色:零;蓝色:奇次散射;

(c) 对于取向偶极子检测器掩盖下的 RGB 图像,红色:水平偶极子;绿色:零;蓝色:垂直偶极子;

(d) 这一区域的 Google 航拍地图。

面罩揭示出中间场地由于双散射而稳居主导地位。此外,在同一区域检测到了微弱的垂直偶极子。考虑到后向散射的值较低(图 6.9(a)),在单元格中的目标,预计将有一个小的雷达散射截面积。一个可能的真实目标应该类似于一堆小散射体,这些小散射体具有垂直的优先选择好的方向,且能够与地面一起产生双散射。例如,和放置在地面附近的,为了和地面产生双散射的垂直偶极子相似,它可能由垂直的条目所组成。遗憾的是,我们在捕获期内没有获得任何这一场地的图片。

6.4 选择性检测

上一节重点关注的是标准单目标的检测,而在这里,我们将通过考察一个更广泛的单目标集,对算法十足的潜力进行测试和挖掘。在本实验中,通过逐步旋转散射机制,检查同样的场景下检测面罩的变化,对感兴趣的目标进行修正以完成这次预演。这样的处理过程,可以被解释为极化空间中的一个真实目标的灵敏度分析。这旨在为了真实目标的检测,以获得最佳的单目标。

为了旋转目标矢量,必须利用一个参数化方法。我们选择与前面所引入的相同的陈述方式来应对扰动分析。

1) Huynen 参数(Huynen 1970)

$$[S] = [R(\vartheta_m)][T(\tau_m)][S_d][T(\tau_m)][R(-\vartheta_m)]$$

$$[S_d] = \begin{pmatrix} me^{i(v+\zeta)} & 0 \\ 0 & m\tan(\gamma)e^{-i(v-\zeta)} \end{pmatrix}$$

$$[T(\tau_m)] = \begin{pmatrix} \cos\tau_m & -i\sin\tau_m \\ -i\sin\tau_m & \cos\tau_m \end{pmatrix} \tag{6.8}$$

$$[R(\vartheta_m)] = \begin{pmatrix} \cos\vartheta_m & \sin\vartheta_m \\ \sin\vartheta_m & \cos\vartheta_m \end{pmatrix} [1]$$

其中 ϑ_m 和 τ_m 是第一个特征值(交叉极化零空间)的取向角和椭圆率角,且 m,v,γ 和 ζ 分别表示目标幅度、滑移角、特征角和绝对相位。在单程极化中,后者一般是不便于使用的,因为距离的原因,它不能从相位项中分离出来。此外,我们产生的各种散射机制(也就是酉矢量),使得 $m=1$。综上所述,可用的 Huynen 参数的个数为 4 个。

2) α 模型(Cloude 2009;Lee,Pottier 2009)

散射机制可以表示为:

---

[1] 译者注:原文公式误为"$[S] = [R(\psi_m)][T(\tau_m)][S_d][T(\tau_m)][R(-\psi_m)]$",已修正。

$$\underline{\omega} = \left[\cos\alpha, \sin\alpha\cos\beta e^{i\varepsilon}, \sin\alpha\sin\beta e^{i\mu} \right]^{\mathrm{T}} \tag{6.9}$$

式中:α 为特征角(不同于 γ);β 为两倍的目标方向角。请注意,在这种情况下,散射机制也可以用 4 个参数加以描述(图 6.10)。

(a)　　　　　　　　　　　　　　　(b)

图 6.10　一些检测到的目标的照片图(承蒙 DLR 提供)

(a) 集装箱; (b) 货车

灵敏度分析是这样来完成的:通过固定 4 个参数中的 3 个,使第 4 个参数在其对应的定义范围内变化。我们决定在这种区域完成检测:一个稍大(400 像素 ×400 像素)的,具有高度密集的人工目标,可以提供一幅相对较大的图片的区域。使用这些参数化方法获得的结果,可以与标准目标进行比较,因此检验结果的一致性。

在图 6.11 中,一个灵敏度分析利用 α 模型来完成,在 α 模型中,α 在区间 $\alpha \in [0, \pi/2]$ 上变化,且 $\beta = \varepsilon = \mu = 0$。就目标而言,$\alpha = 0$ 且 $\beta = \varepsilon = \mu = 0$ 代表了单反射或者各向同性的目标。因此,在图 6.11(b) 中,奇次散射,诸如角形反射器和某些裸露的地面被检测到。$\alpha = \pi/4$ 代表了偶极子;$\beta = 0$ 确保了它们是水平的,因此,金属网和森林边缘的树枝一样,是可以被识别到的。$\alpha = \pi/2$ 代表了偶反射,它是由图像中的一辆卡车和一个集装箱所产生的(图 6.10 给出了它们的图片)。

$\alpha = \pi/8$ 和 $\alpha = 3\pi/8$ 代表了中间类型的目标。这是将它们纳入考虑范畴的第一个实验,因此,尝试对它们更为详细地描述是适当的。在灵敏度分析中,$\alpha = 3\pi/8$ 与标准的偶次散射相比,好像更能够检测到由一堵金属墙和地表所组成的二面角。例如,由于传感器所检测到的容器被其视为一堵金属墙,这堵墙可以和一个介质表面(比如地面)构成一个二面角。由于垂直线性极化,地面引入了 Brewster(或者伪 Brewster)角(Rothwell and Cloud 2001;Stratton 1941)。因此,VV 极化的后向散射低于 HH 极化。这种 HH 极化的额外贡献,可以被解释为一个相干的水平偶极子与偶次散射的 HH 分量是同相的。因此,最终的目标介于理想的偶次散射($\alpha = \pi/2$)与水平偶极子之间($\alpha = \pi/4$)。

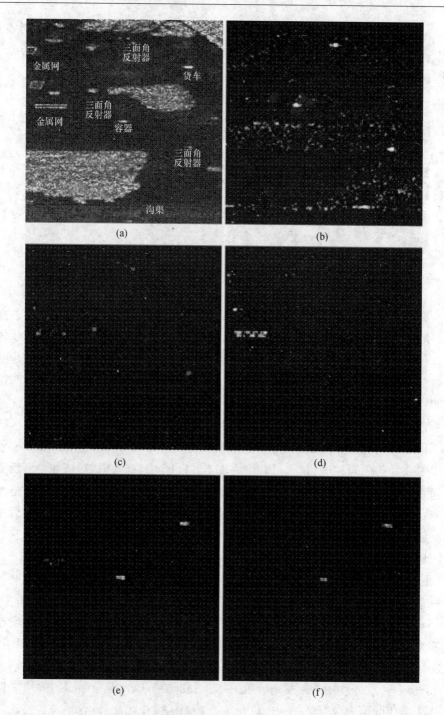

图 6.11　露天区域下的选择性检测，$\alpha \in [0, \pi/2]$，且 $\beta = \varepsilon = \mu = 0$

（a）对一些目标进行了标识的 L 波段 RGB Pauli 复合图像；

（b）$\alpha = 0$；（c）$\alpha = \pi/8$；（d）$\alpha = \pi/4$；（e）$\alpha = 3\pi/8$；（f）$\alpha = \pi/2$。

在文献中,这种类型的目标被认为是狭义二面角(Narrow Dihedral)(Cameron 1996)。综上所述,我们对与地表构成水平二面角的情况进行了研究,检测器应当关注的是狭义二面角,而非理想的二面角。

对于 α 模型的一种等价的表示是 Huynen 参数化方法。图 6.12 中,通过在 $\gamma \in [0, \pi/4]$ 范围内改变特征角 γ 完成了一次试验。

特征角与两个交叉极化零空间的比值有关;其中,只有当 $\gamma = 0$ 时,一个交叉极化零空间才不同于 0(1 个特征值),而当 $\gamma = \pi/4$ 时,两个交叉极化零空间是相等的(即多重反射)。其余参数为 $\psi_m = \tau_m = 0$,且 $\upsilon = \pi/2$。对于 $\gamma = 0$ 时,选择的目标是一个水平偶极子(因为取向角 ψ_m 和椭圆率角 τ_m 为 0)。请注意,图 6.12(a)展示了与前一个预演相同的检测面罩。另一方面,对于 $\gamma = \pi/4$ 而言,目标是一个多重散射,且 $\upsilon = \pi/2$ 声明它是一个偶次散射(两个特征值具有相反的相位)。图 6.12 给出了采用集装箱和货车所期望的偶次散射的检测。中间

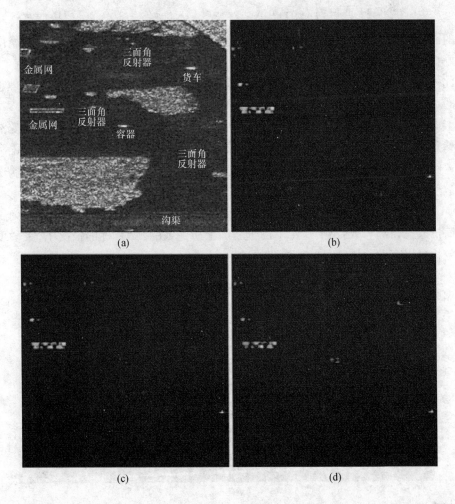

(a)

(b)

(c)

(d)

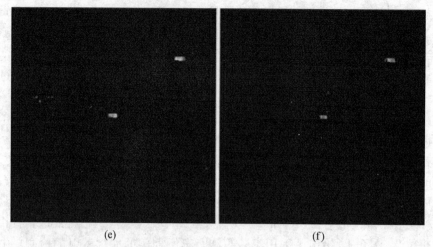

(e) (f)

图 6.12 露天区域下的选择性检测，$\gamma \in \left[0, \pi/2\right]$，$\vartheta_m = \tau_m = 0$，且 $\upsilon = \pi/2$

（a）L 波段 RGB Pauli 图像；（b）$\gamma = 0$；（c）$\gamma = \pi/8$；（d）$\gamma = \pi/4$；（e）$\gamma = 3\pi/8$；（f）$\gamma = \pi/2$。

的面罩可以在两个极端之间的情况下检测目标。在出现的几个面罩中，金属网好像是相当持续的，但这可能只是与它和散射机制依存关系的非线性性有关。此外，当算法聚焦于一个水平偶极子和理想的二面角组合，而不是仅仅考虑理想的二面角时，集装箱和卡车似乎再次得到了更好的检测。

图 6.13 中的最后一个灵敏度分析中，考虑了在 $\upsilon \in \left[0, \pi/2\right]$ 范围内改变滑移角 υ。后者与两个交叉极化零空间之间的相位差有关。这里的参数设置为 $\gamma = \pi/4$（也就是多重散射），且 $\psi_m = \tau_m = 0$，因此，检测从奇次散射延伸到偶次散射。图像在取值范围的极限值处，看来和前面的检测是一致的。

几个其他的实验是可能实现的，也同样可以利用不同的表现方式，但是为了简洁起见，我们只给出了这 4 个例子。综上所述，在自然目标的情况下，灵敏度分析可以有助于调整目标被检测的过程。

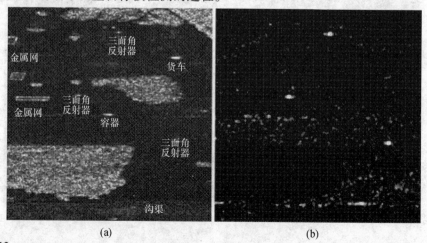

(a) (b)

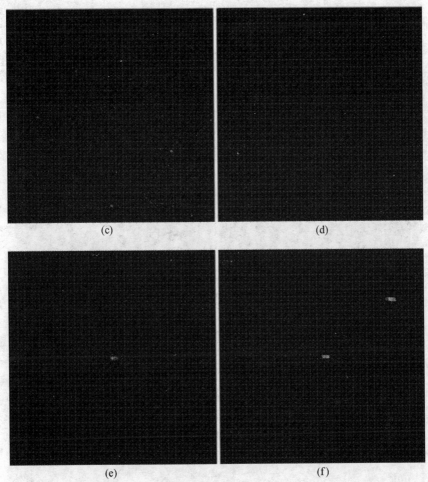

图 6.13　露天区域下的选择性检测，$\upsilon \in [0, \pi/2]$，$\vartheta_m = \tau_m = 0$，且 $\gamma = \pi/2$

(a) L 波段 RGB Pauli 图像；(b) $\upsilon = 0$；(c) $\upsilon = \pi/8$；(d) $\upsilon = \pi/4$；(e) $\upsilon = 3\pi/8$；(f) $\upsilon = \pi/2$。

6.5　极 化 特 性

本节将致力于对检测到的目标的极化特性进行研究。该检测器基于散射矢量的概念，对单个目标提出了一个隐含的约束。

这里，我们想要对检测到的目标的极化度进行测试，以确认它们作为单目标的本质所在。

在第 3 章中，我们引入了熵作为目标极化度的一个估计量，或者换句话说，一种评估目标接近一个单散射体程度的测量方法。一个低熵意味着一个单一的，占据主导地位的散射机制的存在（Cloude，Pottier 1997）。

图 6.14 给出了覆盖在整个测试区域上的检测面罩：1400 像素 ×1400 像素

（区域的 RGB 图如图 6.2 所示）。检测器的一个值得注意的方面，先前并没有明确地提出，是它的处理速度。为了产生 4 个覆盖在整个测试区域的检测面罩，利用一台拥有 2GHz RAM 的标准台式机，检测器在不到 5s 的时间里，就可以通过交互式数据语言（Interactive Data Language，IDL）[①]来实现（请注意，加载图像以作为 IDL 变量所耗费的时间没有考虑）。这表明该检测器可以用于实时检测。

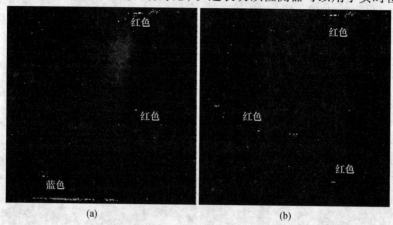

图 6.14　针对整个测试区域的检测，面罩的强度与检测器的幅度有关，门限为：0.97

（a）对于多重反射检测器掩盖下的 RGB 图像，红色：偶次散射；绿色：零；蓝色：奇次散射（5×5）；

（b）对于取向偶极子检测器掩盖下的 RGB 图像，红色：水平偶极子；绿色：零；蓝色：垂直偶极子。

为了获取极化度，需要对面罩上的所有检测点的熵进行估计。图 6.15 给出了检测点的熵的柱状图（图 6.15（b））与该景象中所有点的熵的柱状图（图 6.15（a））进行了比较，前者的熵一般低于 0.5，说明目标并非只有惟一的表现形式。

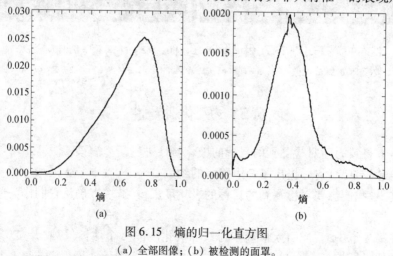

图 6.15　熵的归一化直方图

（a）全部图像；（b）被检测的面罩。

---

　①　译者注：IDL 是一种数据分析和图像化应用程序。主要用于交互式处理大量资料（含影像处理），其语法结构大量来自于 Fortran 编程语言，是一种科学工作者常用的编程语言。

6.6 与另一种极化探测器 PWF 的比较

在本小节中,研究的问题是将本学位论文研发得出的检测器,与业已存在的极化探测器进行比较。在第 5 章中,基于检测器的统计特性(它的概率密度函数)对算法的理论性能进行了估算。特别地,还估计了 ROC 曲线(Kay 1998)。此外,在第 3 章中,给出了几个检测器的 ROC(Chaney et al. 1990)。为了能有一个更为简单的曲线图进行比较,两种图均再度显示在图 6.16 中。

本学位论文所提出的检测器的理论性能,优于任何经过检验的检测器几个数量级(尤其是如果将我们没有利用统计先验信息这一因素考虑在内)。

我们建议读者回到第 5 章,可以看到对这些结果的一个详尽的解释和说明。简要地说,这与更为嘈杂的杂波分量的变化性降低有关,这些分量是由极化空间和平均化所引发的经过选择的偏差所带来的。

在图 6.16(a)中,在没有关于目标和杂波的统计先验信息时,极化白化滤波器(PWF)(Novak et al. 1993;Chaney et al. 1990)在所有的检测器中看起来性能最好。此外,对于斑点减少和目标检测而言,它被证明为是最优解(Novak,Hesse 1993)。因此,它看起来似乎是一个可以和我们所提出的检测器进行比较的最佳候选方案。简要地说,极化白化滤波器使用极化对图像滤波,从而降低(最理想地)了斑点。因此,所有被解释为受斑点影响的像素都大为减少,与此同时,相干的像素也得到了增强。

对于在对标准目标的分析中已经给出的四个区域(来自图 6.5～图 6.8),图 6.17 给出了极化白化滤波器处理的结果。

在露天环境(图 6.17(a))中,两种方法对于检测吉普车、金属网和角形反射器的性能是可比的(只要目标的后向散射足够强)。然而,极化白化滤波器不能对被检测到的目标进行分类,因为它使用了极化的信息来降低斑点。比如,它不可能从金属网或者角形反射器中分离出吉普车。

在一个更具挑战性的环境中,譬如林冠覆盖下的目标检测(图 6.17(b)及图 6.17(c))(Fleischman et al. 1996),极化白化滤波器对其中的一个角形反射器(左下部:70cm)检测失效。实际上,由于周围环境中的杂波较强且有斑点混入其中,一个嵌入其中的目标表现出了一些斑点变化。另一方面,本学位论文中提出的检测器,不是一个针对减少斑点的算法,只要极化表现方式仍是单一的,它就可以检测斑点目标。

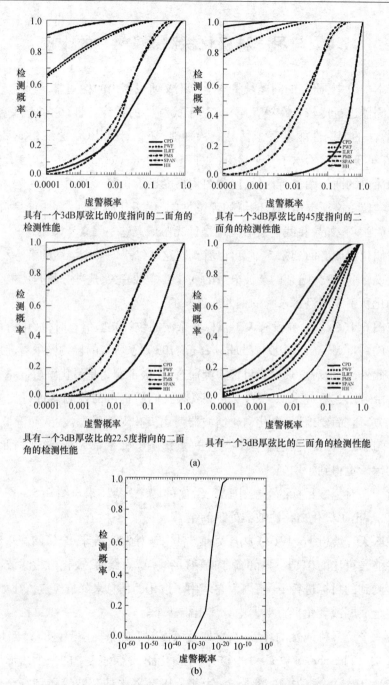

图 6.16　多个检测器间的 ROC 对比，虚警概率用 dB 表示

（a）OPD：最优极化检测器（Optimal Polarimetric Detector），PWF：极化白化

滤波器（Polarimrtric Whitening Filter），ILRT：本体似然比检测器（Identity Likelihood－ratio－test），

PMS：能量最大化综合（Power Maximisation Synthesis）（Chaney et al. 1990）；

（b）我们所提出的检测器：SCR＝2，平均处理的窗口为 5×5。

至于微弱的后向散射目标(图 6.17(d)),极化白化滤波器是基于一个所检测的图像(它是一个减小斑点的复制品)能量上的门限,因此,弱目标完全丢失了(比如裸露的土地、非金属目标)。相反地,我们所提出的检测器是基于目标分量的加权而建构起来的,因此它能够检测到具有低后向散射的目标,只要它们具备极化上的优势。这在图 6.17(d)里的农用区域中是尤为明显的。在图中,具有小的垂直的 stocks 条纹状区域,在处理后的图像中完全消失。在所有其他的检测图像中,同样的结果会发生在微弱目标上。

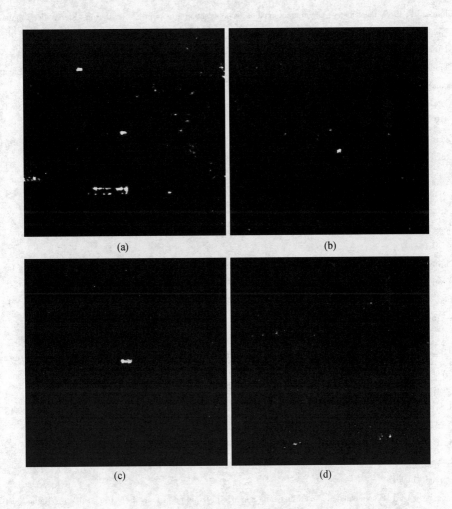

图 6.17　极化白化滤波器
(a) 处于露天环境下的 Wolf1;(b) 树木丛区域的 3 个角形反射器;
(c) 树木丛区域里的集装箱;(d) 农用区域(植被区:玉米收获后留下其残杆的田地)。

参考文献

Attema EPW,Ulaby FT . 1978. Vegetation modeled as water cloud. Radio Sci 13:357 - 364.

Cameron WL . 1996. Simulated polarimetric signatures of primitive geometrical shapes. IEEE Trans Geosci Remote Sensing 34:793 - 803.

Campbel JB . 2007. Introduction to remote sensing. The Guilford Press,New York.

Chaney RD,Bud MC,Novak LM . 1990. On the performance of polarimetric target detection algorithms. IEEE Aerospace Electron Syst Mag 5:10 - 15.

Cloude SR . 1987. Polarimetry: the characterisation of polarisation effects in EM scattering. Electronics Engineering Department,University of York,York.

Cloude RS . 1995a. An introduction to wave propagation & antennas. UCL Press,London.

Cloude SR . 1995b. Lie groups in EM wave propagation and scattering. In: Baum C,Kritikos HN(eds) Electromagnetic symmetry. Taylor and Francis,Washington, pp91 - 142. ISBN 1 - 56032 - 321 - 3 (chapter 2).

Cloude SR . 2009. Polarisation: applications in remote sensing. Oxford University Press,Oxford. ISBN 978 - 0 - 19 - 956973 - 1.

Cloude SR,Pottier E . 1997. An entropy based classification scheme for land applications of polarimetric SAR. IEEE Trans Geosci Remote Sensing 35:68 - 78.

Cloude SR,Corr DG,Williams ML . 2004. Target detection beneath foliage using polarimetric synthetic aperture radar interferometry. Waves Random Complex Media 14:393 - 414.

Curlander JC,Mc donough RN . 1991. Synthetic aperture radar: systems and signal processing. Wiley,New York.

Dong Y,Forster B . 1996. Understanding of partial polarization in polarimetric SAR data. Int J Remote Sens 17: 2467 - 2475.

Durden SL,Van Zyl JJ,Zebker HA . 1999. Modeling and observations of the radar polarization signatures of forested areas. IEEE Trans Geosci Remote Sensing 27:2363 - 2373.

Fleischman JG,Ayasli S,Adams EM . 1996. Foliage attenuation and backscatter analysis of SAR imagery. IEEE Trans Aerospace Electron Syst 32:135 - 144.

Fung AK,Ulaby FT . 1978. A scatter model for leafy vegetation. IEEE Trans Geosci Electron 16:281 - 286.

Hajnsek I,Schön H,Jagdhuber T,Papathanassiou K . 2007. Potentials and limitations of estimating soil moisture under vegetation cover by means of PolSAR. In: Fifth international symposium on retrieval of bio and geophysical parameters from SAR data for land applications,Bari,September 2007.

Horn R,Nannini M,Keller M . 2006. SARTOM Airborne campaign 2006: data acquisition report. DLR - HR - SARTOM - TR - 001.

Huynen JR . 1970. Phenomenological theory of radar targets. Delft Technical University,Delft.

Kay SM . 1998. Fundamentals of statistical signal processing. Volume 2: detection theory. Prentice Hall,Englewood Cliffs.

Lang RH . 1981. Electromagnetic scattering from a sparse distribution of lossy dielectric scatterers. Radio Sci 16: 15 - 30.

Lee JS,Pottier E . 2009. Polarimetric radar imaging: from basics to applications. CRC Press,Boca Raton.

Li J,Zelnio EG . 1996. Target detection with synthetic aperture radar. IEEE Trans Aerospace Electron Syst 32: 613 - 627.

Mott H . 2007. Remote sensing with polarimetric radar. Wiley,Hoboken.

Novak LM,Hesse SR . 1993. Optimal polarizations for radar detection and recognition of targets in clutter. In:

Proceedings of IEEE national radar conference,Lynnfield,MA, pp79 – 83.

Novak LM, Burl MC, Irving MW . 1993. Optimal polarimetric processing for enhanced target detection. IEEE Trans Aerospace Electron Syst 20;234 – 244.

Novak LM,Owirka GJ,Weaver AL . 1999. Automatic target recognition using enhanced resolution SAR data. IEEE Trans Aerospace Electron Syst 35;157 – 175.

Papathanassiou KP,Cloude SR . 2001. Single – baseline polarimetric SAR interferometry. IEEE Trans Geosci Remote Sensing 39;2352 – 2363.

Rose HE . 2002. Linear algebra: a pure mathematical approach. Birkhauser,Berlin.

Rothwell EJ,Cloud MJ . 2001. Electromagnetics. CRC Press,Boca Raton.

Strang G . 1988. Linear algebra and its applications,3rd edn. Thomson Learning,USA.

Stratton JA . 1941. Electromagnetic theory. McGraw – Hill,New York.

Treuhaft RN,Cloude RS . 1999. The structure of oriented vegetation from polarimetric interferometry. IEEE Trans Geosci Remote Sensing 37;2620 – 2624.

Treuhaft RN,Siqueria P. 2000. Vertical structure of vegetated land surfaces from interferometric and polarimetric radar. Radio Sci 35;141 – 177.

Tsang L,Kong JA,Shin RT . 1985. Theory of microwave remote sensing. Wiley,New York.

Ulaby FT,Elachi C . 1990. Radar polarimetry for geo – science applications. Artech House,Norwood.

Woodhouse IH . 2006. Introduction to microwave remote sensing. CRC Press,Taylor and Francis Group,Boca Raton.

Zebker HA,Van Zyl JJ . 1991. Imaging radar polarimetry: a review. In: Proceedings of the IEEE, p79.

第7章 星载数据的验证

7.1 引 言

上一章主要集中在利用机载数据对本学位论文所提出的方法进行验证；而在本章中，我们将特别地安排为展示针对星载数据而进行的验证。由于机载数据和卫星数据之间的一些差异，这样分开地进行验证是有好处的。尽管二者的数据处理在实质上是相同的，但是，一些重要的、实际上的差别，使得卫星探测技术的发展更富有挑战性（Campbel 2007；Chuvieco，Huete 2009）。

主要的缺点之一，确切地说，是在处理过程的分辨率之中表现出来的。显而易见，分辨率（正如第 2 章中所解释的那样）独立于天线和检测场景之间的距离，而它有条件地依赖于可用的带宽（比如，分辨率的范围和 Chirp 信号的带宽有关）和每个场景所能获得的数据量（比如合成天线的尺寸）。遗憾的是，对于太空中的各种应用来说，带宽是有限的，而且对于可以存储和回传的数据量有着诸多的限制，这就使得两个维度上的分辨率都会变得粗劣（Chuvieco，Huete 2009）。

另外一个缺点是只能获得较低的信噪比（Signal to Noise Ratio，SNR），这是因为由于像一个球面波那样，以两种出行方式进行传播，接收功率会随着距离的四次方[①]而下降。因此对于一个高海拔的工作平台来说，接收到的能量的总量是较低的，此外，由于考虑一个卫星电池使用的经济性，在单脉冲中被传送的总能量是有限的（Chuvieco，Huete 2009）。

另一方面，与机载传感器相比，卫星的获取物具有明显的优势，所以，一般来说，能够利用星载数据是有好处的。卫星总是可以使用的（短期的维修保养除外），对相同的场景可以通过几次周期性的遍历来完成检测。机载系统一般不能提供相同的可到达性，因为每一次都必须要组织一轮新的飞行活动来得到一个获取物。此外，一幅卫星图像的覆盖范围通常比一个机载系统得到的更为广阔，由于星载系统所在高度使得其"足印（Footprint）"（在距离方向上）要大得

---

① 译者注：原文误为"forth power"，已修正。

140

多。在一些需要监测无用区域(例如海洋监视)的应用中,能够拥有一个较大的足印就显示为一处制胜点(Campbel 2007)。

尽管星载数据有相关的实际的优势,但是对于检测算法来说,它们表现为一种更富挑战性的场景。这也是本学位论文在一个最初利用机载数据进行验证的个人偏爱后面所潜藏的原因:使用一幅较简单的实验场景,就可以使检测器的真实潜力得以展示。在本章中,我们想要测试算法对星载数据的可行性,虽然如此,我们认为小目标的探测是富有挑战性的。但是 TerraSAR - X 呈现了一种例外,相比通常可用的卫星,它提供了较高分辨率的数据。可惜的是,在本学位论文进行编辑的此刻,四极化的 TerraSAR - X 数据仍然处于试验阶段,且只向公众发布了一种场景。

本学位论文所提出的极化检测器,在单目标的几何空间中产生了作用,这一空间只能用四极化的数据进行彻底的重建(Cloude 2009;Huynen 1970;Kennaugh,Sloan 1952;Lee,Pottier 2009;Mott 2007;Deschamps,Edward 1973;Ulaby,Elachi 1990;Zebker,Van Zyl 1991)。因此,验证只有在可以获取该类型数据的卫星系统中才能完成。现今,有三种这样的卫星是可以利用的: ALOS PALSAR (L 波段)(ALOS 2007),RADARSAT2 (C 波段)(Slade 2009) 和 TerraSAR - X (X 波段)(Fritz,Eineder 2009)。我们决定使用所有这三种卫星系统对检测器进行测试,它们在一起描绘了一幅颇具吸引力的场景,在这样的场景中,有不同的中心频率和分辨率。由于这一原因,我们可以期待:它们将会返回一幅合理且广泛的图片,以彰显本书所提出的检测器的检测能力。

7.2　ALOS PALSAR

7.2.1　数据描述和总体考虑

ALOS - PALSAR 是日本航空研究开发机构(JAXA)研制的四极化雷达系统(ALOS 2007)。在这一系统中,电磁脉冲的载波频率位于 L 波段(1.270 GHz),相应的波长约为23cm。它们享有和 E - SAR 系统相同的频带,随后,在场景中可见的物理指标应当与那些在上一章中所观察到的类似。另一方面,ALOS 的分辨率比 E - SAR(14 MHz 带宽和大约 $4.5m \times 30m$ 的方位角和地面距离)要低许多。一个粗劣的分辨率使得针对小目标的检测极富挑战性,因为它们的回波分散在一个较大的区域上,这样的散布情况使得目标有可能淹没在周围杂波当中。由于这一原因,我们并不期望它能检测小型车辆,杆柱和小屋等目标(和上一章一样)(Li,Zelnio 1996;Novak,et al. 1999)。

用于测试检测器的数据集,是于 2007 年 4 月 18 日,在苏格兰的 Glen Affric (正投影:57.256;−5.019)地区所获得的。这是一个相对来说人烟稀少的地区,只有少许且稀疏的建筑物(一般来说都较小)。相反地,从一个生态学的观点来看,这一地区是非常不错的,因为这儿有一片古老的苏格兰原始松林(苏格兰留存下来的原始森林之一)(Forestry − Commission 2010)。

图 7.2 给出了这个数据集的 RGB Pauli 复合图像(Cloude 2009;Lee,Pottier 2009)。红色再次表示 HH − VV(偶次散射或者偶次的反射),蓝色是 HH + VV(奇次散射或者奇次的反射),绿色是两倍的 HV(45°取向的偶次散射)。飞行的方向自下而上(也就是上升的轨道)均是垂直的。这里给出的图像在方位角方向进行了 5 次多视扫描,以便使地面上的像素近似为正方形的。正如前面所提到的,ALOS 的分辨单元在方位角方向并非正方形的,而要比地面距离小约 5 倍(ALOS 2007)。当雷达图像和一幅地图相比时,使得反射率图像难以解释,这就导致了一个严重的失真(Franceschetti,Lanari 1999)。

多视的处理过程有必要予以阐释。为了保存极化信息,多视不能在散射矩阵上运作,因为相对的相位将会遗失,与此相伴随的是改变了最后的极化目标。在本学位论文中,多视的处理是在相干矩阵$[T]$或者协方差矩阵$[C]$上完成的,所有这些矩阵中的元素均是可以多视化分离的(Lee et al. 1993,1994)。

为了帮助我们说明 RGB 图像中可见的特征,图 7.1 给出了这一区域(Google Earth)的航拍照片。这幅图像是由许多含有马赛克的航拍照片所构成的,这些照片具有不同的分辨率,且只有一小部分具有较高的分辨率。尽管多视方法使得雷达分辨单元几乎是正方形的,但是我们仍然不能不经过进行一个地理编码的处理阶段,就将雷达图像与光学图像相重叠。

图 7.1　测试区域的 Google Earth 图像(可见书后彩图)

在图 7.2 中,湖面均具有极化响应特性的特点,这些特点使它能够很容易地就从场景中的剩余部分中分离出来。在 RGB 图像中,由于水面可以通过一个 Bragg 表面建模,并且它和用 HH + VV 表示的理想表面颇为相似,因此那些湖面呈现出蓝色。

作为经过散射的小山表面的结果,场景的剩余部分一般是浅蓝色的。注意到它们并非和湖面一样蓝,因为那些小山通常是被一个矮小的植被层(主要是草和灌木丛)所覆盖的,这对表面的散射有轻微的扰动,进而引入一个小的体积散射的分量(Ulaby,Elachi 1990;Zebker,Van Zyl 1991)。即使 RGB 图像通过一个追加的 3 × 3 平均化处理(在多视图像上)而得到,整体形象看起来比 E - SAR 要更为嘈杂。例如,红色的条纹是正在加工的人工产物,且它们尤其在信号低的位置可见。

图 7.2　整个数据集的 RGB Pauli 复合图像(可见书后彩图),
红色:HH - VV;
绿色:2HV;蓝色:HH + VV

7.2.2　标准目标检测

本章中所有的检测均是致力于针对标准目标而完成的:奇次散射、偶次散射、水平和垂直偶极子。正如在上一章中更加详细地解释过的那样,这些目标因其在一幅雷达图像中的相对的丰富性而入选。从一种参数化方法出发,关注于灵敏度分析的那一部分在本章中略去不表。这是一个对真实目标进行翻转用以检测的预演,然而现在我们并没有精确的地面实况,对检测到的目标的解释在粗劣的分辨率下更具挑战性。

为了能更近地审视场景中的目标,检测是在整个图像中的一些部分上完成的。然而,我们想要强调的是,检测算法对于整个场景的扫描是也是特别迅速的,仅在数秒时间之内就可以完成。

图 7.3 给出了所分析的第一部分的 RGB Pauli 复合图像。这一部分表现了总体图像的南部,具有一个 1248 像素 × 1248 像素(距离方向的像素总数为 1248)的伸展,在地面上,它每边均覆盖了大约 30km。

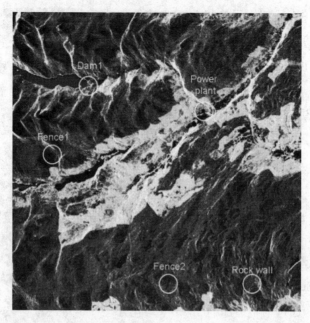

图7.3　Benin湖的RGB Pauli复合图像(可见书后彩图),
红色:HH − VV;绿色:2HV;蓝色:HH + VV

　　为了在地理上确定场景的位置,图7.4给出了航拍照片(Google Earth),其中位于中部偏左的湖是Loch Beneven。此外,我们给出了对一些检测目标进行了标识的航拍照片。

图7.4　Benin湖周边区域的Google Earth复合图像(可见书后彩图)

　　图 7.5 对多重反射下产生的面罩进行了说明。面罩所使用的颜色编码,和前一章中所给出的相同(红色:偶次散射;蓝色:奇次散射)。和期望的一样,那些湖被检测为表面,在掩叠下常常与和地面相关的一些其他区域一样(比如小山的山顶)。掩叠下的表面的法向角,能与观测角非常接近,这一观测角能够提供一个更为理想的偶次散射的回波。

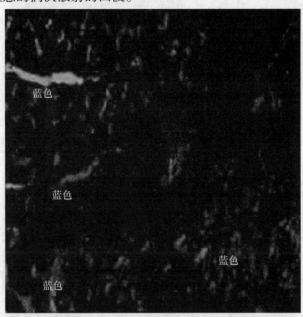

图 7.5　多重反射下 Loch Beneven 的检测,红色:偶次散射;绿色:零;蓝色:
奇次散射,面罩的强度和检测器的幅度有关

　　正如在第 6 章中所解释的,偶次散射就是用以描述这样一类目标:由于受到电磁辐射引起的散射在到达天线之前,经历了一个偶数次的反射的目标。在一个 SAR 场景中,引起偶次散射的主要目标是二面角(例如双散射)。在高分辨率数据的条件下,车辆、房屋和树干可以很容易地形成二面角,另一方面,在较为粗劣的分辨率[①]下,后者是不可见的,且只有大的二面角特征可以被作为偶次散射而观察到。

　　在图 7.5 中,所检测到的偶次散射以红色示出,在 RGB 图像中以圆圈的形式予以标注。靠近图像左上部角落里的点是一个位于 Loch Mullardoch 中的一座水坝,而中间偏右的那个点则是一个发电站。最后,在右下部角落里的点是一面岩壁。遗憾的是,这一区域的航拍照片分辨率较差,所以我们不能找到所有检测点的,哪怕是有一个可以对应的物体。

————————————

① 　译者注:原文误为"courser resolution",经原著作者确认,应为"coarser resolution",已修正。

  图7.6给出了取向偶极子的检测结果,其中水平偶极子的数量多于垂直偶极子。检测到的两点仍是水坝和发电站,尽管如此,面罩还是显露出其他全部分布于小山周围的小圆点。正如前面所提到的,这一区域相对来说人烟稀少,因此从这一极化回波中识别目标源是有趣的。在 RGB 图像(图7.3)中,这些点以紫色(红色与蓝色的混合物)的形式出现,显示出来自周围环境的不同散射体的真实存在。因此,它们看起来并非是经过检测器处理而产生的虚警。从一个更为靠近的角度审视这些打着马赛克的航拍图片,可以在一些分辨率更高的地方对它们进行分类。那些点是由水平方向的电线所组成的栅栏,且沿着飞行方向成为一条直线(和前面的 E－SAR 数据集所观察到的是一样的)。图7.7 和图7.8 给出了两个区域的高分辨率航拍照片,在这两个区域中,检测器识别出水平偶极子。两条栅栏作为一条自上而下标定了方向的白色细条纹,是可以看见的,因此平行于飞行方向。这些栅栏被用来分离那些在此区域周围的地块,所以它们也是引起检测的原因,同样,在这里由于航拍照片分辨率太低而不能检验它们的存在性①。

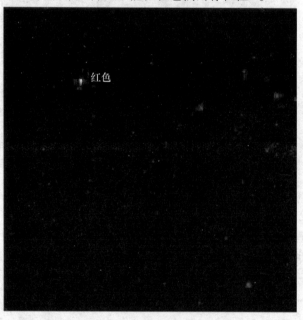

图7.6 取向偶极子下 Loch Beneven 的检测,红色:水平偶极子;绿色:零;蓝色:
垂直偶极子。面罩的强度和检测器的幅度有关

  如果将利用 ALOS 数据进行的检测和通过 E－SAR 数据完成的检测相比较,被检测出的点的数量出现了显著的降低(尤其是考虑到 ALOS 所覆盖的区域更加广阔)。

---

  ① 译者注:原文误为"to low too test",已修正。

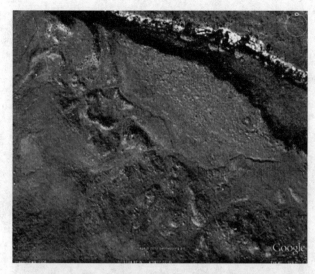

图 7.7　Benin 湖边周围的栅栏 1 的 Google Earth 图像（可见书后彩图）

图 7.8　Benin 湖边周围的栅栏 2 的 Google Earth 图像（可见书后彩图）

　　造成较少的检测点的原因主要由两部分组成：首先，这一区域人口不那么稠密，人工目标（例如建筑物）出现的可能性微乎其微；其次，分辨率较为粗劣，将检测限制在足够大的目标上。那些偶次散射是例外，因为它们可以在延伸目标（诸如表面）上被检测到（Cloude 2009）。经过多视处理以后的分辨单元，大约每边约为 30m，检测算法要求通过一个 3 × 3 的移动窗（用于估计极化相干性）来完成一个更进一步的平均化处理。因此，小于几十米的目标几乎不能被检测到。如果单一的建筑的取向未能有幸产生强大的双散射，甚至连它们也会被轻易地遗漏掉。

第二个测试区域的航拍照片(Google)在图7.9中给出,而图7.10绘制出了它的RGB Pauli图像。整个部分位于总数据集的北部地区。中间偏上的湖即为Loch Fannich,中间偏右的那一个是Loch Luichart,而在右上角落处的那一个则是Loch Glascarnoch。

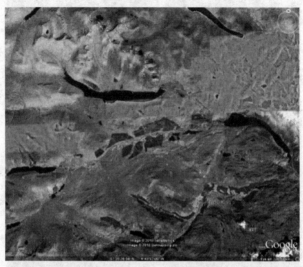

图7.9　Loch Fannich 的 Google Earth 图像(可见书后彩图)

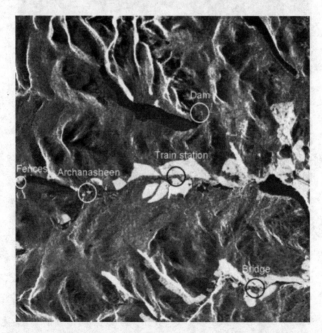

图7.10　Loch Fannich 的 RGB Pauli 复合图像(可见书后彩图),
红色:HH − VV;绿色:2HV;蓝色:HH + VV

　　这是一个湖泊与小山混合在一起的场景,因此我们期望能检测出和前面实验相类似的一些特征。多重反射和取向偶极子下的检测,分别在图 7.11 和图 7.12 中展示出来。

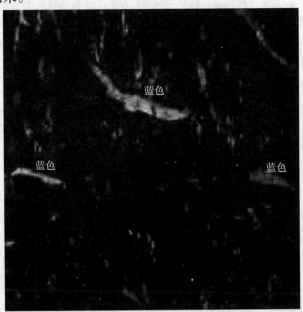

图 7.11　多重反射下 Loch Fannich 的检测,
红色:偶次散射;绿色:零;蓝色:奇次散射

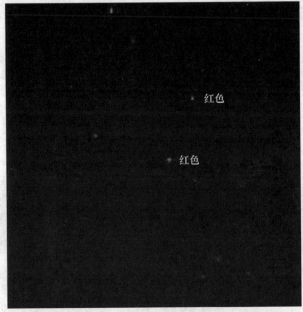

图 7.12　取向偶极子下 Loch Fannich 附近的检测,
红色:水平偶极子;绿色:零;蓝色:垂直偶极子

那些湖泊同掩叠下的区域一样,再次被检测为各种表面。然而遗憾的是,从Google上获取的航拍照片,缺乏足够的分辨率来显示大部分目标。但是,我们从一幅地图上认出了其中一些目标,在这一地区的照片上进行了搜索。在图的中部检测到的偶次散射,与 Achanalt 火车站(图7.13)的那部分相重叠。

图7.13　Achanalt 火车站的照片(Google Earth：全景的)

这只是少数建筑物的集结区域,但是它们看起来取向适当,所成的二面角在向后的方向上具有一个强大的回波。相同的车站同样以水平偶极子的形式出现,这可能是由于建筑物周围有栅栏的存在所致。接近 Loch Fnanich 的明亮的水平偶极子是 Fannich 水坝(在 Google 图像中正好也是可见的)。

在接近 Loch A Chroisg(在图片的中右部出的小湖)检测到的那簇水平偶极子是 Archanasheen 村庄,火车站和加油站。图7.14 给出了 Archanasheen 火车站的全景照片。

图7.14　Archanasheen 火车站的照片(Google Earth：全景的)

至于在 Loch A Chroisg 的左边检测到的水平偶极子,我们发现了一张山谷的照片(图7.15),在这一张照片中显露了一些栅栏,这些栅栏可能造成正如从

E – SAR 数据观测中所返回的水平偶极子。如图 7.16 所示,右手边的那一点被识别为步行小道上的一座桥。我们同样相信另外两个点与那条小河附近的建筑物有关。

图 7.15 Loch A Chroisg 山谷的照片(Google Earth:全景的)

图 7.16 Dalnacreich 河上的桥的照片(Google Earth:全景的)

7.3   RADRSAT – 2

7.3.1   数据描述

早在 2007 年 12 月 14 日,加拿大航天局就已经发射了与 ALOS 和 E – SAR 利用频段不同的 RADRSAT – 2(该雷达卫星采用 C 波段,大约为 5GHz 或者 5cm 波长)(Slade 2009)。当一个物体被不同频率的入射辐射线所照射时,它通常会修改其散射表现方式(Stratton 1941;Rothwell,Cloud 2001;Cloude 1995)。出于这一原因,使用不同的波段照射物体,可以显露出新类型的目标。然而,来自某类目标的后向散射,例如理想的反射和偶极子,与入射辐射的频率是相对独立的,因为在通过频率的改变完成的定标之后,表面和电线依旧如故。如果检查到真实的目标而不是理想的目标,频率的改变能够修改其极化表现方式。然而,如果频率没有经受一个戏剧性的变化,真实反射的主要差别和后向散射的量有关,而不是极化特性,因为在高频率时,其表面看起来要大一些(收集到的能量也更多)。另一方面,狭窄的偶极子在极化特性可能发生改变时,看起来要厚得多,因为它们开始与表面趋同(Cloude 2009;Rothwell,Cloud 2001)。显然,当频率变化较为猛烈时,目标能够彻底地改变。例如,反射器平面将不再是一个平面,而一个狭窄的圆柱体则变成了一个平面。

综上所述,从数学的观点来看,算法显然独立于频率,因为散射矢量的形式能够适用于任何频率(只要相位测量是可行的)。然而,对于同一个真实目标的散射矢量表示依赖于频率。这是利用不同频率对检测器进行测试的主要动机。

单视复(Single Look Complex,SLC)图像的地面分辨率在方位角方向上约为 5m,在距离方向上为 10m 左右(也就是比 ALOS 的分辨率好)(Slade 2009)。这应该能够增加算法可以检测到的目标的数量。

这里所采用的数据集,是一幅可以免费获取的,于 2008 年 4 月 9 日拍摄的旧金山的场景图。图 7.17 示出了一幅航拍照片,其中的多边形来显示了场景的位置。

图 7.18 显示了整个场景的 RGB Pauli 复合图像。为了获得一个在地面上的,大致为正方形的像素,协方差矩阵是通过沿方位角方向的两次多视而得到的。同样,颜色编码和以前所采用的是一样的。有趣的是,用蓝色覆盖的海洋清晰可辨(比如,可以解释为一个粗糙的平面),而城市地区是紫色的(也就是红色加上蓝色),因为在这样的环境中,占主导地位的散射机制是多重散射。

图 7.17　在旧金山上空由 RADRSAT – 2
摄制的航拍照片(Google Earth)。
多边形显示了雷达场景所在的位置

图 7.18　旧金山的 RGB Pauli
复合图像(可见书后彩图),
红色:HH – VV;
绿色:2HV;蓝色:HH + VV

7.3.2　标准目标的检测

　　为了能更近地观察场景,对其中的一个子区域再度进行了检测。图 7.19 显示了位于海湾大桥和金门大桥之间的,旧金山中心和城市边缘区域的 RGB Pauli图像。这幅图像是 1500 像素 × 1500 像素的,其覆盖面积大约为 15km × 15km。由于淡红色区域(一般来说)具有一个特有的纹理,所以能够清楚地辨别房屋和住宅区块。另一方面,海洋是清晰可见的,而且能够很容易地将其和陆地区域区别开来。在 RGB 图像的右下角,作为亮点,可以观察到一些船舶。特别是金门大桥呈现出一个奇妙的散射特性,其中三种不同的回波可以被识别出(Wood-house 2006)。卫星的飞行轨道是从底部向顶部飞行(也就是上升的轨道),且工作平台是右视的,因此,左手边的回波距离传感器最近(距离轴从左向右扩展)。这是由来自桥状结构的直接散射所造成的,这一结构是在海平面下约 200m 的掩叠。

　　第二种回波(中间那一种)是与海洋表面的双散射造成的。这种两个二面角平面上反射回来的波的额外路径,总是会附加到双面角角落的距离上去(这就是为什么所有的贡献的总和都相干地集中了入射辐射线的能量)。第三种回波是桥状结构和海洋之间三次散射的结果,在对大桥进行真实定位之后,这创建了一条定位回波的额外路径(Woodhouse,2006)。至于海湾大桥(在传感器的右边),它不会呈现出与此相同的特殊的散射表现形式,因为它的取向不太有利于产生集中于距离方向的二面角(因此,只产生了两种散射机制,即直接散射和一般的三次散射的相互作用)。

图7.19　旧金山子区域的 RGB Pauli 复合图像(可见书后彩图),
红色:HH − VV;绿色:2HV;蓝色:HH + VV

　　图7.20 和7.21 给出了检测面罩。正如预期的那样,水体主要作为单次散射来进行检测,因为它可以被建模为一个 Bragg 表面。另一方面,由于混凝土墙和停机坪之间形成的二面角,大多数建筑块是作为双散射来进行检测的。来自大桥的第二种回波被检测为桥与海面的偶次散射,这也证实了我们的解释。此外,由于在桥(不是海洋)的紧密结构之中产生的偶次反射,第一个回波中的某些部分可以被识别为偶次散射。来自于大桥的第三个回波并没有被识别为偶次散射,因为在"水—桥—水"的相互作用中,大桥通常不会出现朝向为右的表面,这些表面接近于三面板,且会发生一般的散射(作为第一种回波)。在海洋区域还检测到三只船。显然,在一幅雷达图像中,并不是每一只船都会与海样形成双散射,因为相对于飞行的方向,除了船舶与海洋之间的近瞬时角以外,这种散射机制与取向有很大的关系。因此,在某些情况下,偶次散射并不代表用于检测船舶的理想目标。近来,本学位论文的作者提出了一种用于船舶检测的备用方法,该方法基于检测海洋表面的任何特征,而这些特征的极化响应却不同于海洋的极化响应(Marino,et al. 2010)。

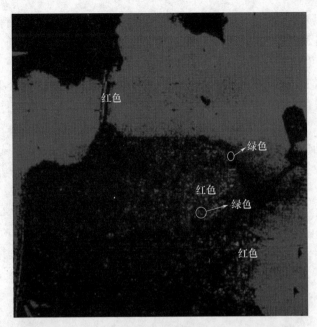

图 7.20　多重反射下旧金山的检测,红色:偶次散射;绿色:零;蓝色:奇次散射

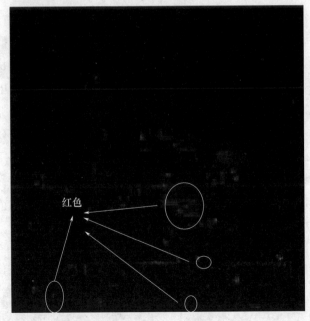

图 7.21　取向偶极子下旧金山的检测,红色:水平偶极子;绿色:零;蓝色:垂直偶极子

最后,考虑到所有其他的面罩,图 7.20 中给出了一个相异的面罩。因为在此我们加入了绿色来表示一种新的目标类型:即与视线(Line of Sight,LOS)成 45°拐角的二面角。城市中联合企业的一个建筑块显露了它们的存在。在上述

航拍图片中,城区似乎有不同的方位(与飞行方向大约成45°角),而且这一建筑块位于一个陡峭的斜坡上。因此,建筑物所在的斜坡和倾斜的地面,产生了一个类似于45°二面角的目标。

由于道路的陡度并不是45°,因此较后的目标(给出了一个不完美的检测)并非理想的。但是当采用的门限较低时,用它来形成检测已经足够接近了。

至于取向偶极子,或许由于导线或栏杆,它们在大多数城市区域都可以被检测到。为了取得一次检测,目标的尺寸通常必须等于或者大于分辨单元(比如10m)。

一根水平的导线很容易有几十米长,而由于明显的原因,垂直的导线则要短得多。更为特别的是,沿地面距离方向的导线,可以和水平方向的一样长,然而由于它们的方向图在后向上不会有显著的散射,所以它们的回波要微弱许多。这就是为什么在水平偶极子(在城市地区)稠密且垂直偶极子非常稀少的地方,所获得的检测也较为密集的原因。

7.4　TerraSAR – X

7.4.1　数据描述

最后用于测试检测器的数据集,是一个四极化的 TerraSAR – X 数据集(Fritz, Eineder 2009)。于2007年6月15日由德国宇航中心(DLR)发射升空。主要有两大原因使它成为了一个特别相关的仪器。首先,该系统基于 X 波段,大约9.65 GHz 或者3.1cm 波长。同样的,虽然考察的标准目标不应该发生巨大的变化(除了一个后向散射因子),一个不同的频率可以探索不同的目标类型。其次,与其他两个卫星系统相比,TerraSAR – X 具有更高的分辨率(斜距方向上是1m,方位角方向上是6m)。藉此,相对于 ALOS 和 RADARSAT – 2,TerraSAR – X 的高分辨率检测结果是有望得到改善的。

然而遗憾的是,我们所提出的检测器要求使用四极化数据来重构全极化空间。这种模式在 TerraSAR – X 中还仅仅处于试验阶段,在编辑本学位论文的时候,它只向科学界提供了一种四极化模式。虽然,随着 Tandem – X(用于收集世界 DSM 的双 TerraSAR – X)的发射,四极化模式应该是更加能够获取的。

图7.22显示了经过一个5×5的多视处理以后整个数据集的 RGB 图像,这一图像实际上是检测器所使用的窗口。由于它代表了几个农用地、林段、城市区域和海域的混合体,场景的位置对于研究人员进行分类是特别有利的。此外,特别平坦的地势将有助于分类过程的进行。

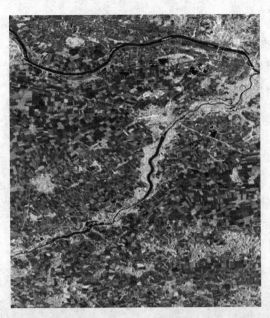

图 7.22　德国 Deggendorf 的 RGB Pauli 复合图像(可见书后彩图),
红色:HH－VV;绿色:2HV;蓝色:HH＋VV

　　由于粗糙的表面是主要的散射机制,大多数的区域会呈现出一种浅蓝的颜色。有趣的是,不同的区域经常在 RGB 图像中具有不同的颜色,这属于一种不同的极化表现方式,它依赖于土壤的粗糙度和植被的数量或者多样性。

　　城市区域仍然显示为紫色(也就是反射的混合)。在图 7.23 中,我们用多边

图 7.23　由 TerraSAR－X 摄制的德国 Deggendorf Google Earth 图像,
多边形显示了场景所在的位置

形标注了在一幅航拍照片(Google Earth)中所取得的那部分区域。后者靠近多瑙河(Donau River)和伊萨尔河(Isar River)(也就是穿越慕尼黑的河流)的汇合之处。场景中的两个较大的城镇是 Doggendorf(上部分)和 Plattling(下部分)。

7.4.2　标准目标检测

在前面的实验中,检测所关注的是多重反射和取向偶极子,除此之外,为了能更近距离地审视场景中被检测到的目标,总体图像的多个部分在这里被分离开来进行分析。

图7.24 给出了位于多瑙河和伊萨尔河汇合处部分的 RGB Pauli 图。在图像的中上部可以识别出 Deggendorf 镇。选择这一区域的目的在于其聚焦于检测器在 Deggendorf 的城市区域上所发挥的作用。此外,河流已经显示了感兴趣目标的存在。

图7.24　Deggendorf 和多瑙河的 RGB Pauli 复合图像(可见书后彩图),
红色:HH − VV;绿色:2HV;蓝色:HH + VV

多重反射下的检测示于图 7.25。任何建筑物的集群(镇和村)显露了检测点,证实了 X 波段的有效性和更高的分辨率。与之前的数据集一样,桥梁(特别是在右边的那一个)被检测为偶次散射。显然,因为分辨率仍然大于 10m,且二面角依赖于相对于飞行方向的倾斜度,一个单独的小型建筑会被检测器遗漏。

另一方面,在一个建筑群中,墙面和拐角的大量存在通常足以在后向方向上产生偶次反射。

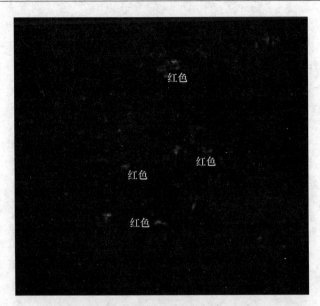

图 7.25　多重反射下 Deggendorf 和多瑙河的检测。
红色:偶次散射;绿色:零;蓝色:奇次散射

　　图 7.26 显示了取向偶极子面罩。同样的,大多数检测落在了城市地区,在那些区域中,水平电线在数量上超过了垂直电线。然而,使用具有更佳分辨率的 TerraSAR – X,同样有可能识别出一些垂直偶极子。

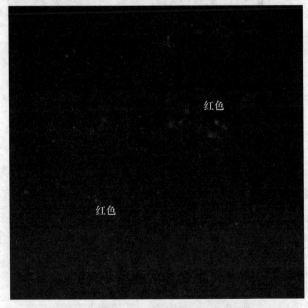

图 7.26　取向偶极子下 Deggendorf 和多瑙河的检测,
红色:水平偶极子;绿色:零;蓝色:垂直偶极子

考虑到大部分的检测是在城区之内,引进高分辨率的航拍照片来对其进行验证是没有必要的(因为我们知道它们主要与建筑物相对应)。

作为最后一个实验,检测是在另一个区域的数据集上完成的。图7.27给出了它的RGB图像。

图7.27 Langenisarhofen 的 RGB Pauli 复合图像(可见书后彩图),
红色:HH − VV;绿色:2HV;蓝色:HH + VV

标识(椭圆形)中的目标类型将在下面进行说明。中间偏右的村庄是 Langenisarhofen,而中间偏左的则是 Aholming。

图7.28展示了多重反射的检测。同样的,在城市地区显露了一些检测点。在面罩中,有一个奇妙的偶次散射目标的队列,该队列与图像近似成一个45°的倾角。对一幅高分辨率航拍照片更为近距离的审视,显露出了大型电塔的存在。在RGB图(图7.27)中,电塔所呈现的线路用一个白色的椭圆进行了标注,经过缜密的检查,可以在雷达图像中识别出这些电塔。图7.29给出了上述地区的航拍照片中左上部的椭圆区域,图中显示出了电塔。从地面上它们所产生的阴影可以看出,它们的高度是相当可观的。

偶极子的检测示于图7.30。该检测主要与建筑物有关。在这个实验中,由于它们的倾斜,电力线便不能产生水平偶极子。

图 7.28　多重反射下 Langenisarhofen 的检测，
红色:偶次散射;绿色:零;蓝色:奇次散射

图 7.29　在 Moosmuhle 由 TerraSAR – X 摄制
的 Google Earth 图像。电力线塔

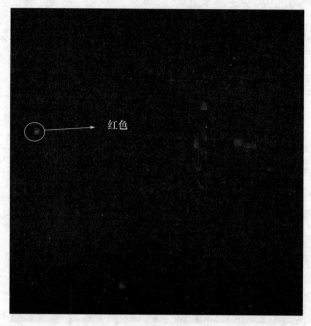

图7.30 取向偶极子下 Langenisarhofen 的检测,
红色:水平偶极子;绿色:零;蓝色:垂直偶极子

参考文献

ALOS. 2007. Information on PALSAR product for ADEN users.

Campbel JB. 2007. Introduction to remote sensing. The Guilford Press, New York.

Chuvieco E, Huete A. 2009. Fundamentals of satellite remote sensing. Taylor & Francis Ltd, Boca Raton.

Cloude RS. 1995. An introduction to wave propagation & antennas. UCL Press, London.

Cloude SR. 2009. Polarisation: applications in remote sensing. Oxford University Press, New York. doi:978 − 0 − 19 − 956973 − 1.

Deschamps GA, Edward P. 1973. Poincare sphere representation of partially polarized fields. IEEE Trans Antennas Propag 21:474 − 478.

Forestry − Commission. 2010. http://www.forestry.gov.uk/scotland.

Franceschetti G, Lanari R. 1999. Synthetic aperture radar processing. CRC Press, New York.

Fritz T, Eineder M. 2009. TerraSAR − X, ground segment, basic product specification document. DLR, Cluster Applied Remote Sensing, Weβling.

Huynen JR. 1970. Phenomenological theory of radar targets. Technical University, Delft, The Netherlands.

Kennaugh EM, Sloan RW. 1952. Effects of type of polarization on echo characteristics. In: Ohio State University Research Foundation Columbus Antenna Lab (ed).

Lee JS, Pottier E. 2009. Polarimetric radar imaging: from basics to applications. CRC Press, Taylor and Francis Group, Boca Raton.

Lee JS, Hoppel KW, Mango SA, Miller AR. 1993. Intensity and phase statistics of multi − look polarimetric SAR imagery. IGARSS Geoscience and remote sensing symposium, vol 32.

Lee JS, Jurkevich I, Dewaele P, Wambacq P, Oosterlinck A. 1994. Speckle filtering of synthetic aperture radar images: a review. Remote Sens Rev 8:313 – 340.

Li J, Zelnio EG. 1996. Target detection with synthetic aperture radar. IEEE Trans Aerosp Electron Syst 32:613 – 627.

Marino A, Walker N, Woodhouse IH. 2010. Ship detection using SAR polarimetry. The development of a new algorithm designed to exploit new satellite SAR capabilities for maritime surveillance. In: Proceedings on SEASAR 2010, Frascati, Italy, Jan 2010.

Mott H. 2007. Remote sensing with polarimetric radar. John Wiley & Sons Inc, Hoboken.

Novak LM, Owirka GJ, Weaver AL. 1999. Automatic target recognition using enhanced resolution SAR data. IEEE Trans Aerosp Electron Syst 35:157 – 175.

Rothwell EJ, Cloud MJ. 2001. Electromagnetics. CRC Press, Boca Raton.

Slade B. 2009. RADARSAT – 2 product description. Dettwiler and Associates, MacDonals.

Stratton JA. 1941. Electromagnetic theory. McGraw – Hill, New York.

Ulaby FT, Elachi C. 1990. Radar polarimetry for geo – science applications. Artech House, Norwood.

Woodhouse IH. 2006. Introduction to microwave remote sensing. CRC Press, Taylor & Frencies Group, Boca Raton.

Zebker HA, Van Zyl JJ. 1991. Imaging radar polarimetry: a review. In: Proceedings of the IEEE, vol 79.

第 8 章 扰动滤波器新近的应用

8.1 引　言

正如摘要所言,本学位论文的主要目标是一种针对目标检测的新的代数处理方法的研发,这种开发基于一种新颖的扰动滤波器(Pertubation Filter)。最早且得到最多研究的应用,是在前面各章中进行了主要描述的单目标检测器(Sigle Target Detector,STD)。然而,单目标检测器下的代数运算更为普遍,功能也更为强大,可以适用于不同的场景(只要所分析的实体处于一个欧几里德空间之内)。

最近,能够检测部分目标(比如去极化的)的算法的新版本也已经发表面世。本章的目标是展现这些最新的成果。请注意,针对部分目标检测器(Partial Target Detector,PTD)的研究工作仍在进行之中。在本学位论文编辑完成之后,最新的研究才得以面世。因此,即使它们不能成为整篇学位论文手稿的焦点,然而,鉴于它们的重要性,纵然是简而言之,笔者认为它们也应该被纳入本章的内容之中。

正如前面所展示的,一种 STD 是检测人造结构的有力工具。然而,这一工具不能够检测部分或者去极化的目标。一旦一种 PTD 方法被开发出来,它便很可能被用作监督分类器。在本章中,我们会简要地给出这种新算法的由来。随后,它会在几个数据集上被测试,以彰显其性能。

8.2 部分目标检测器

8.2.1 公式化表述

正如在绪论(第 1 章)一章中对极化所表述的那样,单目标与部分目标之间存在着一个根本的区别。特别地,部分目标不能够通过一个散射矩阵 $[S]$ 得以完全、并且唯一地描述。它们需要使用称为"相干矩阵"的形式来进行刻画:

$$[C] = \langle \underline{k}\underline{k}^{*\mathrm{T}} \rangle = \begin{bmatrix} \langle |k_1|^2 \rangle & \langle k_1 k_2^* \rangle & \langle k_1 k_3^* \rangle \\ \langle k_2 k_1^* \rangle & \langle |k_2|^2 \rangle & \langle k_2 k_3^* \rangle \\ \langle k_3 k_1^* \rangle & \langle k_3 k_2^* \rangle & \langle |k_3|^2 \rangle \end{bmatrix} \tag{8.1}$$

其中 $\underline{k} = [k_1, k_2, k_3]^{\mathrm{T}}$ 是任意基底下的散射矢量,正如第三章所给出的那样 (Cloude 2009;Lee,Pottier 2009)。

为了增强针对部分目标算法的检测能力,首先必须引进一种类似于用于单目标上的新的形式。为了这一目的,定义一个特征散射矢量:

$$\underline{t} = \mathrm{Trace}([C]\underline{\Psi}) = [t_1, t_2, t_3, t_4, t_5, t_6]^{\mathrm{T}}$$

$$= [\langle |k_1|^2 \rangle, \langle |k_2|^2 \rangle, \langle |k_3|^2 \rangle, \langle k_1^* k_2 \rangle, \langle k_1^* k_3 \rangle, \langle k_2^* k_3 \rangle]^{\mathrm{T}} \quad (8.2)$$

其中 $\underline{\Psi}$ 是一组 Hermitian 内积下的 6×6 的基矩阵。t[①] 是位于 $\mathbb{C}^6$[②] 的一个子空间(它在加法和标量乘法下封闭,并包含零元)。特别地,前面三个元素是正的实数,后面三个则是复数。为了具有物理可行性,最后的三个元素必须遵循 Cauchy – Schwarz(Rose 2002)不等式:

$$\langle |\underline{x}| \rangle \langle |\underline{y}| \rangle \geqslant | \langle \underline{x}^{*\mathrm{T}} \underline{y} \rangle; \quad (8.3)$$

$$\sqrt{t_1 t_2} \geqslant |t_4|, \sqrt{t_1 t_3} \geqslant |t_5|, \sqrt{t_2 t_3} \geqslant |t_6| \quad (8.4)$$

任何物理可实现的 $\underline{t}$ 都可以完全且唯一地表示一个部分目标。特别地,被检测的部分目标和受到扰动的目标被认为是:

$$\hat{\underline{t}}_T = \mathrm{Trace}([C_T]\underline{\Psi}) / \|\mathrm{Trace}([C_T]\underline{\Psi})\|$$

$$\hat{\underline{t}}_P = \mathrm{Trace}([C_P]\underline{\Psi}) / \|\mathrm{Trace}([C_P]\underline{\Psi})\| \quad (8.5)$$

后一个式子可以被看作部分目标散射机制的等价形式。尽管针对扰动的优化问题有与其相对应的数学基础(Marino et al. 2009,2010;Marino,Woodhouse 2009),但是物理意义能够归结到数学的处理过程之中。例如,目标的协方差矩阵 $[C_T]$ 能够被映射到 Kennaugh 矩阵(Cloude 2009)。随后,Huynen 变换能够在 Kennaugh 矩阵上产生一个略微不同的目标 $[K_P]$(Huynen 1970)。最终,扰动的 Kennaugh 矩阵 $[K_P]$ 被映射回一个协方差矩阵 $[C_P]$(和矢量 $\hat{t}_P$)。后一个式子仅仅是一个部分目标的物理扰动的例子,其他任何参数化的方法都能够加以利用。

基底再次完成了一次变换,这使得感兴趣的目标只有一个非零分量:

$$\hat{\underline{t}}_T = [1,0,0,0,0,0]^{\mathrm{T}}, \hat{\underline{t}}_P = [a,b,c,d,e,f]^{\mathrm{T}} \quad (8.6)$$

在这种情形下,扰动没有利用任何物理模型就被计算出来,$\hat{t}_P$ 的选择必须保存其物理可行性:

$$a,b,c \in \mathbb{R}^+$$

---

① 译者注:原文为"t",已修正,下同。

② 译者注:原文为"C^6",已修正。

$$\sqrt{ab} \geqslant |d|, \sqrt{ac} \geqslant |e|, \sqrt{bc} \geqslant |f|$$
$$a^2 + b^2 + c^2 + d^2 + e^2 + f^2 = 1 \tag{8.7}$$

此外,通过定义扰动目标:

$$a \gg b, a \gg c, a \gg |d|, a \gg |e|, a \gg |f| \tag{8.8}$$

在使得 $\hat{t}_T = [1,0,0,0,0,0]^T$ 的基变换之后,矩阵 $[A]$ 的对角线元素就是部分散射矢量 $\underline{t}$ 的元素。基的变换可以通过乘以一个酉矩阵来实现,该酉矩阵的列可以通过求解一个线性方程组而得到,这一方程组的未知数是五个旋转角和五个相位角。

一种更为简单的方法可以生成 $[A]$:考虑在 $\mathbb{C}^6$ 空间中使用 Gram – Schmidt 正交归一化方法,其中第一个坐标轴是矢量 $\hat{\underline{t}}_T$。矩阵 $[A]$ 的元素对于可观察到的 $\underline{t}$,可以通过基之间的内积计算得出。如果 $\underline{u}_1 = \hat{\underline{t}}_T, \underline{u}_2, \underline{u}_3, \underline{u}_4, \underline{u}_5$ 和 $\underline{u}_6$ 表示标准正交基,那么

$$[A] = \mathrm{diag}(\hat{\underline{t}}_T^{*T}\underline{t}, \hat{\underline{u}}_2^{*T}\underline{t}, \hat{\underline{u}}_3^{*T}\underline{t}, \hat{\underline{u}}_4^{*T}\underline{t}, \hat{\underline{u}}_5^{*T}\underline{t}, \hat{\underline{u}}_6^{*T}\underline{t}) \tag{8.9}$$

检测器可以通过下式得到:

$$([A]\hat{\underline{t}}_T)^{*T}([A]\hat{\underline{t}}_P) = \hat{\underline{t}}_T^{*T}[A]^{*T}[A]\hat{\underline{t}}_P = \hat{\underline{t}}_T^{*T}[P]\hat{\underline{t}}_P \tag{8.10}$$

其中

$$[P] = \mathrm{diag}(P_1, P_2, P_3, P_4, P_5, P_6) \tag{8.11}$$

$$\gamma_d = \frac{1}{\sqrt{1 + \dfrac{b^2}{a^2}\dfrac{P_2}{P_1} + \dfrac{c^2}{a^2}\dfrac{P_3}{P_1} + \dfrac{|d|^2}{a^2}\dfrac{P_4}{P_1} + \dfrac{|e|^2}{a^2}\dfrac{P_5}{P_1} + \dfrac{|f|^2}{a^2}\dfrac{P_6}{P_1}}} \tag{8.12}$$

部分目标检测器在形式上类似于式(4.73)中的单目标检测器(除了项的个数有所不同),因此,所有用以实现单目标检测器的数学最优化方法,在这里也同样适用(Marino et al. 2009,2010b;Marino, Woodhouse 2009)。特别地,在缺乏杂波先验信息的情况下,扰动目标可以选择如下,即

$$b = c = |d| = |e| = |f| \tag{8.13}$$

如果我们定义杂波为 $P_C = P_2 + P_3 + P_4 + P_5 + P_6$,目标为 $P_1 = P_T$,且 $\mathrm{RedR} = (b/a)^2$,检测器变为

$$\gamma_d = \frac{1}{\sqrt{1 + \mathrm{RedR}\dfrac{P_C}{P_T}}} \tag{8.14}$$

检测器由一个施加在 γ_d 上的门限 T 最终确定。当检测器低于门限时,产生的面罩的结果为零;高于门限时,则等于检测器的值。换句话说,即

$$\begin{cases} m(x,y) = 0, & \gamma_d(x,y) < T \\ m(x,y) = \gamma(x,y), & \gamma_d(x,y) \geqslant T \end{cases} \tag{8.15}$$

式中:m 是图像面罩;(x,y) 表示一般像素的坐标。通过使用这种类型的面罩(并不是一种 1 或者 0 的二进制形式),我们想要在单元中保存目标的主导信息。正如我们接下来将要描述的那样,它对于一个分类器的设计很有帮助。

8.2.2　物理可行性

在本小节中,我们将对上一小节中给出的唯一性和 Gram – Schmidt(GS)正交归一化问题进行阐释。

通过定义,前者(唯一性)是有保证的,任何部分目标可以用一个协方差矩阵 $[C]$(特别地,9 个独立的实参数)来进行描述。此外,矩阵 $[C]$ 中所有独立的元素不均等地映射到特征矢量 $\underline{t}$ 上。在上面所提出的 6 维复空间中,任何部分目标都可以被唯一地与一个单一的特征矢量 $\underline{t}$ 联系起来,而独立于目标的极化度:从纯粹的目标(单目标)到完全非极化目标(随机噪声)。综上所述,在物理可行的 $\underline{t}$ 和任何部分目标之间存在一种一一对应的关系。

对于 GS 方法,除了从一个物理可实现的矢量 $\hat{\underline{t}}_T$ 为起点计算出来的第一个轴,得到的基通常都不会表示一组物理可行的目标。GS 方法会产生一组 $\mathbb{C}^6$ 空间的基,但不是所有 $\mathbb{C}^6$ 空间的矢量都是物理可行的。然而,这并不代表一个检测器的局限。通过 GS 正交归一化化方法得到的坐标轴 $\underline{u}_2,\underline{u}_3,\underline{u}_4,\underline{u}_5$ 和 $\underline{u}_6$ 张成了一个在 $\mathbb{C}^6$ 空间中与第一条轴 $\hat{\underline{t}}_T$ 完全正交的子空间(也就是 $\hat{\underline{t}}_T$ 在空间 $\mathbb{C}^6$ 的正交补)。这意味着给定一个矢量

$$\underline{u} = c_2\underline{u}_2 + c_3\underline{u}_3 + c_4\underline{u}_4 + c_5\underline{u}_5 + c_6\underline{u}_6 \tag{8.16}$$

我们有

$$\underline{u}_1 = \hat{\underline{t}}_T \perp \underline{u}, \forall c_1,c_2,c_3,c_4,c_5 \in \mathbb{C} \tag{8.17}$$

由于 GS 的第一个基矢量 $\underline{u}_1$ 和 $\hat{\underline{t}}_T$(也就是被检测到的目标)相等,因此 $\underline{u}_1$ 总是物理可实现的。我们把 $\hat{\underline{t}}_T$ 在 $\mathbb{C}^6$ 空间中的正交补空间称作 Z。很显然,只有 Z 的一部分(即子空间)表征了具有物理可行性的目标。此外,从数据中提取出来的一个具有物理可行性的目标,通常会在 Z 子空间都找得到一个分量,称为 $\underline{z}$。$\underline{z}$ 的长度独立于用以表示 Z 的基(因为矢量 $\underline{z}$[①] 的长度具有不变性)(Rose 2002;Strang 1988)。因此,并不要求 $\underline{u}_2,\underline{u}_3,\underline{u}_4,\underline{u}_5$ 和 $\underline{u}_6$ 是物理可行的矢量,只要它们

---

① 译者注:原文误为"z",已修正。

能够代表 Z 的一组基。

如式(8.17)所示,当 P_C 表示剩余的功率时,我们会对 P_T 感兴趣。显然,等价的结果可以从式(8.17)开始得到,并考虑到 $P_C = P_{tot} - P_T$,其中

$$P_{tot} = \underline{t}^{*T}\underline{t} \tag{8.18}$$

是在原始基底中 $\underline{t}$ 的总功率。检测器最终简化的表达式为

$$\gamma_d = \frac{1}{\sqrt{1 + \text{RedR}\left(\dfrac{P_{tot}}{P_T} - 1\right)}} = \frac{1}{\sqrt{1 + \dfrac{b^2}{1 - 5b^2}\left(\dfrac{\underline{t}^{*T}\underline{t}}{|\underline{t}^{*T}\hat{\underline{t}}_T|^2} - 1\right)}} \geqslant T \tag{8.19}$$

总结起来,当 $b = c = |d| = |e| = |f|$(也就是缺乏杂波的先验信息)时,通过在 GS 基上投影得到的检测器,和具有全部功率的检测器是完全等价的。

8.2.3　参数选择

本学位论文[①]提出的部分目标检测器,和(Marino et al. 2009,2010;Marino,Woodhouse 2009)中的单目标检测器,享有同样的数学形式。因此,所有数学优化方法都可以推广到这种情况中。为了简洁起见,这里我们仅介绍门限和 RedR 的选择。这可以从一个散射方程开始进而完成,这一方程基于所观测的部分目标和某个感兴趣的目标之间的角度距离。

通过对式(8.17)的一些代数运算,并作如下替换

$$\text{SCR} = \frac{P_T}{P_C} \Rightarrow \frac{P_{tot}}{P_T} - 1 = \frac{1}{\text{SCR}} \tag{8.20}$$

我们可以找到散射表达式

$$0 \leqslant \frac{P_C}{P_T} = \frac{1}{\text{SCR}} \leqslant \frac{1}{\text{RedR}}\left(\frac{1}{T^2} - 1\right) \tag{8.21}$$

第一个不等式,是由杂波功率不可能大于总功率这一事实所得出的结论。

式(8.21)显示了信干比(SCR)、门限和 RedR 之间的关系。这里,与经典的检测相比,SCR 有一点稍微不同的解释。一般来说,它代表着位于场景中的目标功率与杂波功率之间的比值。作为替代,现在它相当于一个角距离的测度,这一角距离位于观测矢量(也就是目标)和感兴趣的矢量之间。它的选取遵循滤波器的选择性要求,并可以和目标特性相关。总体而言,当感兴趣的目标被期望为极化稳定时,一个较高的 SCR 便可以被利用起来,从而得到一个较小的虚警率。对于极化稳定性,我们认为它的矢量实例(实现)t 的角度距离比较小(也就是说目标的表现在整个场景中都是稳定的)。然而,如果目标预期将会随着整

---

①　译者注:原文为"the paper",已修正。

个场景略微变化,一个较小的 SCR 将被优先考虑,它会得到较高的检测概率。在接下来的实验中,检测的 SCR 被选为 50,因为这个值看来在检测概率和虚警之间提供了最好的折中。不过,通常的值可以在 2 ~ 100 之间浮动。

定义了 SCR 之后,式(8.18)中仍有两个未知量。因此,一个未知量能够用另一个的函数形式表示出来。当等号被替换时,式(8.19)给出了式(8.21)两个可能的解中的一个,即

$$RedR = SCR \Big/ \left(\frac{1}{T^2} - 1 \right) \tag{8.22}$$

门限可以自由设定。在接下来的实验中 $T = 0.98$,尽管任何其他小于 1 的值在理论上也是适用的。然而,一个相对高的 T 值,必然使得极化相干性具有更小的方差,也能增强检测器的统计性能。

一旦选定 T,最后的参数(比如 RedR)便可以被设定。在实验中,我们选取 $RedR = 1.85$。

8.2.4　双极化检测

最后一小节将致力于双极化数据的运用。所提出的算法基于一个几何的运作,该运作独立于所考查的空间的维数,只要是欧几里德空间便成立。因此,它能够被推广到任何欧几里德矢量空间。由于需要整个散射矩阵来唯一地描述一个通用的去极化目标,四极化数据的要求便成为物理上的必要条件了。利用双极化数据,仅有一部分的目标空间可以被搜索到,并且,通常情况下剩余空间中的目标表现方式都无法被恢复。出于这一原因,为了获得最佳的结果,利用四极化数据来开发检测器备受推崇。然而,在只能获取双极化数据的情况下,算法仍然能够像我们现在所展示的那样得到执行。

检测器的最终正式表达式并没有经受显著的变化

$$\gamma_d = \frac{1}{\sqrt{1 + RedR\left(\dfrac{P_{\text{tot}}}{P_T} - 1\right)}} = \frac{1}{\sqrt{1 + \dfrac{b^2}{1 - 2b^2}\left(\dfrac{\underline{d}^{*\text{T}}\underline{d}}{|\underline{d}^{*\text{T}}\hat{\underline{d}}_T|^2} - 1\right)}} \geqslant T \tag{8.23}$$

其中矢量 $\underline{d}$[①] 是 $\underline{t}$ 的双极化的对应物,即

$$d = \text{Trace}([C_d]\boldsymbol{\Psi}_d) = [t_1, t_2, t_3]^{\text{T}} = [\langle |k_1|^2\rangle, \langle |k_2|^2\rangle, \langle k_1^* k_2\rangle]^{\text{T}} \tag{8.24}$$

$[C_d]$ 是一个从双极化数据的二维复散射矢量开始计算得到的 2×2 的相干矩阵。

---

① 译者注:原文误为"d",已修正。

8.3 分类器

8.3.1 公式化表述

当任一类目标(例如部分目标)都用一个特定的协方差矩阵$[C_i]$来描述时,一个分类器便能够针对部分目标检测器开始进行设计。这里所提出的部分目标检测器,被用来产生那些针对特定类别的各种面罩。只要有极少区域是感兴趣的(比如海冰的不同状态),只需很少的类别就足矣(极端的情形是只有一个单检测面罩)。否则,一些协方差矩阵必须加以考虑。分类输出和 Wishart 监督分类法类似(Cloude,Pottier 1997;Lee et al. 1994a)。

各类别的检测,通过连续地产生一对面罩来完成

$$\begin{cases} m_i(x,y) = 0, & \gamma_i(x,y) < T \\ m_i(x,y) = \gamma_i(x,y), & \gamma_i(x,y) \geq T \end{cases} \tag{8.25}$$

式中:$i=1,2,\cdots,n$ 表示各自的类。

检测器的 SCR 的选择,遵从产生未知目标的类的基本原理。在不需要它们的情形下,检测器的门限可以被设为零,这将导致一种仅以 γ_d 的幅度为基础的区别。就此而论,SCR 的选取是微不足道的,并且将不会影响最终的分类面罩。

随后,对于每个像素,拥有最大值的面罩都会被选中。返回更高值的归一化内积,具有到所关注类的最小角距离。如果 $m_1,m_2,\cdots,m_n$ 是 n 个已经得到的面罩,当满足下式时,一个像素便会被划分到类 Y,即

$$m_Y = \max_{i=1,2,\cdots,n} \{m_i\} \tag{8.26}$$

在一个分类器的实际实现中,部分目标分类器被一个接一个地执行了 n 次。在任何执行过程中,代表特定类型的矢量被挑选出来。分类器通过一种简单的算法完成,该算法逐像素地选取呈现出最大值的面罩。该分类器不需要迭代,因为它在第一次尝试之后就收敛了。

8.3.2 参数选择

简单地利用产生标准检测的相同参数可能是一种直截了当的策略。然而,我们相信选取 SCR = 15 显露出一种明显的优势。正如式(8.26)所示,该分类器的决策规则,是基于不同面罩的比较和最大值的选择。利用这种方法,算法将某像素指定到一个特征矢量更接近所观测到的那一类上。利用一个更低的 SCR(也就是更低的选择性)时,我们能够检测到所观察的目标。那些目标呈现出一些与类特征矢量所不同的差异。比方说,茂密的森林类应该包含一批相对较大的体积块(例如,成团的具有不同形状的微粒)。显然,当差别太大时,必须引入

170

一个新的类。

作为一个总则,在分类器的架构中,一个检测门限的使用完全与未知目标的摈弃有关。在不需要满足这种条件时,我们可以选择 SCR = 0(与 $T = 0$ 一致),同时可以仅仅选取式(8.26)的最大值来完成辨别。

8.3.3　监督与非监督版本

依靠用于提取类相干矩阵的策略,分类器可以是监督的或非监督的。

监督版本需要使用者和已知区域的选择相互影响,这种运作可以在一幅 RGB Pauli 复合图像上很容易实现。

非监督版本通过利用极化散射模型来训练检测器。在过去,种类繁多的模型被开发出来(Cloude 2009)。鉴于这里所提出的算法,代表了一种对极化数据的普遍的几何运算,因而任何模型都可以同样地加以利用。因此,留给使用者的工作就是去选取对于感兴趣的特殊应用最为适当的模型。我们会在下一节中介绍一些既监督,又非监督的检测器和分类器的范例。

8.4　部分目标检测器的验证

8.4.1　所采用的数据集

为了给出检测器的大量验证,我们应用了若干具有不同参数设置和场景的数据集。

第一批四极化数据集是通过 DLR(德国宇航中心),于 2006 年 SARTOM 活动期间在 E – SAR 机载系统上得到的。该活动的目的之一,就是在植被的枝叶下进行目标检测,因此,一些人造的目标被部署在露天环境和森林树冠 t_T 的庇护之下。工作频段为 L 波段,同时图像在方位角方向上具有 1.1m 的分辨率,距离方向上具有约 2m 的分辨率。

随后,一组四极化 L 波段的 ALOS – PALSAR 数据集,被用来对分布式目标进行检测。特别地,我们考虑了基于去极化特性针对"历史的火迹"的检测。图像在靠近加拿大的 Manning,Alberta 获得,这是一个农用地和森林覆盖地区相混叠的区域。ALOS 四极化数据的像素尺寸在 24m × 4.5m(地面距离 × 方位角)左右。此外,另一个四极化 L 波段的 ALOS – PALSAR 场景,被利用来为土地使用分类作一个更进一步的调查。后者于 2008 年 5 月在中国获得,靠近泰安市和徂徕山,并呈现出一个城市区域、农业区域和山林场地混合在一起的图样。

最后所使用数据集,是一组 TerraSAR – X 双极化 HH/VV 带状地图所捕获的数据集。展现的场景同样是中国的泰安,数据于 2009 年 3 月获得。传感器的分辨率为 1.2m × 66m(距离 × 方位角),不过像素的尺寸约为 0.9m × 2.4m。

为了对我们所提出的算法进行各种不同形式的测试,验证将细分为下面不同的小节进行。

8.4.2　单目标和部分目标之间的比较

首先,我们对检测单目标的能力进行了诊查。新算法与单目标检测器(在(Marino et al. 2009,2010;Marino,Woodhouse 2009)中已经得以验证)进行了比较。单目标代表了部分目标的一个子空间,该子空间通过秩为 1 的协方差矩阵进行描述(Cloude 1992)。因此,它们仍然能够被新的部分目标检测器检测出来。

在点目标检测中,一个高分辨率的数据集更为有利。因此,采用了 DLR 的 L 波段数据集(Horn,et al. 2006)。图 8.1 和图 8.2 展示了单目标检测器和部分目标检测器之间的比较。RGB Pauli 图代表了这种比较(图 8.1)。在图 8.2 中,两种算法的表现相差不大,但结果产生的面罩却并不完全相等。如果将更多的信息加入新的检测器(比如 k 的二阶统计量)之中,就期待产生一个稍好一些的结果(比如更低的虚警率和漏报率)。对于偶次散射(偶数次数的反射)的面罩主要识别出在场景中间的吉普车,因为它和地表产生了一个水平二面角。此外,它还可能识别出一些"树干——地面"的双散射,特别由于遮挡不太厉害而使波的衰减并不显著的森林的边沿和空地。奇次散射(奇数次数的反射)的面罩,显露了三面角反射器和一些裸露地面上的稍弱的点。由于金属网与水平偶极子类似(正如在(Marino et al. 2009,2010;Marino and Woodhouse 2009)所举的例子那样),所以它们被排斥在检测之外。

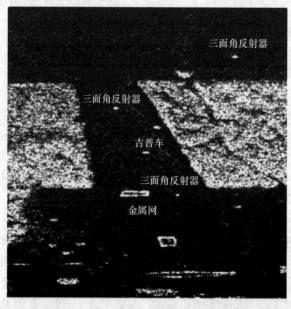

图 8.1　用于对单目标和部分目标检测器进行比较的区域的 RGB Pauli 图像

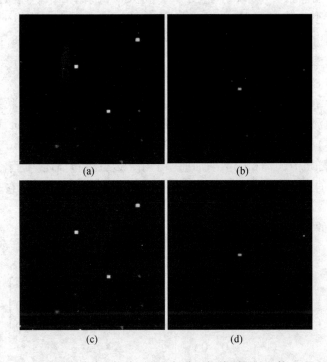

(a) (b)

(c) (d)

图 8.2   单目标检测器和部分目标检测器的比较

(a) 散射下的单目标检测器(STD)；(b) 散射下的部分目标检测器(PTD)；

(c) 对于偶极子的单目标检测器(STD)；(d) 对于偶极子的部分目标检测器(PTD)。

排除亮目标的能力在于一个指示器,该指示器的辨别力基于极化信息,而不是回波的强度。

8.4.3   星载数据:"历史的火迹(hfs)"的检测

在这一节中,我们将会关注针对卫星雷达数据的开发利用。后者对于科学界和终端用户来说尤为重要,因为它们提供了针对大型区域的周期性覆盖。

在本节中,一组四极化 ALOS – PALSAR 数据集将会被用到。图 8.3(a) 和图 8.3(b)分别阐明了一幅在加拿大获得的场景中,Pauli 散射矢量中的第一和第三个元素(也就是 HH + VV 和 2 * HV),并呈现出一种农业区(左上角)和森林区的混合场景。考虑到矩形形状的像素在图像中会引入严重的视觉失真,因此数据通过一个 1 ×5 大小的不对称窗进行多视处理。

为了保留极化信息,多视处理通过协方差矩阵[C]来完成(Lee et al. 1997)。该检测器随后利用一个平均大小为 9 ×9 的窗使得斑点最小化,并对场景中的去极化目标进行了准确的描绘(Lee et al. 1994b)。

173

测试区域包括在 2002 年遭受了一场火灾的森林区域(接近右下角)。由于树龄更小且未被破坏,"历史的火迹(hfs)"表现出与以往所不同的结构。当算法由地面监视作上 hfs 标记的像素点进行训练时,图 8.4 描述了检测面罩。该检测器显示了在非常低的虚警概率下,从余下的场景中分离 hfs 的能力。

接下来的一步,要考虑能够把 hfs 的存在和一些关键参数相联系起来的森林模型的检测。采用的模型为随机方向体积层模型(Random Volume over Ground,RVoG)(Cloude,Papathanassiou 1998;Treuhaft,Cloude 1999),其中来自森林的回波由随机方向体积的散射加上一个相干成分进行描述。后者通常由在树冠遮挡之下的地面产生,并通过一个秩 1 的相干矩阵描述(因为它是一个单目标)。

体积块的贡献可以建模为来自偶极子的取向随机的散射,即

$$[T] = [T_S] + [T_V]$$

$$[T_S] = m_S \begin{bmatrix} \cos^2(\alpha) & \cos(\alpha)\sin(\alpha)e^{j\mu} & 0 \\ \cos(\alpha)\sin(\alpha)e^{-j\mu} & \sin^2(\alpha) & 0 \\ 0 & 0 & 0 \end{bmatrix}$$

$$[T_V] = m_V \begin{bmatrix} 2 & 0 & 0 \\ 0 & 1 & 0 \\ 0 & 0 & 1 \end{bmatrix} \tag{8.27}$$

式中:m_S 和 m_V[①]为两个后向散射贡献的幅度。它们的比值即为"地面对体积(Ground – to – volume)比",即

$$\rho = \frac{m_S}{m_V} \tag{8.28}$$

α 是和相关矩阵[T]的特征矢量分解中,具有相同含义的特征角(Cloude 2009)。

在这一实验中,我们利用了一个忽略了斜坡的模型,因为图像的数字高程模型(Digital Elevation Model,DEM)特别平坦。然而,在相关的地形学研究当中,需要完成一个初步的倾斜校正(Lee et al. 2002)。为了找到满足模型参数 hfs 的初始值,模型在数据上进行了翻转,作为结果的参数被发现为

$$\alpha = 19°, \rho = 7.7\text{dB}, \rho = 3\text{dB} \tag{8.29}$$

(在加拿大,其他 hfs 的类似结果也被发现,尤其是在考虑 α 的时候)。提取出来的值被用来重建一个[T]矩阵,用其来训练检测器(如图 8.4 所示)。

---

① 译者注:原文误为"m_S 和 m_S",已修正。

图 8.3　针对古代火迹的部分目标检测器
（a）HH 极化；（b）监督检测。

图 8.4　针对古代火迹的部分
目标检测器:非监督检测

　　这一模型好像相当接近目标的类型,因为一种不良的匹配不会得到[T]的一个准确无误的重构。后者是利用一个模型去训练非监督检测器的例子,不过各种模型都可以用到,诸如取向方向体积层模型(OVoG)或其他多层分解(Cloude 2009)。

8.4.4　星载数据:分类

　　在这一节中,算法逐渐发展成为一种分类器,并在来自中国的第二个 L 波段 ALOS – PALSAR 数据集上进行测试,泰安市(左上角)和徂徕山(右下角)在 RGB Pauli 合成图中清晰可见(如图 8.5 所示,其中 1200 像素 ×1200 像素在这里是可见的)。

175

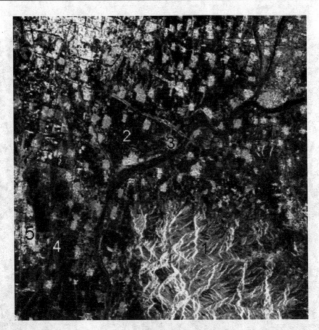

图 8.5　ALOS 数据(中国)上的部分目标检测:该地区的 RGB Pauli 图像(可见书后彩图)

　　图 8.6 给出了那一区域的 Google Earth 图像。用于我们所提出的分类器中的分类面具在图 8.7 中给出,而将其与 Wishart 监督分类器的比较呈现在图 8.8 中(Lee et al. 1999,1994a)。后者是一个分类器,它利用了相干矩阵$[T]$的一种假定的先验概率分布(Cloude 2009;Lee et al. 1994a;Lee,Pottier 2009)。在本次对照中,使用了 Wishart 监督分类器的一个基础版本。这可以从 POLSARpro[①] 软件包中免费获取。

图 8.6　ALOS 数据(中国)上的部分目标检测:该地区的 Google Earth 照片

① 译者注:POLSARpro 是一款由欧洲航天局开发的极化合成孔径雷达数据处理与教育工具。

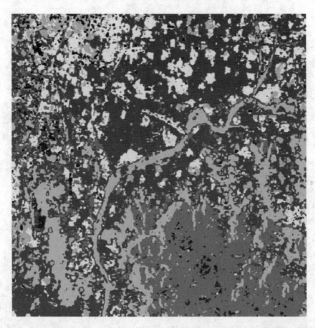

图 8.7 ALOS 数据(中国)上的部分目标检测:红色:茂密的森林;
浅蓝色:表面;蓝色:农用地;绿色:城市地区(可见书后彩图)

图 8.8 ALOS 数据(中国)上的部分目标检测:　　图 8.9 基于 TerraSAR – X 数据(中国)的双
Wishart 监督分类器(分类同上)(可见书后彩图)　　极化检测器(HH/VV):HH 反射率图像

我们意识到利用了追加的预处理的更为详尽的版本,可以得到更加精确的分类面罩。然而,为了使对照尽可能的公平,两种分类器具有几乎相同的预处理,然后它们都在最基础的版本上完成。更正或者深加工的缺失,应该使我们可以去评价预期的理论上的优势。

在图 8.5 中,标签确定所训练区域。区域 1 代表农业区(蓝色),区域 2 是表面(浅蓝色),区域 3 是城市区域(绿色),区域 4 是一座被小型建筑物和稀疏的树木(黄色)所描绘的村庄,区域 5 是茂密的森林(红色)。所提出的分类法总共有 6 类,因为黑色被保留为不落到任何分类(也就是未知目标)。对不同的类型做初步检测(取 SCR = 15),各区域没有牵强地分到任何类,以避免错误分类。

所提出的算法看似能够在场景中区分不同的区域,这一场景与 Google Earth 照片的 RGB Pauli 图像表现得高度一致。请注意,正如前面的情况那样,相干矩阵是 1×5 的多视,然而像素并不完全是正方形的,并且雷达图像的失真也是显而易见的。此外,方位角并非完全对准南北方向。城市区域展现出了一番有趣的场景。分类面具出现了一种引人注目的不均匀性(由于城市的自然不均匀性)。特别地,这里有一些点目标没有落到本类而分到了黑色区域。此外,城镇区域类似于村庄区(黄色),而不是密集的城市区域。

Wishart 监督分类器(基于统计的)(Lee et al. 1999,1994a)对于两种类别(裸露的表面和农业区域)来说,好像和所提出的算法具有全面的一致性。另一方面,其他区域呈现了相当少的一致性。特别地,在 Wishart 中,城市区域延伸更宽,且和乡村混在一起。例如,右上角被分为是一个城镇或者乡村,尽管它是一片农业区域。

此外,在山区的森林被完全错误地分类,呈现出乡村和城市区域的混合。

从这一实验可知,本文所提出的分类器的一个主要优点是令人瞩目的:即后向散射总强度整体幅度的独立性。Wishart 方法强烈依赖于计算类间距离的矩阵 $[T]$ 的迹。另一方面,总幅度的独立性将我们的检测器唯一地聚焦于极化特征(矩阵元素的相关的权值)上。请注意,如果对于式(8.14),我们将 $[C]$ 乘以一个标量因子,结果产生的检测器不会改变。对于 Wishart 分类器,纵然两个目标存在一些极化差异,如果两个目标的后向散射功率相似,两个目标也将出现一个小的间距。

然而,对于一个特定目标,在整体幅度保持了其物理意义的情形下,它的信息能够被考虑来对所获得的面罩,完成一个后续的幅度分析。尽管如此,区分极化和幅度信息的可能性,仍然被认为是所提出的分类器具有的最为显著的优势。显然,如果幅度调制的影响能够利用辅助信息加以校正(比如一种数字高程模型),Wishart 监督分类面罩的精确性有望得到改善,但是这样的校正常常不是稳健的,在这里,我们已经证明了一种对于在地势补偿中产生的误差并不敏感的方法。

8.4.5　星载数据:双极化检测

在这一最终的实验中,检测器通过双极化数据进行测试。与四极化数据的根本区别是,对一个观测目标的描述缺乏唯一性(Cloude 1992)。由于这一原因,一个算法的适当应用,应该限制在对目标类型的检测上,这种类型的目标能够仅仅利用两种极化就拥有足够的精度对其进行表示。一个例子就是来自于一块随机体的散射。

在本次实验中,利用了 TerraSAR – X 双极化 HH/VV 数据的带状地图,如图 8.10 所示。至于 ALOS 数据集,场景在中国泰安市上空获得。然而,现在场景略微靠北,显示出了抽水蓄能水库(也就是被浓密的森林所覆盖的山区)。

一个初始的 2×3(方位角×距离)的多视,在双极化协方差矩阵上完成。其后,运用一个 9×9 的 boxcar 滤波器获得了检测。检测的目标在于得到由随机取向的偶极子组成的体积散射。在 HH/VV 双极化情形中,我们并不直接进入一个交叉极化 HV 通道去检测体积散射。取而代之的是,后者能够通过它在 HH/VV 子空间中的特征相干矩阵被识别,正如式(8.30)所示,即

$$\left[T_V^d \right] = m_V \begin{bmatrix} 2 & 0 \\ 0 & 1 \end{bmatrix} \tag{8.30}$$

图 8.9 展示了 HH 反射率图像,这一图像可以与图 8.10 中的检测面罩相比较。基于体积散射的水平,算法好像能够识别被浓密的森林所覆盖的多山地区。在图像中间靠左的水务专用范围被检测出来,因为它的后向散射特别低,并且接近噪声基底。因此,它类似于具有略微强烈的表面分量的随机体积。为了除去这些点,一个幅度上的简单门限即可去除后向散射接近于噪声基底的区域。至于山区外部被检测到的点,除了道路或者周围的田野以外,它们主要相当于城市中的树木。

这里,由于增强的分辨率和对于树冠更加敏感的 X 波段的应用,它们比在 ALOS 数据中更加明显。然而,我们不能忽视,这些点中的一部分由于完全极化信息的缺乏而仅仅是虚警。

图 8.10　基于 TerraSAR – X 数据（中国）的双极化检测器（HH/VV）：
由随机取向偶极子所组成的体积检测面罩

8.5　小　结

在这一章中,一个基于扰动滤波器的几何解释已经由在(Marino et al. 2009,2010;Marino,Woodhouse 2009)中发展的单目标检测器给出。检测器由感兴趣的目标与一个扰动版本之间的加权(通过观察得到)和归一化的内积所构成。为了将检测延伸到部分目标,一种新的矢量形式被提出来了。这种新的形式可以唯一地描述部分目标空间。最后,新的检测器被利用起来,这就是随后的分类器的第一阶段。

然后,提供了在机载(DLR E – SAR,L 波段)和星载数据(ALOS – PALSAR 和 TerraSAR – X)上面的验证,显示了检测器在分辨不同的单目标和部分目标之间的能力。检测器是一个在独立于其维度的欧几里德空间上的代数运算。因此,即使由于物理信息丢失,我们预计性能会较差,一个双极化版本仍被开发出来。监督的和非监督的检测策略都得到了应用。

分类面罩与一种基本的 Wishart 监督算法(可以在 POLSARpro 软件包中免费获得)进行了比较,显示了我们所相信的一个主要的提高:对于回波整体强度的独立性(也就是本学位论文所提出的算法,仅仅利用极化信息就可以运作)。因此,由于幅度调制产生的错误分类,举例来说,掩叠的后果也得到了解决,使得这种新算法特别适合于山地区域的检测和分类。显然,如果有相应的辅助信息(作为一种数字高程模型)可以利用,并有进一步的预处理,Wishart 监督法的分类结果能够获得显著改善。

致谢 关于"火迹"的 ALOS PALSAR 数据承蒙 Hao Chen 博士和 David Goodenough 博士(Canadian Forestry Service①(CFS),Victoria,BC)提供。关于中国测试区的 ALOS – PALSAR 数据承蒙 DRAGON 2②计划提供。最后,我们还想感谢来自项目编号为 LAN0638 的 TerraSAR – X 的支持,其为我们提供了所用到的双极化数据。

参考文献

Cloude RS. 1992. Uniqueness of target decomposition theorems in radar polarimetry. Direct and inverse methods in radar polarimetry. Kluwer Academic Publishers,Dordrecht, pp267 – 296.

Cloude SR. 2009. Polarisation:applications in remote sensing. Oxford University Press,Oxford,978 – 0 – 19 –

---

①　译者注:加拿大林业服务部(CFS)是一个在加拿大自然资源内的以科学为基础的政策机构,一个帮助自然资源行业对经济、社会和环境作出重要贡献的加拿大政府部门。

②　译者注:DRAGON 2 计划是 ESA 与中国科技部的合作项目 DRAGON 计划中的第二个计划。

956973 – 1.

Cloude SR, Papathanassiou KP. 1998. Polarimetric SAR interferometry. IEEE Trans Geosci Remote Sens 36: 1551 – 1565.

Cloude SR, Pottier E. 1997. An entropy based classification scheme for land applications of polarimetric SAR. IEEE Trans Geosci Remote Sens 35:68 – 78.

Horn R, Nannini M, Keller M. 2006. SARTOM airborne campaign 2006: data acquisition report, DLR – HR – SARTOM – TR – 001.

Huynen JR. 1970. Phenomenological theory of radar targets. Delft Technical University, The Netherlands.

Lee JS, Pottier E. 2009. Polarimetric radar imaging: from basics to applications. CRC Press, Taylor and Francis Group, Boca Raton.

Lee JS, Grunes MR, Kwok R. 1994a. Classification of multi – look polarimetric SAR imagery based on the complex Wishart distribution. Int J Remote Sens 15:2299 – 2311.

Lee JS, Jurkevich I, Dewaele P, Wambacq P, Oosterlinck A. 1994b. Speckle filtering of synthetic aperture radar images: a review. Remote Sens Rev 8:313 – 340.

Lee JS, Grunes MR, Boerner WM. 1997. Polarimetric property preserving in SAR speckle filtering. Proc SPIE 3120:236 – 242.

Lee JS, Grunes MR, Ainsworth TL, DU LJ, Schuler DL, Cloude SR. 1999. Unsupervised classification using polarimetric decomposition and the complex Wishart classifier. IEEE Trans Geosci Remote Sens 37:2249 – 2258.

Lee JS, Schuler DL, Ainsworth TL, Krogager E, Kasilingam D, Boerner W – M. 2002. On the estimation of radar polarization orientation shifts induced by terrain slopes. IEEE Trans Geosci Remote Sens 40:30 – 41.

Marino A, Woodhouse IH. 2009. Selectable target detector using the polarization fork. In: IEEE international geoscience and remote sensing symposium IGARSS 2009.

Marino A, Cloude SR, Woodhouse IH. 2009. Polarimetric target detector by the use of the polarisation fork. In: Proceedings of 4th ESA international workshop, POLInSAR 2009.

Marino A, Cloude SR, Woodhouse IH. 2010. A polarimetric target detector using the Huynen fork. IEEE Trans Geosci Remote Sens 48:2357 – 2366.

Rose HE. 2002. Linear algebra: a pure mathematical approach. Birkhauser, Berlin.

Strang G. 1988. Linear algebra and its applications, 3rd edn. Thomson Learning, London Treuhaft RN, Cloude RS. 1999. The structure of oriented vegetation from polarimetric interferometry. IEEE Trans Geosci Remote Sens 37:2620 – 2624.

第 9 章 结 束 语

在过去的几十年里,雷达遥感已经使自己在监控领域确立为一种不可或缺的工具,尤其是在那些需要持续不断的现场勘察难以施行的地区(比如海洋、荒漠和丛林等)(Campbel 2007;Chuieco,Huete 2009)。与光学遥感相比,微波之所以胜出的优势是:它在夜间,以及任何天气条件下的可用性;对于较长的波长,还具备穿透叶簇的能力(Richards 2009;Woodhouse 2006)。与此同时,由于不同的散射体具有各式各样的极化响应,因而通过对极化的利用,被检测的目标能够被识别出来(Cloude 2009;Lee,Pottier 2009;Mott 2007;Ulaby,Elachi 1990;Zebker,Van Zyl 1991)。后者正是本学位论文所关注的焦点。

首先,我们对雷达极化中的基本概念进行了说明。极化是一个从物理学延伸到代数学的,内容广阔的主题(Born,Wolf 1965;Cloude 1995,2009)。一种对极化彻底的处理方法超出了本学位论文所涵盖的范围,我们决定仅仅将那些和本学位论文算法的研发直接相关的概念囊括在内。确切地说,通过一个散射矩阵或者等价的一个散射矢量,对一个确定性的目标进行描绘的可能性在文中进行了相关的叙述。后者是一个三维的复矢量,因此任何感兴趣的目标均可以通过一个三维空间中的矢量进行描绘。这一代数的抽象化非常有效,它代表了本学位论文所研发的检测器的基础。

经过一个初步的介绍之后,我们对这种新颖的极化检测器进行了研发(Marino et al. 2009,2010;Marino,Woodhouse 2009)。我们所提出的算法,是基于一个感兴趣的目标和其扰动版本(也就是一个略微旋转的矢量)之间的极化相干所建立起来的。相干是作为一种加权且归一化的内积而计算得到的,其中的权重是从数据中提取出来的。检测算法以一个相干上的门限结束。相关的数学公式的获取是简单明了的,对应的数值计算也只需要一段非常短的处理时间。以数学表达式为起点,当缺乏关于杂波的先验信息时,为了得到无偏的检测,我们对检测器的参数进行了相应的优化处理。

随后,利用作为一个随机变量来解释的相干(也就是检测器)的统计方法(Monahan 2001;Papoulis 1965),本学位论文对理论上的检测器的性能评估进行了具体的说明。为了完全对统计行为进行描述,解析化的概率密度函数(pdf)被计算得出。理论上的结果,特别是接收机工作特性(ROC)曲线揭示了在一个近乎确定性的行为之下(Kay 1998),检测器的性能尤为出色。其后,我们将所提出的检测器与其他检测器在理论性能上进行了比较。在相似的检测条件下,本学位论文所提出的检测器似乎比其他算法(比如极化白化滤波器、最佳极化检测器等)更为高效(Chaney et al. 1990;Novak et al. 1993)。优秀的性能是检测器的随机部分强烈缩减情况下的产物,这一过程是以相干的形式完成的。最后,只要对于我们所感兴趣的目标的极化描述是准确的(请注意,对目标的描述能够从一个理论的模型,或者从一个数据集中提取后得出),检测的性能仍可居高不下。一旦统计的描述是可以利用的,相干上的门限可以进行最佳的选择(Kay 1998)。考虑到方差特别小,优化的过程是相对明了的。在本学位论文中,我们提出了一种简洁的图解处理方式。

最后,我们将优化后的检测器基于实测数据进行了验证。在本学位论文中,由于增强的空间分辨率和信噪比(SNR),机载数据展现出一幅更加易于检测的场景,因此机载数据和星载数据被分开来进行处理。特别地,机载数据(来自DLR 的 E-SAR)是在 SARTOM 项目(Horn et al. 2006)的框架下所采集到的。后者,也就是星载数据,是针对极化和层析成像 SAR(Walker et al. 2010)中,叶簇(FOLPEN)下的目标探测而设计得到的。由于部署在露天条件下和植被枝叶下的确定性目标(比如角形反射器、吉普车、集装箱等)的出现,这一数据集代表了目标检测下的一个理想的场景。为了提供一个更为广泛的验证(并不仅仅局限于部署的目标),一些测试场地的图片被收集起来,特别是在那些算法展现出阳性检测的区域。

为了理解在真实目标检测中所显示的,由 ROC 反映的理论上的改进,算法与一个得到了广泛应用的检测器:极化白化检测器(PWF)进行了对比。后者被定义为用于斑点降低的最好的信号处理方法(Chaney et al . 1990;Novak et al. 1993;Novak,Hesse 1993)。在已经确立的算法性能评估标准中,本学位论文所提出的检测器被证明为较之极化白化检测器更为高效(正如下文将详细说明的那样)。

第 8 章关注的是星载数据的验证。特别地,采用了 ALOS-PALSAR(L 波段),RADASAT-2(C 波段)和 TerraSAR-X(X 波段)。在此情况下,我们不能利用测试区域中的准确的地面实况,因此为了帮助验证,我们将面罩与 Google Earth 和全景上提供的航拍和地面照片进行了比较。算法显露出利用星载数据完成检测的能力,也为不借助航空行动就可以持续地监控宽广的区域展开了可能。

在最后一章中,单目标检测器转而变为一个部分目标检测器。就此而论,一个利用相干矩阵的表现形式是必要的,因为仅仅只有散射矩阵是不足以完备地描述一个部分目标的。新的算法仍然是基于同样的扰动滤波器的处理程序建立起来的。对于一个部分目标来说,检测任意的极化目标是可能的,这些极化目标监视在土地利用监测的分类(而不仅仅是监控)中具有重要的优势(Marino et al. 2012)。新分类器的性能在实测数据(E-SAR、ALOS PALSAR 和 TerraSAR

X)上进行了测试,并将其和一个监督的 Wishart 分类器进行了比较。

基于实测数据的广泛验证,以及和其他检测器的比较,为算法性能的评估提供了一套修正的指标集。特别地,这些标准基于以下两种可能性:

1)在场景中遗漏一个目标的低概率(也就是漏报概率)。正如第 5 章中出现的,在常规检测情况(比如,SCR > 2)下,当一个门限通过我们提出的图解方式进行选取时,理论上的漏报概率(也就是 P_M)是极小的,而且可以忽略不计。由于这一原因,这些标准可以考虑为是主要从理论的观点而得出的。然而,为了确定算法的极限,我们想要提供一番阐释。只要感兴趣目标的极化特征是精确的,这些标准就是完全满足的。直观地,一个有毛病的特征会导致目标的错误分类。两个不同的处理程序可以用以获取目标特征。第一种是以模型为基础的方法,在对模型来说目标相对简单的情况下,这一方法是首选。第二种方法考虑了从另一个数据集(但具有相同的特性)中进行的提取(或者训练)。为了缓解目标特性中的误差效应,算法能够检测和感兴趣的那一个有些许不同的真实目标。在数学上,这通过一个界限可由用户自行设定的散布方程来表达。

作为特别令人关注的两种主要的目标类型被定义为:

(1)叶簇覆盖下的目标。叶簇下的检测是一个相当有趣的主题,这一主题涵盖了军用和民用上的监视,因为从丛林区域巡查中的地面检查是非常困难的(Fleischman et al. 1996)。此外,通过光学系统进行的检查尤为复杂,因为对于光学传感器而言,树冠通常表现为一道屏障;而微波能够部分地穿透,同时提供地面目标的信息。新方法的增强性能,是由于对极化信息采取了不同的利用方式而得到的。极化白化检测器的人工目标不会出现斑点变化,因此,有斑点的点被摒弃(Novak et al. 1993)。另一方面,我们提出的检测器所关注的是目标确切的极化信息(它并没有考虑观测量的方差)。在叶簇穿透中,树冠层可能在从目标所在的区域反馈回来的回波中引入斑点。

(2)小目标。此时的检测器是基于极化相干(归一化算子),而不是后向散射的幅度(或者相干矩阵的迹)。这在针对具有小的雷达散射截面积(低的后向散射)的目标探测中,具有明显的优势。比基于幅度门限的算法更为高效(Chaney et al. 1990;Li and Zelnio 1996)。显然地,目标肯定是要强于被检测的背景(或者噪声电平)的(否则,将对随机噪声进行检测,除非我们拥有关于杂波的先验信息)。

2)在一个真实目标缺失的情况下,阳性检测的低概率(也就是虚警概率)时:

(1)统计稳定性。在第 5 章中所获得的理论性的结果,清楚地揭示了常规检测情况(比如,SCR > 2)下,虚警概率(也就是 P_F)是可以忽略不计的。此外,本学位论文所提出的算法,在很大程度上优于对比中所考虑的那些检测器(Chaney et al. 1990)。因此,我们考虑了这一点的决然实现。

（2）以明亮的自然目标为背景的鲁棒性。忽略幅度的另一个优势在于：对有一些强烈散射体的自然目标存在时的处理。在某些情况下，仅仅因为采集形式的话，一个大的雷达散射截面积和目标本身毫无关系。掩叠下的地区（山脉的一侧或者丛林的边缘）可以具有一个极其强烈的回波，这一回波能够触发一个基于幅度的检测器。另一方面，极化信息在掩叠的存在下仍然能够保持非常稳定。无论如何，作为对数据的预处理，一个简单的修正可以完成。这一数据将由于斜坡而可能产生的极化特性的改变纳入考虑之中（Lee et al. 2002）。请注意，这一修正勿需任何先验信息（比如，数字高程模型），且并不改变回波的总振幅。最后，我们能够考虑上述标准的执行。

本学位论文所提出的检测器的一个最后的优点（不含在初始条件中），是最终的数学表达式的简单性。这一点尤其使得快速处理成为可能。在所有数据集上（约有两百万个像素），算法均能够在几秒钟内执行检测。这也使数据的准实时处理（给定合适的最优化方法）具备了可行性。

参考文献

Born M, Wolf E. 1965. Principles of Optics, 3rd edn. Pegamon Press, New York.

Campbel JB. 2007. Introduction to remote sensing. The Guilford Press, New York.

Chaney RD, Bud MC, Novak LM. 1990. On the performance of polarimetric target detection algorithms. Aerospace Electron Syst Mag IEEE 5: 10 – 15.

Chuvieco E, Huete A. 2009. Fundamentals of satellite remote sensing. Taylor & Francis Ltd, New York.

Cloude SR. 1995. Lie groups in EM wave propagation and scattering. Chapter 2 in electromagnetic symmetry. In: Baum C, Kritikos HN (eds). Taylor and Francis, Washington, pp91 – 142, ISBN 1 – 56032 – 321 – 3.

Cloude SR. 2009. Polarisation: applications in remote sensing. Oxford University Press, 978 – 0 – 19 – 95697 3 – 1.

Fleischman JG, Ayasli S, Adams EM. 1996. Foliage attenuation and backscatter analysis of SAR imagery. IEEE Trans Aerospace Electron Syst 32: 135 – 144.

Horn R, Nannini M, Keller M. 2006. SARTOM Airborne campaign 2006: data acquisition report. DLR – HR – SARTOM – TR – 001.

Kay SM. 1998. Fundamentals of statistical signal processing, vol 2: detection theory. Prentice Hall, Lynnfield.

Lee JS, Pottier E. 2009. Polarimetric radar imaging: from basics to applications. CRC Press, Boca Raton.

Lee J, Schuler DL, Ainsworth TL, Krogager E, Kasilingam D, Boerner WM. 2002. On the estimation of radar polarization orientation shifts induced by terrain slopes. IEEE Trans Geosci Remote Sens 40(1): 30 – 41.

Li J, Zelnio EG. 1996. Target detection with synthetic aperture radar. IEEE Trans Aerosp Electron Syst 32: 613 – 627.

Marino A, Woodhouse IH. 2009. Selectable target detector using the polarization fork. In: IEEE Int Geos and RS Symp IGARSS 2009.

Marino A, Cloude S, Woodhouse IH. 2009. Polarimetric target detector by the use of the polarisation fork. In: Proceedings of 4th ESA international workshop, POLInSAR 2009.

Marino A, Cloude SR, Woodhouse IH. 2010. A polarimetric target detector using the huynen fork. IEEE Trans. Geosci. Remote Sens 48: 2357 – 2366.

Marino A, Cloude SR, Woodhouse IH. 2012. Detecting depolariing targets using a new geometrical perturbation filter. IEEE Trans Geosci Remote Sens (Next available issue).

Monahan JF. 2001. Numerical methods of statistics. Cambridge University Press, Cambridge.

Mott H. 2007. Remote sensing with polarimetric radar. Wiley, Hoboken.

Novak LM, Hesse SR. 1993. Optimal polarizations for radar detection and recognition of targets in clutter. In: Proceedings, IEEE national radar conference, Lynnfield, pp79 − 83.

Novak LM, Burl MC, Irving MW. 1993. Optimal polarimetric processing for enhanced target detection. IEEE Trans Aerospace Electr Syst 20:234 − 244.

Papoulis A. 1965. Probability, random variables and stochastic processes. McGraw Hill, New York.

Richards JA. 2009. Remote sensing with imaging radar − signals and communication technology. Springer − Verlag Berlin and Herdelberg GmbH & Co K, Berlin.

Ulaby FT, Elachi C. 1990. Radar polarimetry for geo − science applications. Artech House, Norwood.

Walker N, Horn R, Marino A, Nannini M, Woodhouse IH. 2010. The SARTOM project: tomography and polarimetry for enhanced target detection for foliage penetrating airborne P − band and L − band SAR. In: EMRS − DTC 2008, 6th Annual Technical Conference, Edinburgh, 13 − 14 July.

Woodhouse IH. 2006. Introduction to microwave remote sensing. CRC Press Taylor & Frencies Group, New York.

Zebker HA, Van Zyl JJ. 1991. Imaging radar polarimetry. A review. Proc IEEE, 79(11): 1183 − 1606.

附录 1　利用 Huynen 参数的几何扰动

在极化检测器的发展过程中,施加在目标矢量上的几何扰动发挥了至关重要的作用。在第 4 章中,算法流程通常会引入三个等效的方法来进行描述;而在本附录中,我们将提出一种基于 Huynen 参数方法的,更为严格的公式表达方法(之所以将这种方法作为首选,是因为它与目标现象学特性的狭义相关性)(Huynen1970)。请注意,使用 α 模型(或者其他任何基于连续函数的参数化方法)都可以得到相同的结果(Cloude 2009,Cloude,Pottier 1997)。

一个通常的目标可以采用 Huynen 参数化方法描述为:

$$[S_T] = [R(\psi_m)][T(\chi_m)][S_d(\gamma,v)][T(\chi_m)][R(-\psi_m)]$$

$$[S_d] = \begin{pmatrix} e^{iv} & 0 \\ 0 & \tan(\gamma)e^{-iv} \end{pmatrix}$$

$$[T(\chi_m)] = \begin{pmatrix} \cos\chi_m & -i\sin\chi_m \\ -i\sin\chi_m & \cos\chi_m \end{pmatrix}$$

$$[R(\psi_m)] = \begin{pmatrix} \cos\psi_m & -\sin\psi_m \\ \sin\psi_m & \cos\psi_m \end{pmatrix}^① \tag{1.1}$$

在式(1.1)中,m 的值被设为 1,因为我们正在生成一个散射机制,且绝对相位被忽略不计(或者 $\zeta=0$)。从一个归一化的散射矩阵开始,散射矩阵可以通过传统的方法得到(Lee,Pottier 2009):

$$\underline{\omega}_T(\psi_m,\chi_m,v,\gamma) = \frac{1}{2}\text{Trace}([S_T]\Psi) \tag{1.2}$$

该几何扰动是通过对能代表感兴趣目标的 Huynen 参数的值稍作修改来实现的。扰动目标是:

$$\underline{\omega}_P(\psi_m \pm \Delta\psi_m,\tau_m \pm \Delta\tau_m,v \pm \Delta v,\gamma \pm \Delta\gamma) \tag{1.3}$$

式中:$\Delta\psi_m,\Delta\tau_m,\Delta v$ 和 $\Delta\gamma$ 为参数的正实数变化,它们对应于各个参数取值范围内的一小部分值(也就是:$\psi_m \in [0,\pi], \tau_m \in [-\pi/4,\pi/4], \gamma \in [0,\pi/4]$ 和 $v \in [-\pi/2,\pi/2]$)。

---

① 原文公式误为"$[R(\varphi_m)] = \begin{pmatrix} \cos\psi_m & -\sin\psi_m \\ \sin\psi_m & \cos\psi_m \end{pmatrix}$",已修正。

我们想要证明：

如果变化量 $\Delta\psi_m, \Delta\tau_m, \Delta\upsilon$ 和 $\Delta\gamma$ 较小（和变量总的取值范围相比较），那么有 $\underline{\omega}_P \approx \underline{\omega}_T$。

（1）首先将要证明的是：**如果 Huynen 参数是稍微变化的，那么散射矩阵也是轻微变化的。**

Huynen 参数化方法中所利用的所有函数，在给定的区间上都是连续的，因此，这些函数在较小的区间上，总可以被认为是近似线性的（Riley et al. 2006）。对于微小的变化，我们可以写出：

$$\sin(\psi_m \pm \Delta\psi_m) \approx \sin(\psi_m) \pm c_s\Delta\psi_m \tag{1.4}$$

其中 $0 \leqslant c_s(\psi_m) \leqslant 1$ 是一个等于 $\sin(\psi_m)$ 的导数的实数因子：

$$c_s(\psi_m) = \frac{\mathrm{d}}{\mathrm{d}\psi_m}\sin(\psi_m) = \cos(\psi_m) \tag{1.5}$$

显然，$c_s\Delta\psi_m$ 总是小于等于 $\Delta\psi_m$，因为 c_s 总会小于等于 1。请注意，该导数可以是正的也可以是负的，因此变化量的最终符号取决于偏导数的符号。

至于余弦：

$$\cos(\psi_m \pm \Delta\psi_m) \approx \cos(\psi_m) \pm c_c\Delta\psi_m \tag{1.6}$$

式中：

$$0 \leqslant c_c(\psi_m) \leqslant 1$$

$$c_c(\psi_m) = \frac{\mathrm{d}}{\mathrm{d}\psi_m}\cos(\psi_m) = -\sin(\psi_m) \tag{1.7}$$

最后，由正切函数我们可以写出：

$$\tan(\gamma \pm \Delta\gamma) \approx \tan(\gamma) \pm c_t\Delta\gamma \tag{1.8}$$

式中：

$$1 \leqslant c_t(\gamma) \leqslant 2,$$

$$c_t(\gamma) = \frac{\mathrm{d}}{\mathrm{d}\gamma}\tan(\gamma) = \frac{1}{\cos^2(\gamma)} \tag{1.9}$$

因为 $0 \leqslant \gamma \leqslant \pi/4$，而且导数在 1 到 2 之间变化，在最坏的情况下，$\Delta\gamma$ 的值可能变成两倍（这取决于偏导数），但是它依然受到约束，不能过度地放大。

一旦 Huynen 参数的变化完成，扰动目标可以表示为：

$$[S_T] = [R(\psi_m + \Delta\psi_m)][T(\chi_m + \Delta\chi_m)][S_d(\gamma + \Delta\gamma, \upsilon + \Delta\upsilon)]$$
$$\times [T(\chi_m + \Delta\chi_m)][R(-(\psi_m + \Delta\psi_m))] \tag{1.10}$$

接下来，当新参数被替换时，下一步中将评估该单一矩阵会发生怎样的变化（Riley et al. 2006）。

$$[R(\psi_m + \Delta\psi_m)]$$

$$= \begin{bmatrix} \cos(\psi_m + \Delta\psi_m) & -\sin(\psi_m + \Delta\psi_m) \\ \sin(\psi_m + \Delta\psi_m) & \cos(\psi_m + \Delta\psi_m) \end{bmatrix}$$

$$= \begin{bmatrix} \cos\psi_m \pm c_c\Delta\psi_m & -(\sin\psi_m \pm c_c\Delta\psi_m) \\ (\sin\psi_m \pm c_c\Delta\psi_m) & \cos\psi_m \pm c_c\Delta\psi_m \end{bmatrix}$$

$$= \begin{bmatrix} \cos\psi_m & -\sin\psi_m \\ \sin\psi_m & \cos\psi_m \end{bmatrix} + \begin{bmatrix} \pm c_c\Delta\psi_m & \mp c_c\Delta\psi_m \\ \pm c_c\Delta\psi_m & \pm c_c\Delta\psi_m \end{bmatrix}$$

$$= [R(\psi_m)] + [\bar{R}(\Delta\psi_m)] \tag{1.11}$$

$$[T(\chi_m + \Delta\chi_m)] = \begin{bmatrix} \cos(\chi_m + \Delta\chi_m) & -j\sin(\chi_m + \Delta\chi_m) \\ -j\sin(\chi_m + \Delta\chi_m) & \cos(\chi_m + \Delta\chi_m) \end{bmatrix}$$

$$= \begin{bmatrix} \cos\chi_m \pm c_c\Delta\chi_m & -j(\sin\chi_m \pm c_c\Delta\chi_m) \\ -j(\sin\chi_m \pm c_c\Delta\chi_m) & \cos\chi_m \pm c_c\Delta\chi_m \end{bmatrix}$$

$$= \begin{bmatrix} \cos\chi_m & -j(\sin\chi_m) \\ -j(\sin\chi_m) & \cos\chi_m \end{bmatrix} + \begin{bmatrix} \pm c_c\Delta\chi_m & \mp j(c_c\Delta\chi_m) \\ \mp j(c_c\Delta\chi_m) & \pm c_c\Delta\chi_m \end{bmatrix}$$

$$= [T(\chi_m)] + [\bar{T}(\Delta\chi_m)] \tag{1.12}$$

$$[S_d(\gamma + \Delta\gamma, v + \Delta v)] = \begin{bmatrix} e^{j(v+\Delta v)} & 0 \\ 0 & \tan(\gamma + \Delta\gamma)e^{-j(v+\Delta v)} \end{bmatrix}$$

$$= \begin{bmatrix} e^{jv} & 0 \\ 0 & \tan(\gamma + \Delta\gamma)e^{-j(v+\Delta v)} \end{bmatrix} \begin{bmatrix} e^{j\Delta v} & 0 \\ 0 & e^{-j\Delta v} \end{bmatrix}$$

$$= \left(\begin{bmatrix} e^{jv} & 0 \\ 0 & \tan\gamma e^{-jv} \end{bmatrix} + \begin{bmatrix} 0 & 0 \\ 0 & c_t\Delta\gamma e^{-jv} \end{bmatrix} \right) \begin{bmatrix} e^{j\Delta v} & 0 \\ 0 & e^{-j\Delta v} \end{bmatrix} \tag{1.13}$$

如果 Δv 的值足够小,我们可以把指数函数近似成一阶泰勒级数(Riley et al. 2006;Mathews,Howell 2006):

$$e^x \approx 1 + x \tag{1.14}$$

$$\left(\begin{bmatrix} e^{jv} & 0 \\ 0 & \tan\gamma e^{-jv} \end{bmatrix} + \begin{bmatrix} 0 & 0 \\ 0 & c_t\Delta\gamma e^{-jv} \end{bmatrix} \right) \begin{bmatrix} 1 + j\Delta v & 0 \\ 0 & 1 - j\Delta v \end{bmatrix}$$

$$= \left(\begin{bmatrix} e^{jv} & 0 \\ 0 & \tan\gamma e^{-jv} \end{bmatrix} + \begin{bmatrix} 0 & 0 \\ 0 & c_t\Delta\gamma e^{-jv} \end{bmatrix} \right) \left(\begin{bmatrix} 1 & 0 \\ 0 & 1 \end{bmatrix} + \begin{bmatrix} j\Delta v & 0 \\ 0 & -j\Delta v \end{bmatrix} \right)$$

$$= [S_d(\gamma, v)] + [\bar{S}_d(\gamma, v, \Delta v)] + [\bar{\bar{S}}_d(\Delta\gamma, v)] + [\bar{\bar{S}}_d(\Delta\gamma, v, \Delta v)] \tag{1.15}$$

经过这些处理过程之后,扰动目标矩阵可以表示为非扰动矩阵(也就是感兴趣的目标)和一个与变化量线性相关的矩阵的叠加(Pearson 1986;Riley et al. 2006):

$$[B_P] = [B_T] + [B_\Delta] \tag{1.16}$$

式中：$[B]$ 代表任意参数化方法中的任一矩阵；$[B_P]$ 是扰动矩阵；$[B_T]$ 是原始矩阵（非扰动的）；$[B_\Delta]$ 是变化矩阵（与变化线性相关）。

当变化为零时，该矩阵对变化的依赖性消失（变化矩阵等于零矩阵）（Hamilton 1989；Rose 2002；Strang 1988）。换句话说，如果 $\Delta\psi_m = \Delta\tau_m = \Delta\upsilon = \Delta\gamma = 0$[①]，那么

$$[\bar{T}(\Delta\chi_m)] = [\bar{R}(\Delta\psi_m)] = [\bar{S}_d(\gamma,\upsilon,\Delta\upsilon)]$$

$$= [\bar{\bar{S}}_d(\Delta\gamma,\upsilon)] = [\bar{\bar{\bar{S}}}_d(\Delta\gamma,\upsilon,\Delta\upsilon)] = [0] \tag{1.17}$$

式中零矩阵被定义为：

$$[0] = \begin{bmatrix} 0 & 0 \\ 0 & 0 \end{bmatrix} \tag{1.18}$$

这里证明了当变化为零时，所得表达式就蜕化为感兴趣的目标。

回到扰动目标的总的表达式：

$$[S_P] = ([R(\psi_m)] + [\bar{R}(\Delta\psi_m)])([T(\chi_m)] + [\bar{T}(\Delta\chi_m)]) \times$$

$$([S_d(\gamma,\upsilon)] + [\bar{S}_d(\gamma,\upsilon,\Delta\upsilon)] + [\bar{\bar{S}}_d(\Delta\gamma,\upsilon)] + [\bar{\bar{\bar{S}}}_d(\Delta\gamma,\upsilon,\Delta\upsilon)]) \times$$

$$([T(\chi_m)] + [\bar{T}(\Delta\chi_m)])([R(-\psi_m)] + [\bar{\bar{R}}(\Delta\psi_m)]) \tag{1.19}$$

这个乘积生成了一些项，它们每一项由五个矩阵的乘法所组成，可以采用矩阵乘法的分配律，来计算最终的表达式（Strang 1988）：

$$([A] + [B])[C] = [A][C] + [B][C] \tag{1.20}$$

最终结果可以被总结为：

$$[S_P] = [S_T] + [A_1] + [A_2] + [A_3] + [A_4] + [A_5] \tag{1.21}$$

式中 $[A_1]$，$[A_2]$，$[A_3]$，$[A_4]$ 和 $[A_5]$ 是得到的合计矩阵，它们分别来源于变化矩阵 1、2、3、4、5 的总和（因此当 $\Delta = 0$ 时，它们都将消失）。请注意，矩阵 $[A]$ 是多个矩阵的总和，只有 $[A_5]$ 仅由一个加数组成。对扰动目标的改变影响最大的是 $[A_1]$，而其他矩阵可以视为第二个级别的贡献（Mathews，Howell 2006；Riley et al. 2006）。

正如前面介绍的一样，当 $\Delta\psi_m = \Delta\tau_m = \Delta\upsilon = \Delta\gamma = 0$ 的时候，我们有：

$$[A_1] = [A_2] = [A_3] = [A_4] = [A_5] = [0] \tag{1.22}$$

当 $\Delta\psi_m$，$\Delta\tau_m$，$\Delta\upsilon$ 和 $\Delta\gamma$ 较小时，矩阵 $[A_1]$，$[A_2]$，$[A_3]$，$[A_4]$ 和 $[A_5]$（特别是 $[A_1]$）开始零矩阵，于是 $[S_P]$ 的值也相应的发生变化。考虑到变化矩阵 $[B_\Delta]$ 在各个变量上的线性相关性，它们可以尽可能地接近零矩阵。所以，扰动矩阵可以尽可能地接近感兴趣目标。

---

① 译者注：原文误为"$\Delta\varphi_m = \Delta\tau_m = \Delta\upsilon = \Delta\gamma = 0$"，已修正。

（2）检测器的公式是以散射矢量的公式为基础，并且采用了一个使 $\underline{\omega}_T = [1,0,0]^T$ 的基的改变。在这第二部分中，我们想要证明的是：

如果扰动作用于使 $\underline{\omega}_T = [\mathbf{1,0,0}]^T$ 的基，扰动目标的第一个分量（也就是目标）会稍微减少，而其他两个分量（也就是杂波）会增加，最终用复数 a,b 和 c 引出一个最终的表达式 $\underline{\omega}_T = [a,b,c]^T$，且 a,b 和 c 满足 $|a| \gg |b|,|a| \gg |c|$。

为了得到 $\underline{\omega}_T = [1,0,0]^T$，我们可以进行两个实旋转矩阵和一个相位的变化（请注意，只需要一个相位的变化，因为目标矢量只有一个分量）（Cloude 1995a；Strang 1988）。第一旋转矩阵删除一个分量（或者将这个矢量放置在正交于一个分量的复平面上），而第二个旋转矩阵则与这个矢量重叠在一个轴上。相位变化消除了这一矢量的相位，并使其成为一个实数。此外，就此而论，最后的相位变化可以忽略不计，因为它可以和最终的绝对相位相似（不管怎样，它都不会改变 $|a|,|b|$ 和 $|c|$ 的值）。

旋转可以通过对矢量左乘一个酉矩阵来完成（Rose 2002）。如果 $\underline{b}_T$ 是给定的检测目标的散射机制（在任何基中）：

$$[U]\,\underline{b}_T = \underline{\omega}_T \tag{1.23}$$

其中 $[U]$ 是一个酉矩阵，计算为：

$$[U] = \begin{bmatrix} 1 & 0 & 0 \\ 0 & \cos\sigma & -\sin\sigma \\ 0 & \sin\sigma & \cos\sigma \end{bmatrix} \begin{bmatrix} \cos\varphi & 0 & \sin\varphi \\ 0 & 1 & 0 \\ -\sin\varphi & 0 & \cos\varphi \end{bmatrix}$$

$$= \begin{bmatrix} \cos\varphi & 0 & \sin\varphi \\ \sin\sigma\sin\varphi & \cos\sigma & -\sin\sigma\cos\varphi \\ -\cos\sigma\sin\varphi & \sin\sigma & \cos\sigma\cos\varphi \end{bmatrix} \tag{1.24}$$

因此，

$$\begin{bmatrix} \cos\varphi & 0 & \sin\varphi \\ \sin\sigma\sin\varphi & \cos\sigma & -\sin\sigma\cos\varphi \\ -\cos\sigma\sin\varphi & \sin\sigma & \cos\sigma\cos\varphi \end{bmatrix} \begin{bmatrix} a' \\ b' \\ c' \end{bmatrix} = \begin{bmatrix} 1 \\ 0 \\ 0 \end{bmatrix} \tag{1.25}$$

为了计算出恰当的旋转角，必须解出下面的方程组：

$$\begin{cases} a'\cos\varphi + c'\sin\varphi = 1 \\ a'\sin\sigma\cos\varphi + b'\cos\sigma - c'\sin\sigma\cos\varphi = 0 \\ -a'\cos\sigma\sin\varphi + b'\sin\sigma + c'\cos\sigma\cos\varphi = 0 \end{cases} \tag{1.26}$$

它的解为：

$$\begin{cases} \varphi = \tan^{-1}\left(\dfrac{1-a'}{c'}\right) \\ \sigma = \tan^{-1}\left(\dfrac{b'}{c' \cdot \cos\left(\tan^{-1}\left(\dfrac{1-a'}{c'}\right)\right) - a'\sin\left(\tan^{-1}\left(\dfrac{1-a'}{c'}\right)\right)}\right) \end{cases} \tag{1.27}$$

将 φ 和 σ 的值代入 $[U]$ 的表达式中,就能获得我们想要得到的基的变化。

同样的基的变化必须用于扰动目标 $\underline{b}_P = [a'', b'', c'']^{\mathrm{T}}$:

$$[U]\,\underline{b}_P = \underline{\omega}_T \tag{1.28}$$

式中,

$$\begin{cases} a''\cos\varphi + c''\sin\varphi = a \\ a''\sin\sigma\cos\varphi + b''\cos\sigma - c''\sin\sigma\cos\varphi = b \\ -a''\cos\sigma\sin\varphi + b''\sin\sigma + c''\cos\sigma\cos\varphi = c \end{cases} \tag{1.29}$$

$a'', b'', c'' \neq a', b', c'$,由于扰动目标在任何基(由此,在起始基中)下都不同于感兴趣的目标。另一方面,φ 和 σ 的值和前面所使用的是一样的,那么 a, b, c 的值就不能为 1,0,0。然而,考虑到这个方程组是线性的,如果变化足够小,$[a'', b'', c'']^{\mathrm{T}}$ 和 $[a', b', c']^{\mathrm{T}}$ 在起始基上不会大不相同(正如第一部分中已经证明的那样),且 $|a| \approx 1$,$|b| \approx 0$,$|c| \approx 0$。

最后,我们已经证明,对于变量参数 $\Delta\psi_m$,$\Delta\tau_m$,$\Delta\upsilon$ 和 $\Delta\gamma$ 来说,在微小的改变下,扰动目标在任一基中,仍将和所感兴趣的目标相类似,特别是在使 $\underline{\omega}_T = [1,0,0]^{\mathrm{T}}$ 的基中。

整个证明可以被归纳总结为两个方程:

$$\underline{\omega}_T = \frac{1}{2}[U(\varphi,\sigma,\delta)]\mathrm{Trace}([S_T(\psi_m,\chi_m,\gamma,\upsilon)]\Psi) = [1,0,0]^{\mathrm{T}} \tag{1.30}$$

式中括号代表 Huynen 参数之间的依存关系。扰动目标再度是通过稍微改动 Huynen 参数而得到的:

$$\underline{\omega}_P = \frac{1}{2}[U(\varphi,\sigma,\delta)]\mathrm{Trace}([S(\psi_m+\Delta\psi_m,\chi_m+\Delta\chi_m,\gamma+\Delta\gamma,\upsilon+\Delta\upsilon)]\Psi)$$

$$= [a(\Delta\psi_m,\Delta\chi_m,\Delta\gamma,\Delta\upsilon),b(\Delta\psi_m,\Delta\chi_m,\Delta\gamma,\Delta\upsilon),c(\Delta\psi_m,\Delta\chi_m,\Delta\gamma,\Delta\upsilon)]^{\mathrm{T}}$$

$$\tag{1.31}$$

如果变化量为零,那么扰动目标正好就是需要检测的目标:

$$\Delta\psi_m = \Delta\chi_m = \Delta\gamma = \Delta\upsilon = 0 \Leftrightarrow \underline{\omega}_T = \underline{\omega}_P \tag{1.32}$$

另一方面,如果变化量很小,两个散射机制开始变得不同,同时引入规定的距离:

$$\Delta\psi_m \approx \Delta\chi_m \approx \Delta\gamma \approx \Delta\upsilon \approx 0 \Leftrightarrow \underline{\omega}_T \approx \underline{\omega}_P \tag{1.33}$$

Huynen 参数几何上的变化,产生了一个扰动散射机制的较小的旋转,并在这些参数之间引入了一个角度距离。考虑到仅在第一分量中才有感兴趣的目标,这个旋转在扰动散射机制中引入了两个杂波项。正如第 4 章证明的那样,对目标和这两个杂波项之间的权值进行适当调整的可能性,是检测算法的本质方面。

附录2　忽略交叉项

由本学位论文所发展形成的极化检测器,是通过一个加权的归一化内积构筑而成的,这一内积是在代表检测目标的矢量$\underline{\omega}_T$和扰动副本$\underline{\omega}_P$之间进行的。加权值来源于观测量(散射矢量)。确切地说,表示权重的矩阵定义为:

$$[A] = \begin{bmatrix} k_1 & 0 & 0 \\ 0 & k_2 & 0 \\ 0 & 0 & k_3 \end{bmatrix} \quad (2.1)$$

其中散射矢量是$\underline{k} = [k_1, k_2, k_3]^T$(Cloude 2009;Lee,Pottier2009)。内积可以被计算为

$$\underline{\omega}_T^{*T}[P]\,\underline{\omega}_T \quad (2.2)$$

其中,$[P]$矩阵可以通过矩阵$[A]$的 Hermitian 积计算得到:

$$[P] = [A]^{*T}[A] = \begin{bmatrix} \langle |k_1|^2 \rangle & 0 & 0 \\ 0 & \langle |k_2|^2 \rangle & 0 \\ 0 & 0 & \langle |k_3|^2 \rangle \end{bmatrix} \quad (2.3)$$

正如在第 4 章中所阐明的那样,矩阵$[A]$(与矢量$\underline{k}$所包含的信息相同)对两个矢量$\underline{\omega}_T$和$\underline{\omega}_P$分别进行加权。

当这种公式表达遵循一种物理学方法时,矩阵$[P]$可以从协方差矩阵推导得出(Boerner 2004;Cloude 1987;Zebker,Van Zyl 1991),这一协方差矩阵可以通过使$\underline{\omega}_T = [1,0,0]^T$的基来进行表达:

$$[C] = \langle \underline{k}\underline{k}^{*T} \rangle = \begin{bmatrix} \langle |k_1|^2 \rangle & \langle k_1 k_2^* \rangle & \langle k_1 k_3^* \rangle \\ \langle k_2 k_1^* \rangle & \langle |k_2|^2 \rangle & \langle k_2 k_3^* \rangle \\ \langle k_3 k_1^* \rangle & \langle k_3 k_2^* \rangle & \langle |k_3|^2 \rangle \end{bmatrix} \quad (2.4)$$

删减非对角项的数学证明,与去除极化相干估计中的偏差有关。实际上,目标和杂波之间的相关性,能够使检测器出现虚警和漏报。

在代数和物理方法中,检测器都利用到了对角矩阵$[P]$,并且忽略了其中的非对角(或者交叉)项。本附录的目的就在于证明这种处理方式是恰当的,有用的信息不会丢失(在单目标检测的背景下)。主要关注的问题就是忽略了非对

角项可能会出现：因为如果没有二阶统计量（也就是交叉项），部分目标的就不能被完全地刻画（Cloude 1992）。因此，一个部分目标无法与一个构成虚警的单目标分离。

证明将分为两个部分。首先，我们想要证明的是，对于检测一个单目标来说，不需要矩阵［C］的交叉项；第二，本学位论文所研发的算法，能够应对部分目标杂波。为了呈现出不同的观点，作为仅仅提供一种单一证明的取代方式，我们更愿意开拓看待和处理问题的不同视角与途径，收集若干证据，从更加宽广的视野来认识和处理问题。

2.1 [①]单目标检测的唯一性

对唯一性引起怀疑的原因在于检测器由三个功率项所构成，后者仅仅是三个实数，而一个单的目标具有五个自由度（五个实数）。正如很快就能证明的那样，这仅仅是一种假象，因为所需要的参数隐含在最后的公式中。

将我们想要证明的加以总结：

这一算法能够唯一地检测到任何一个目标。

本学位论文可以被更详细、清楚地表达为：

排除非对角（交叉）项，除非几何目标空间中的一个小的差量，这三个对角的（功率）项足以保证单目标检测器的唯一性。

2.1.1 所采用的自由度的个数

在新的基底下，目标的散射机制和扰动目标分别是 $\underline{\omega}_T = [1,0,0]^T$ 和 $\underline{\omega}_P = [a,b,c]^T$，而散射矢量为 $\underline{k} = [k_1,k_2,k_3]^T$。第 4 章中推导得出的最终检测器如下：

$$\gamma_d = \frac{1}{\sqrt{1 + \frac{|b|^2}{|a|^2}\frac{P_{C2}}{P_T} + \frac{|c|^2}{|a|^2}\frac{P_{C3}}{P_T}}} \tag{2.5}$$

式中：各功率项可以计算为 $P_T = \langle |k_1|^2 \rangle$，$P_{C2} = \langle |k_2|^2 \rangle$ 和 $P_{C3} = \langle |k_3|^2 \rangle$。

一个估计各功率项的简单方法，是通过 Gram – Schmidt 正交归一化来完成的，（Strang 1988；Hamilton 1989；Rose 2002），在此方法中，将 $\underline{\omega}_T$ 作为目标空间中新基底的一个轴。这一新基底由三个单位矢量 $\underline{u}_1 = \underline{\omega}_T, \underline{u}_2 = \underline{\omega}_{C2}$ 和 $\underline{u}_3 = \underline{\omega}_{C3}$ 所组成，其中 $\underline{\omega}_{C2}$ 和 $\underline{\omega}_{C3}$ 仍是两个正交于 $\underline{\omega}_T$ 的分量（位于杂波复平面之上，并且正交于目标复线）。因此，P_T, P_{C2} 和 P_{C3} 可由观测值 $\underline{k}$ 和三个基的轴线之间内积的振

---

① 译者注：原文误为"2.2"，已修正，下同。

幅的平方(也就是投影)计算出来

$$P_T = \langle | \underline{k}^T \underline{\omega}_T |^2 \rangle, P_{C2} = \langle | \underline{k}^T \underline{\omega}_{C2} |^2 \rangle, P_{C3} = \langle | \underline{k}^T \underline{\omega}_{C3} |^2 \rangle \qquad (2.6)$$

任何散射机制都可以由 4 个参数表示(例如,Huynen 或者 α 模型)(Cloude,Pottier 1997;Huynen 1970)。如果对 Huyne 参数的依赖关系得到了说明,那么各功率可以写为

$$P_T(\psi_m, \tau_m, \gamma, \upsilon) = \langle | \underline{k}^T \underline{\omega}_T(\psi_m, \tau_m, \gamma, \upsilon) |^2 \rangle$$

$$P_{C2}(\psi_m, \tau_m, \gamma, \upsilon) = \langle | \underline{k}^T \underline{\omega}_{C2}(\psi_m, \tau_m, \gamma, \upsilon) |^2 \rangle \qquad (2.7)$$

$$P_{C3}(\psi_m, \tau_m, \gamma, \upsilon) = \langle | \underline{k}^T \underline{\omega}_{C3}(\psi_m, \tau_m, \gamma, \upsilon) |^2 \rangle^{①}$$

这一检测器是基于估计的功率项而得到的,对功率项的估计始于散射矢量和和机制,它们被证明能够充分且必要地表征任何单目标。功率项是散射矢量投影的结果,而并不是起始点,换句话说,我们使用了包含在散射矢量中的所有信息来估计功率项(也就是五个参数,而不是三个)。

2.1.2　协方差矩阵的秩

任何单目标都可以解释为位于整个部分目标空间中的一个子空间(Cloude 1986 1995b)。确切地说,按照定义,一个纯极化的部分目标可以视为单目标。然而,单目标和部分目标往往被分开处理,因为它们可能将是两个完全不同的实体对象。

为了展现单目标和部分目标之间狭窄的联系,可以考虑非相干的特征值分解(Cloude 1987,1992;Cloude,Pottier 1996)。当一个单目标出现在平均单元时,只有一个特征值不同于零。对角矩阵的秩为 1:

$$[\Sigma] = \begin{bmatrix} \lambda_1 & 0 & 0 \\ 0 & 0 & 0 \\ 0 & 0 & 0 \end{bmatrix} \qquad (2.8)$$

显然,协方差矩阵 $[C]$ 的秩同样为 1,因为它可以表示为整个单元中相同的(或者类似的)散射矢量的乘积,因此它的列矢量是相互独立的。

一般来说,任何单目标构成了一个子空间,该子空间的协方差矩阵的秩为 1。所以,为了唯一地表征一个单目标,一个秩为的 1 协方差矩阵是充分且必要的。在 $[\Sigma]$ 中,交叉项显然为 0(对角线上的其他两项也是同样如此),因此,在使协方差矩阵实现对角化的基中,并不需要它们来唯一地诠释单目标。仅在单目标代表一根轴(第一根轴)的这个基发生变化以后,才能获得协方差矩阵的对角化表达式 $[\Sigma]$。这种基础变换就是通过一个相似变换来取得的,比如对于一

---

① 译者注:原文误为"$(\phi_m, \tau_m, \gamma, \upsilon)$",已修正。

个由特征矢量所构成的酉矩阵进行左乘和右乘(Cloude 1992)。

在本学位论文所提出的算法中,基的变化被实施于第一步当中,随后将取得的协方差矩阵进行对角化。该算法可以解释为:一个用数据来检测施加的对角矩阵是否合适的测试。显然,如果在这些数据中只有被探寻的单目标,对角化和检测器二者基底的改变,将产生相同的对角矩阵。在后一种情况下,匹配度会很高,并且目标也能被检测到。

综上所述,在对基底进行适当的变化后,对角矩阵(特别是秩为 1)对于表征一个单目标来说是充分必要的(Cloude 1992)。

2.1.3　唯一性的测试和目标差量

散射矩阵的跨度可以由协方差矩阵的迹(也就是对角项的总和)计算得出,它代表着由接收天线在一个四极化模式下所获取的总能量(Mott 2007;Ulaby,Elachi 1990)。它代表着一种目标的物理特性,因此对于基底发生变化的情况,它也是无变化的。换句话说,Trace$\{[C]\}$仍然独立于用于表示矩阵$[C]$的基底之外。因此,可以使$\underline{\omega}_T = [1,0,0]^T$的基底能够纳入我们所考虑的范围。

此外,显然有:

$$\text{Trace}\{[C]\} = \text{Trace}\{[P]\} \tag{2.9}$$

因为交叉项对于矩阵的迹没有贡献。

当基底变化时,跨度可以表示为:

$$SP = P_T + P_{C2} + P_{C3} \tag{2.10}$$

式中 SP 是跨度。

为了证明唯一性,我们将考虑两个不同的目标:$\underline{k}_{T1}$(感兴趣的目标)和 $\underline{k}_{T2}$(测试目标),并且证明:当且仅当这两个目标完全相同(小的差量除外)时,这两个目标能够被同时检测到。

从相干的表达式开始

$$\gamma = \frac{1}{\sqrt{1 + \text{RedR}\left(\frac{SP}{P_T} - 1\right)}} \geqslant T \Rightarrow \frac{1}{T^2} \geqslant 1 + \text{RedR}\left(\frac{SP}{P_T} - 1\right)$$

$$\frac{1}{\text{RedR}}\left(\frac{1}{T^2} - 1\right) \geqslant \frac{SP}{P_T} - 1$$

$$1 \leqslant \frac{SP}{P_T} \leqslant 1 + \frac{1}{\text{RedR}}\left(\frac{1}{T^2} - 1\right) \tag{2.11}$$

在上面最后一个表达式中,左边的不等式是正确的,因为跨度总是(等于或者)高于一个目标散射的功率。

$$1 \leqslant \frac{P_T + P_C}{P_T} \leqslant 1 + \frac{1}{\text{RedR}}\left(\frac{1}{T^2} - 1\right) \tag{2.12}$$

$$0 \leqslant \frac{P_C}{P_T} = \frac{1}{\mathrm{SCR}} \leqslant \frac{1}{\mathrm{RedR}}\left(\frac{1}{T^2} - 1\right) \tag{2.13}$$

最终的表达式取决于目标与杂波之间的比值，即 SCR。

基底改变后，一个感兴趣的单目标可以表示为 $\underline{k}_{T1} = [\sigma e^{j\varphi_1}, 0, 0]^T$。这与 $\underline{\omega}_T = [1, 0, 0]^T$ 的散射机制不同，此外，相位 φ_1 可以是任意的，因为它不能被用来表示对目标进行描述（Cloude 2009）。我们总是可以把散射矢量表示为：

$$\underline{k}_{T2} = \left[(\sigma + \Delta\sigma^I)e^{j(\varphi_1^I + \Delta\varphi_1^I)}, \Delta\sigma_2^I e^{j\varphi_2^I}, \Delta\sigma_3^I e^{j\varphi_3^I}\right]^T \tag{2.14}$$

$\underline{k}_{T2}$ 在我们的证明中表示测试目标。

这一检测器的目标和测试的目标是：

$$\underline{k}_{T1}: = 0 \; \frac{1}{\mathrm{SCR}_1} = \frac{0}{\langle \sigma^2 \rangle} \leqslant \frac{1}{\mathrm{RedR}}\left(\frac{1}{T^2} - 1\right) \tag{2.15}$$

$$\underline{k}_{T2}: 0 \leqslant \frac{1}{\mathrm{SCR}_2} = \frac{\langle (\Delta\sigma_2^I)^2 \rangle + \langle (\Delta\sigma_3^I)^2 \rangle}{\langle (\sigma + \Delta\sigma^I)^2 \rangle} \leqslant \frac{1}{\mathrm{RedR}}\left(\frac{1}{T^2} - 1\right) \tag{2.16}$$

目标 $\underline{k}_{T1}$ 始终能够被检测到，因为它的信杂比为 ∞。

正如最后一个方程组所展示的那样，使两个目标具有完全相同的检测器的唯一的方法，是它们具有相同的 SCR：

$$0 = \mathrm{SCR}_1 = \mathrm{SCR}_2$$

$$\frac{0}{\langle \sigma^2 \rangle} = \frac{\langle (\Delta\sigma_2^I)^2 \rangle + \langle (\Delta\sigma_3^I)^2 \rangle}{\langle (\sigma + \Delta\sigma^I)^2 \rangle} \Rightarrow \langle (\Delta\sigma_2^I)^2 \rangle + \langle (\Delta\sigma_3^I)^2 \rangle = 0 \tag{2.17}$$

换句话说，测试目标的杂波分量必须是零，测试目标可以用一个位于极化空间之中，且平行于目标的矢量表示（也就是它们是相同的单目标）。

然而，需要考虑式（2.16）中的一个不等式，因此一个测试目标的差量，仍然允许它的检测被量化。任何符合散射方程的目标都能将被检测到。为了能有一个更直观的，反映测试目标的极化信息的场景，一个归一化的散射矢量就登上了舞台。实际上，检测器并不依赖于散射矢量的范数，因此，不失一般性，我们将仅限于分析归一化的目标。

一个归一化的矢量具有单位长度 1：

$$\sqrt{(\sigma + \Delta\sigma^I)^2 + (\Delta\sigma_2^I)^2 + (\Delta\sigma_3^I)^2} = 1 \tag{2.18}$$

对于两个测试目标，我们有：

$$\langle (\sigma + \Delta\sigma^I)^2 \rangle = 1 - \langle (\Delta\sigma_2^I)^2 \rangle + \langle (\Delta\sigma_3^I)^2 \rangle \tag{2.19}$$

$$\frac{\langle (\Delta\sigma_2^I)^2 \rangle + \langle (\Delta\sigma_3^I)^2 \rangle}{1 - \langle (\Delta\sigma_2^I)^2 \rangle + \langle (\Delta\sigma_3^I)^2 \rangle} \leqslant \frac{1}{\mathrm{RedR}}\left(\frac{1}{T^2} - 1\right) = x \tag{2.20}$$

其中 x 是一个正实数。

$$\langle (\Delta\sigma_2^I)^2 \rangle + \langle (\Delta\sigma_3^I)^2 \rangle \leq \frac{x}{1+x} \tag{2.21}$$

现在,我们要为 $\dfrac{x}{1+x}$ 找寻一个简化的表达式:

$$\frac{x}{1+x} = \frac{1}{\text{RedR}}\left(\frac{1}{T^2}-1\right) \Big/ \left(1 + \frac{1}{\text{RedR}}\left(\frac{1}{T^2}-1\right)\right) = \tag{2.22}$$

$$\frac{1-T^2}{\text{RedR}\cdot T^2} \Big/ \frac{\text{RedR}\cdot T^2 + 1 - T^2}{\text{RedR}\cdot T^2} = \frac{1-T^2}{1+T^2(\text{RedR}-1)} \tag{2.23}$$

代入上面所得出的表达式,散布方程变为:

$$\langle (\Delta\sigma_2^I)^2 \rangle + \langle (\Delta\sigma_3^I)^2 \rangle \leq \frac{1-T^2}{1+T^2(\text{RedR}-1)} \tag{2.24}$$

这里,显然 T 和 RedR 均为正。

最终的表达式定义了仍能检测到的目标的杂波成分散布的最大值。换句话说,任何归一化目标,只要其中的杂波成分小于这个差量的边界就能够被检测到。

散布方程取决于门限和 RedR。为了对差量和参数之间的关系有一个更为深入的了解,极限值可以被计算出来(Riley et al. 2006):

$$\lim_{tr\to 1} \frac{1-T^2}{1+T^2(\text{RedR}-1)} = 0 \tag{2.25}$$

因此,一个非常严格的门限(比如 $T=1$)可以将差量降为 0。

$$\lim_{tr\to 0} \frac{1-T^2}{1+T^2(\text{RedR}-1)} = 1 \tag{2.26}$$

一个非常低的门限(比如 $T=0$)可以检测到任何目标,甚至当目标分量并不存在的情况也包含在其中。请注意,1 是杂波分量的最大值,因为这个矢量被归一化了。

$$\lim_{\text{RedR}\to 0} \frac{1-T^2}{1+T^2(\text{RedR}-1)} = 1 \tag{2.27}$$

当 RedR 为 0,杂波项无限减少时,差量就变成最大的,任何目标都可以被检测到。考虑 $\text{RedR} = |b|^2/|a|^2$,且散射机制又是单位的,唯一能让 $\text{RedR}=0$ 的方法就是令 $|b|=0$ 且 $|a|=0$,因此 $\omega_T = \omega_P$。换句话说,我们一直都在考虑一个矢量自身的归一化内积,其内积始终是单位的。

最后一个极限为:

$$\lim_{\text{RedR}\to\infty} \frac{1-T^2}{1+T^2(\text{RedR}-1)} = 0 \tag{2.28}$$

为了使 $\text{RedR}=\infty$,扰动目标必须只有一个杂波分量(它必须要在一个和我

们感兴趣的目标所正交的复平面上),因此:

$$\underline{\omega}_T \perp \underline{\omega}_P = [0, b, c]^T \tag{2.29}$$

且两个正交矢量的归一化内积总是为0的(Strang 1988)。

综上所述,RedR 的值越高,滤波器的限制性越强。

至于参数的最佳选择,为了在真实数据上进行检测,差量必须很小但是不能为0,因为观测目标不能完全使模型应验(至少对于器械所引入的热噪声来说是这样的)。此外,周围杂波的出现必须包含在差量中,同时也必须选择一个感兴趣的 SCR。

为了能对实际检测时允许的差量有一个想法,我们可以替换在验证的章节中所使用过的 RedR 和 tr 的值。如果 RedR = 0.25 且 T = 0.97,我们有 $(\Delta\sigma_2^{II})^2 + (\Delta\sigma_3^{II})^2 \leqslant 0.2$[①]。这就意味着第一个分量约为0.8。就能量空间中的角度距离而言,检测目标所允许的差量是远离目标轴14度。我们认为该变化是充分小的,然而,在需要一个更具选择性的滤波器的情况下,RedR 和 T 的值可以视情况而进行调整。

2.2 部分目标占据场景下的检测

通过上一节给出的一系列证明,我们证实了一个单目标的检测是唯一的,我们可以忽略矩阵 $[C]$(变换基底之后)的非对角项。此外,我们从门限和降低率中提取了一个散布方程。

在这一节中,我们想要证明:

当在一个真实的场景中(比如,部分目标的出现)进行检测时,矩阵 $[C]$ 的非对角项仍然可以被忽略掉,且不降低检测性能。

从几何上来看,证明是相当简单明了的。与单目标相反,一个秩为1的协方差矩阵无法描述一个部分目标(Cloude 1992)。忽略交叉项(而不改变对角项)的处理方式并不是一个相似之处,它通常会改变矩阵的秩。然而,如果初始矩阵是一个协方差矩阵,对角矩阵 $[P]$ 是不会降低它的秩的。请注意,仅当目标出现,矩阵已经是对角阵(仅当其第一个元素不为零)时,矩阵的秩可以增加,并且矩阵 也不会受到影响。为了证明这最后一个特性,我们可以考虑通过用任意基表达的一个"荒谬的"协方差矩阵(例如,由使 $\underline{\omega}_T = [1, 0, 0]^T$ 的基):

$$[\widetilde{C}] = \langle \underline{k}\, \underline{k}^{*T} \rangle = \begin{bmatrix} \langle |k_1|^2 \rangle & \langle k_1 k_2^* \rangle & \langle k_1 k_3^* \rangle \\ \langle k_2 k_1^* \rangle & 0 & \langle k_2 k_3^* \rangle \\ \langle k_3 k_1^* \rangle & \langle k_3 k_2^* \rangle & 0 \end{bmatrix} \tag{2.30}$$

---

① 译者注:原文误为"$(\Delta\sigma_2^{II})^2 + (\Delta\sigma_2^{II})^2 \leqslant 0.2$",已修正。

矩阵 $[\tilde{C}]$ 的秩通常为 3（因为它的行列式一般不为 0），然而，变弱的对角矩阵 $[P]$ 的秩为 1。因此，如果这样的矩阵存在，忽略非对角项将导致虚警，因为某些部分目标将被理解为单目标。显而易见，$[\tilde{C}]$ 代表的不是一个物理上可实现的目标（Cloude 1986；Mathews，Howell 2006，Riley et al. 2006）。使得对角项等于 0 的唯一方法是：对于在整个平均单元 $k_2 = k_3 = 0$，有 $P_{C2} = \langle |k_2|^2 \rangle = 0$ 且 $P_{C3} = \langle |k_3|^2 \rangle = 0$。然而，这将导致 $\langle k_1 k_2^* \rangle = \langle k_1 k_3^* \rangle = \langle k_2 k_3^* \rangle = 0$。后一关系式可以看作是一个 Cauchy – Schwarz 不等式所导出的结论（Strang 1988），其中：

$$\langle |k_i| \rangle \langle |k_j| \rangle \geqslant |\langle k_i k_j^* \rangle| \qquad (2.31)$$

此外，矩阵 $[\tilde{C}]$ 不是半正定矩阵（Rose 2002；Strang 1988）。使一个协方差矩阵的对角线有两个零的唯一方法（也就是由那些列所构成的逻辑小前提将为 0）就是使该协方差矩阵的秩为 1。在这种情况下，存在这样一个基底，使得部分目标能量向两个轴的投影为 0，这两个轴将张成一个复平面，在该复平面内，部分目标的能量将始终为 0。因此，在这一基底下，目标的能量将仅仅反映在一个坐标轴上，这样的目标就定义为单目标。推而广之，部分目标在单目标空间 $SU(3)$ 中的任何一个复平面内的投影不可能总是为 0（Cloude 1986）。这可能与一个基底的出现有关。这一基底代表着散布于整个目标空间中的非极化分量。

综上所述，就目标的局部性质而言，忽略交叉项并不会使我们遗失信息，因为部分目标总有其他两个对角元素。显然，检测器无法区分两个部分目标，因为它不能完全地表征部分目标。然而，当目标是一个部分目标时，该算法能够感知并舍弃该目标。

参考文献

Boerner WM. 2004. Basics of radar polarimetry. RTO SET Lecture Series.

Cloude RS. 1992. Uniqueness of target decomposition theorems in radar polarimetry. Direct Inverse Methods Radar Polarim 1:267 –296.

Cloude SR. 1987. Polarimetry: the characterisation of polarisation effects in EM scattering. Electronics engineering department. University of York, York.

Cloude RS. 1995a. An introduction to wave propagation antennas. UCL Press, London.

Cloude SR. 1995b. Lie groups in EM wave propagation and scattering. In: Baum C, Kritikos HN (eds) Electromagnetic symmetry. Taylor and Francis, Washington, pp91 – 142. ISBN 1 – 56032 – 321 – 3.

Cloude SR. 2009. Polarisation: applications in remote sensing. Oxford University Press, Oxford, 978 – 0 – 19 – 956973 – 1.

Cloude SR, Pottier E. 1996. A review of target decomposition theorems in radar polarimetry. IEEE Trans Geosci Remote Sens 34:498 –518.

Cloude SR, Pottier E. 1997. An entropy based classification scheme for land applications of polarimetric SAR. IEEE Trans Geosci Remote Sens 35:68 –78.

Cloude SR. 1986. Group theory and polarization algebra. OPTIK 75:26 – 36.

Hamilton AG. 1989. Linear algebra: an introduction with concurrent examples. Cambridge University Press, Cambridge.

Huynen JR. 1970. Phenomenological theory of radar targets. Delft Technical University, The Netherlands.

Lee JS, Pottier E. 2009. Polarimetric radar imaging: from basics to applications. CRC Press, Boca Raton.

Mathews JH, Howell RW. 2006. Complex analysis for mathematics and engineering. Jones and Bartlett, London.

Mott H. 2007. Remote sensing with polarimetric radar. Wiley, Hoboken.

Pearson CE. 1986. Numerical methods in engineering and science. Van Nostrand Reinhold Company, New York.

Riley KF, Hobson MP, Bence SJ. 2006. Mathematical methods for physics and engineering. Cambridge University Press, Cambridge.

Rose HE. 2002. Linear algebra: a pure mathematical approach. Birkhauser, Berlin.

Strang G. 1988. Linear algebra and its applications, 3rd edn. Thomson Learning, New York Ulaby FT, Elachi C. 1990. Radar polarimetry for geo – science applications. Artech House, Norwood.

Zebker HA, Van Zyl JJ. 1991. Imaging radar polarimetry: a review. Proc IEEE 79:1583 – 1606.

图 6.2 测试区域的 L 波段 RGB Pauli 组合图像，
红色:HH − VV;绿色:2HV;蓝色:HH + VV

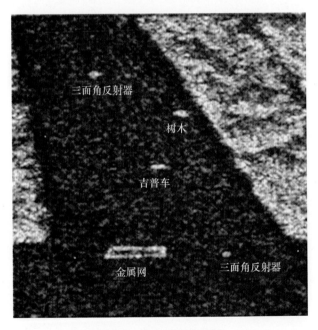

图 6.3 露天区域的检测

(a) 对一些目标进行标识的 L 波段 RGB Pauli 图像,红色:HH − VV;绿色:2HV;蓝色:HH + VV

图 6.5　森林区域的检测

（a）L 波段的 RGB Pauli 图像,红色:HH－VV;绿色:2HV;蓝色:HH＋VV

图 6.7　森林区域的检测:集装箱

（a）L 波段的 RGB Pauli 图像,红色:HH－VV;绿色:2HV;蓝色:HH＋VV

图 6.9　树木丛生区域的检测

（a）L 波段的 RGB Pauli 图像,红色:HH－VV;绿色:2HV;蓝色:HH＋VV

图 7.1　测试区域的 Google Earth 图像

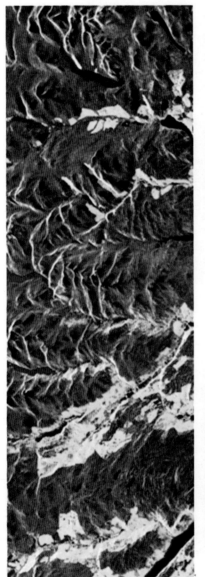

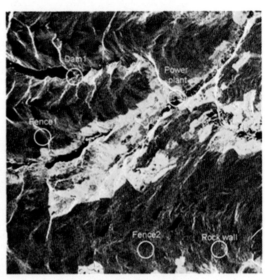

图 7.3　Benin 湖的 RGB Pauli 复合图像
红色:HH − VV;绿色:2HV;蓝色:HH + VV

图 7.2　整个数据集的
RGB Pauli 复合图像
红色:HH − VV;绿色:2HV;
蓝色:HH + VV

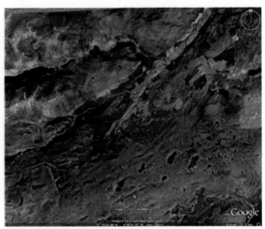

图 7.4　Benin 湖周边区域的 Google Earth 复合图像

图 7.7　Benin湖边周围的栅栏1
的 Google Earth图像

图 7.8　Benin湖边周围的栅栏2
的Google Earth图像

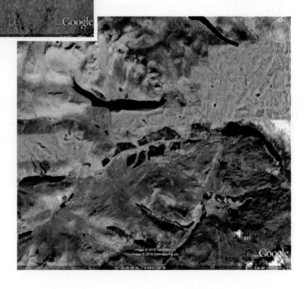

图 7.9　Loch Fannich的
Google Earth图像

图 7.10 Loch Fannich 的 RGB Pauli 复合图像，
红色:HH – VV;绿色:2HV;蓝色:HH + VV

图 7.18 旧金山的 RGB Pauli 复合图像，
红色:HH – VV;绿色:2HV;蓝色:HH + VV

图 7.19 旧金山子区域的 RGB Pauli 复合图像，
红色:HH – VV;绿色:2HV;蓝色:HH + VV

图 7.24 Deggendorf和多瑙河的
RGB Pauli复合图像, 红色:HH-VV;
绿色 :2HV; 蓝色:HH+VV

图 7.22 德国Deggendorf的RGB Pauli
复合图像，红色:HH-VV; 绿色 :2HV;
蓝色:HH+VV

图 7.27 Langenisarhofen的RGB Pauli
复合图像，红色:HH-VV; 绿色 :2HV;
蓝色:HH+VV

图 8.7　ALOS数据(中国)上的部分目标
检测：红色：茂密的森林；浅蓝色：
表面；蓝色：农用地；绿色：城市
地区

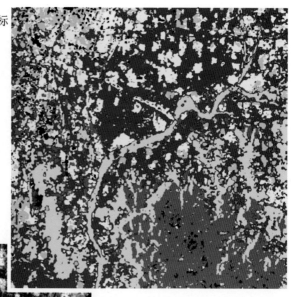

图 8.5　ALOS数据(中国)上的部分目标
检测：该地区的RGB Pauli图像

图 8.8　ALOS数据(中国)上的部分目标
检测：Wishart监督分类器(分类同上)

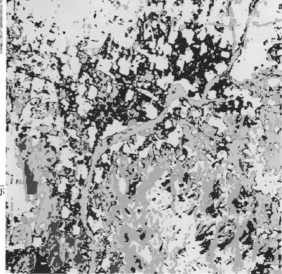